空中交通管理专业系列教材

程序管制

陈亚青　唐卫贞　主　编

西南交通大学出版社
·成　都·

内容简介

本书主要介绍空中交通管制中程序管制部分的理论及应用。

全书共分六章。第一章主要介绍程序管制的基础理论知识；第二章重点介绍目视和仪表飞行管制间隔规定及其应用；第三章内容包括进近管制工作的组织和运行、空中交通管制放行许可、离场管制、进场管制和等待管制的基本程序与方法；第四章内容包括区域管制工作的组织和运行、高空缩小飞行间隔、航路飞行管制的程序及方法；第五章重点介绍特殊情况下管制工作的特点及要求和各种典型特殊情况的管制方法。第六章介绍了程序管制模拟机的训练，包括程序管制模拟机的训练要求、常见冲突解决方法、机长位的基本操作。

本书内容丰富、概念清楚、图文并茂、理论联系实际，充分反映了程序管制工作的内容及特点。本书中列举了许多陆空通话术语，每章后均附有复习思考题。

本书可用作民航高等院校空中交通管制专业的本科生和成人教育学生的教材，也可作为空中交通管制员的自学参考书。

图书在版编目（CIP）数据

程序管制 / 陈亚青，唐卫贞主编. —成都：西南交通大学出版社，2012.1

空中交通管理专业系列教材

ISBN 978-7-5643-1555-9

Ⅰ. ①程… Ⅱ. ①陈… ②唐… Ⅲ. ①空中交通管制－程序控制－高等学校－教材 Ⅳ. ①V355.1

中国版本图书馆 CIP 数据核字（2011）第 269532 号

空中交通管理专业系列教材

程序管制

Chengxu Guanzhi

陈亚青　唐卫贞　主编

*

责任编辑　刘婷婷

封面设计　墨创文化

西南交通大学出版社出版发行

（成都二环路北一段 111 号　邮政编码：610031　发行部电话：028-87600564）

http：//press.swjtu.edu.cn

成都蓉军广告印务有限责任公司印刷

*

成品尺寸：185 mm×260 mm　印张：14.125

字数：351 千字

2012 年 1 月第 1 版　2012 年 1 月第 1 次印刷

ISBN 978-7-5643-1555-9

定价：35.00 元

前　言

空中交通管制的主要任务是对飞机等航空器的飞行活动进行管理和控制，其目的是防止航空器与航空器以及航空器与地面障碍物发生碰撞，同时在保证安全的基础上维持并加速空中交通有秩序的进行。现代的空中交通管制的建立和发展经历了一个漫长的历程，是一个由乱而治的过程，经过几十年的发展和改革，如今的空中交通管制技术日渐成熟，随着空中交通流量的不断增大，程序管制已逐渐被更加先进的管制方式所代替，这是民航快速发展的必然结果。

但是长期以来，程序管制在空中交通管制工作中都扮演着重要的角色。实践证明，程序管制作为基础的管制方法,在训练管制员基本管制意识和管制技能方面具有不可取代的作用，同时程序管制作为雷达管制的有效备份，其在空管安全方面的作用也毋庸置疑，因此加强程序管制知识和技能的培训，对于全面提高管制员的整体素质具有重要的作用。

由于程序管制的培训是理论教育与模拟机相结合的方式，因此在本书的编写过程中，书中所使用到的管制实例均以武汉南湖模拟机场进近和区域管制空域为背景。本书共分为六章，第一章详细介绍了程序管制的基本知识，包括目视和仪表飞行规则的运行要求，飞行进程单的使用以及管制协调与移交的要求与方法。第二章为程序管制间隔。该章详细介绍了在不同飞行规则下的管制间隔，包括间隔的规定、间隔的理解以及应用说明。第三章主要为进近管制工作的组织和运行。详细介绍了程序管制条件下，进近管制员的主要工作程序与管制方法。第四章为区域管制，主要包括区域管制的组织和运行以及区域管制间隔。第五章为特殊情况下的航空器的管制工作。阐述了管制中各种常见特殊情况的处置要求以及处置方法。第六章为程序管制模拟机训练。该章详细介绍了程序管制模拟训练的方法、要求、管制通话、冲突的调配以及模拟机的基本操作等内容。

本书的编写既注重我国空管应用实践，又体现了国际空管的发展趋势，较好地实现了程序管制理论、管制工作程序和方法的统一。本书选材合理，内容先进，图文并茂，富于创新，注重管制理论与实践环节的结合，并与相关学科相呼应，能够满足民航各类空管人员学习程序管制的需要。本书可作为民航院校管制学生专业教材，同时也可供各管制单位在职管制员学习和参考。

本书由中国民航飞行学院空中交通管理学院陈亚青和唐卫贞同志编写和统稿。在该书的编写过程中，得到了中国民航飞行学院空管学院的各位教师以及西南空管局管制员的大力支持，再次对参与此次教材编写的各位同志表示深深的感谢！

由于编者水平有限，书中难免有一些不足之处，恳请读者批评指正。

编　者

2011 年 11 月

目　录

第一章　程序管制概论 …… 1
　第一节　绪　论 …… 1
　第二节　目视和仪表飞行规则 …… 3
　第三节　协调与移交 …… 11
　第四节　飞行进程单 …… 25
　复习思考题 …… 33
第二章　程序管制间隔 …… 34
　第一节　目视飞行管制间隔 …… 34
　第二节　仪表飞行间隔标准 …… 42
　复习思考题 …… 73
第三章　进近管制 …… 74
　第一节　进近管制工作的组织与运行 …… 74
　第二节　空中交通管制放行许可 …… 79
　第三节　离 场 管 制 …… 91
　第四节　进 场 管 制 …… 95
　第五节　等待航空器的管制 …… 108
　复习思考题 …… 115
第四章　区域管制 …… 116
　第一节　区域管制工作的组织与运行 …… 116
　第二节　高空缩小飞行间隔——RVSM …… 123
　第三节　航路飞行管制 …… 132
　复习思考题 …… 139
第五章　特殊情况下的管制工作 …… 140
　复习思考题 …… 158
第六章　程序管制模拟机训练 …… 159
附录 1　武汉模拟机场常用资料 …… 210
附录 2　常用航空公司代码 …… 216
附录 3　我国常用机场四字地名代码 …… 218
本书缩略语 …… 219
参考文献 …… 220

第一章　程序管制概论

第一节　绪　论

一、程序管制简介

空中交通管制员按照既定的管制程序以及管制间隔，根据航空器驾驶员所报告的运行状态，在航空器之间配备安全间隔，对航空器所提供管制服务的一种管制方法，称为程序管理。该种管制方法是基于传统的陆基导航方式下，飞行员在飞越每一个地面导航设备时，向地面管制员进行位置报告，并产生下一个导航台的预计时间，管制员根据飞行员的报告，利用飞行进程单记录飞行动态和掌握航空器的运行位置，并以此来判断运行中的航空器是否存在飞行冲突。

二、程序管制的特点

1. 对设备的依赖程度较低，对管制员的要求较高

程序管制方式对设备的要求较低，不需要相应监视设备的支持，其主要的设备环境是地空通话设备。管制员在实施管制时，通过飞行员的位置报告分析、了解飞机间的位置关系，推断空中交通状况及变化趋势，同时向飞机发布放行许可，实施管制。由于没有雷达等监视设备作为辅助，管制员只能依靠飞行员的报告和进程单来掌握空中航空器的位置，并以此来判断飞行冲突，因此该种管制方式对管制员的要求也大大提高。程序管制要求管制员具有很强的空间思维能力、空间想象能力、较强的短时记忆能力和冲突预见能力。

2. 安全间隔余度较大

程序管制必须依靠驾驶飞机的飞行员的位置报告来确定两航空器之间的位置关系，而飞行员的报告又依赖于飞机飞越导航台上空的时间，管制员通过两飞机先后过台的时间差来保证飞机的安全。目前陆基导航系统所使用的地面导航台站都以 VOR（甚高频全向信标台）和 NDB（无方向性信标台）为主，两者均存在顶空盲区，由于导航台容差的原因，导致飞行员报告飞机过台的时机误差对飞行间隔的大小具有非常大的影响，因此程序管制条件下安全间隔的余度往往较大，以确保飞行安全。

3. 双方均要遵循规定的程序

程序管制条件下，对视距以外的整个管制地带的飞机位置及动态，管制员只能依据机组的报告和领航计算获得。间隔是管制员通过对几组位置报告进行计算获得的抽象数字，主观判读与实际偏差往往非常大。因此，航空器飞越报告点的常规报告以及飞行调配中的

实时位置询答是程序管制陆空通信的主要内容。空地双方须严格按照共知的航迹和飞行程序运行。

4. 管制效率较低

空中交通管制的实施是建立在掌握航空器现时位置及运行意图基础上的，程序管制条件下管制员对航空器方位信息的获得来自于被动接收的机组位置报告，因此间隔是管制员通过对机组位置报告进行计算获得的抽象数字。航空器飞越报告点的常规报告以及飞行调配中的实时位置询答是程序管制陆空通信的主要内容，因此程序管制条件下，管制员指挥单架航空器的通话次数明显增多，这就造成了陆空通话的“瓶颈效应”，管制员在单位时间内能够指挥的飞机数量明显下降。

三、应用范围

航空器起飞前，机长必须将飞行计划呈交给报告室，经批准后方可实施。飞行计划内容包括飞行航路（航线）、使用的导航台、预计飞越各点的时间、携带的油量和备降机场等。空中交通管制员根据批准的飞行计划的内容填写飞行进程单。当空中交通管制员收到航空器机长报告的位置和有关资料后，立即按飞行进程单的内容校正，当发现航空器之间小于规定垂直和纵向、侧向间隔时，立即采取措施进行调配。这种方法速度慢、精确度差，为保证安全因而对空中飞行限制很多，如同机型同航路同高度需间隔 10 min，因而在划定的空间内所能容纳的航空器较少。这种方法是我国民航管制工作在以往很长一段时间使用的主要方法。

该方法也在雷达管制区雷达失效时使用。随着民用航空事业的迅速发展、飞行量的不断增长，中国民航加强了雷达、通信、导航设施的建设，并协同有关部门逐步改革管制体制，在主要航路、区域已实行先进的雷达管制程序管制，它是随着空域尤其是传统的空中交通服务航路、标准仪表离场（SID）及标准仪表进场（STAR）的建立和完善发展起来的一套管理方法。

四、程序管制的建立与发展

尽管其中新技术、新设备的应用重点各不相同，程序管制的建立和向雷达管制的过渡以及未来雷达管制向新 CNS/ATM 系统发展的全过程是自动化应用程度连续发展的过程。雷达管制实施的实质就是飞行动态的主动和精确掌握，这为管制操作技术向精密化方向发展提供了技术平台，而新 CNS/ATM 系统则是卫星技术和数字通信综合应用带来丰富的航空信息，突破了地域限制从而实现自动化的共享，这种航空信息充分和自动化共享的获得为减少不必要的管制干涉（实质是更准确地控制）提供了技术支持。

最基础的程序管制的建立是一个漫长的探索过程。最早在 1919 年制定的国际空中航行规则还是以目视飞行为基础的“空中守则”，尚不涉及空中交通管制。最初的空中交通管制雏形是跑道端头的地面旗语指挥和信号枪。20 世纪 20 年代后期无线电通信应用于航空以及 1929 年 9 月首次进行的航线仪表飞行为程序管制奠定了基础，其后是一个由乱而治的摸索过程，机场因大量的无计划航空器争先起降而秩序大乱时，促使地面指挥由跑道扩展至视距之外的整个管制地带，1934 年，美国四家航空公司自发地在纽瓦克机场组织了一个控制机场

80 km 范围的空中交通管制中心，这是第一个试验性的空管部门。民航航线的建立促使空中交通管制由终端区向航路管制延伸，1938 年，美国民航局发布的空中交通规则确定“仪表飞行必须严格遵守空中交通管制的指令”，程序管制至此建立。

第二节 目视和仪表飞行规则

我国的空中交通管制事业随着空管基础设施的不断完善得到长足发展，管制手段逐渐从程序管制到雷达管制过渡，人们在倚重空管自动化设备的同时，逐步忽视了对目视飞行规则的研究和利用。从航空发展的历史角度看，目视间隔和目视进近在飞行的初期就得到广泛应用，现有的飞行员驾驶技术培训也是从目视飞行开始，飞行员对二者并不陌生，但由于我国现有空管运行规章对 IFR 飞行计划的航空器实施目视间隔和目视进近没有明确定义，导致管制员难以操作。

由于目视间隔和目视进近能极大增加跑道（特别是近距跑道）容量，提高雷达管制运行效率，减少延误，因此在着陆机场气象条件满足目视进近的情况下，美国的终端管制部门首先考虑运用目视进近。美国 FAA7110.65（Air Traffic Control）第七章（Visual）对目视间隔和目视进近做了详细的规定，可操作性强。

随着飞行流量的逐年增长，我国繁忙机场的跑道容量日趋饱和，未来在 3 到 5 年内，为提高跑道容量和雷达管制运行效率，我国上海浦东、虹桥和广州白云等国际机场将要修建窄距平行跑道。

一、目视飞行规则

（一）目视飞行的定义

目视飞行是在可见天地线和地标的条件下，能够判明航空器的飞行状态和目视判定方位的飞行。

在进行目视飞行时，飞行员主要通过观察天地线和地标判断飞机的飞行状态，确定飞机方向、位置而飞行。目视飞行时，飞行员以天地线为参照物，根据座舱风挡框与天地线的关系位置，判明飞机的上仰、下俯和倾斜；以地标为参照物，判断飞机的高度、速度，确认飞机的飞行方向和位置。目视飞行是仪表飞行的基础，飞行员能直观地判明飞机的飞行状态与方向、位置，精力消耗比仪表飞行小，但所达到的运动参数的准确性不如仪表飞行，而且受天气等条件的限制较大。初学飞行时，一般先采用目视飞行。

（二）目视飞行的实施条件

一般情况下，目视飞行只能在昼间、高度 6 000 m 以下、表速小于 250 km/h、低云量符合目视气象条件（VMC）进行。但不排除采用目视飞行规则飞行时突破上述限制，如按目视飞行规则在飞行高度 6 000 m（不含）以上和作跨音速或者超音速飞行以及飞行高度 3 000 m（不含）以下且指示空速大于 450 km/h 的飞行。

航空器按目视飞行规则飞行应当符合以下气象条件：航空器与云的水平距离不小于 1 500 m，垂直距离不小于 300 m；高度 3 000 m（含）以上，能见度不小于 8 km；高度 3 000 m 以下，能见度不小于 5 km。

（三）实施目视飞行的意义

由于目视飞行是基于在飞行过程中，飞行员看见和被看见作为基础，因此其管制间隔比仪表飞行大大减小，因此在终端区内实施目视飞行，对空中交通运行的安全性和效率都有很大帮助，主要体现在以下几个方面。

1. 提高机场跑道容量

首先，将保持间隔的责任授权给驾驶员后，由于雷达管制员不需要监督相关航空器之间的间隔距离，无线电话通话量将降低，工作量将减少。工作量的减少可使雷达管制员的任务发生转变，从战术性的雷达引导转变为规划性的作用，雷达管制员将根据航空器机型、设备、最佳剖面等组织最佳交通顺序，提高总体运行效率。

其次，间隔授权后，航空器驾驶员很可能比管制员更能准确地保持被授权的最低间隔，在进近阶段，这直接转化为更大的跑道流量。多项事实表明，当间隔责任由驾驶舱而不是由管制员承担时，建立接近或等同于 ATC 最低间隔的空中最低间隔是可能的。

美国旧金山机场（SFO）的跑道构型为两组十字交叉的窄距平行跑道，在仪表气象条件下，机场的到场容量为 30 架次/小时；目视气象条件下，采取目视进近的运行方式，机场的到场容量为 60 架次/小时，如图 1.1 所示。

美国的休斯敦布什国际（IAH）机场拥有三条宽距平行跑道，可满足三条跑道仪表独立进近的要求，但是只要气象条件满足，管制部门就首先选择实施三条跑道同时目视进近，实施目视进近可将航空器之间的间隔委托给机长，因此管制部门就不需要设置五边监控席位，同一五边跟进落地的航空器之间的间隔可以缩小到 2.5 n mile（1 n mile = 1 852 m），而在实施仪表进近时，五边尾随落地间隔为 4 n mile，因此实施目视间隔和目视进近能提高机场容量。

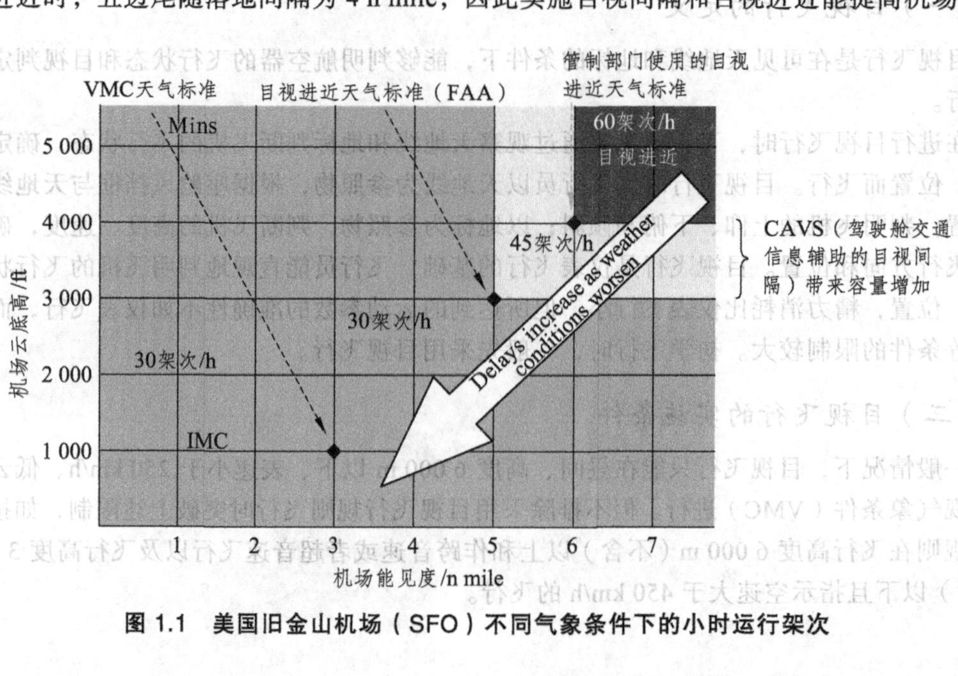

图 1.1 美国旧金山机场（SFO）不同气象条件下的小时运行架次

我国白云机场中远期规划计算机模拟仿真结果表明：在白云机场四条跑道构型下（两组窄距平行跑道，间距 400 m，与美国洛杉矶机场现有的结构相似），实施目视间隔和目视进近能提高机场容量（见表 1.1）和减少延误，如表 1.2 所示。

表 1.1　白云机场四条跑道构型容量表

架次/架 跑道类型	年容量（最小）	年容量（最大）	日容量（最小）	日容量（最大）	实用高峰小时容量（最小）	实用高峰小时容量（最大）	最大高峰小时容量
四跑道仪表进近	441 080	473 907	1 436	1 527	103	105	108
四跑道目视进近	518 339	562 011	1 651	1 767	115	119	121
增长/%	17.5	18.6	14.9	15.7	11.5	13.8	12.0

表 1.2　白云机场四条跑道构型延误表

延误时间/min 进近类型	地面延误			空中延误			总延误		
	平均	进场	离场	平均	进场	离场	平均	进场	离场
4 跑道 2020 年（仪表）	5.41	0.71	10.44	21.23	41.04	0.03	26.64	41.75	10.47
4 跑道 2020 年（目视）	6.25	0.85	12.04	5.31	10.23	0.04	11.56	11.08	12.08
4 跑道 2025 年（仪表）	20.94	0.76	42.25	39.28	76.42	0.04	60.22	77.19	42.29
4 跑道 2025 年（目视）	22.90	1.29	45.73	8.56	16.64	0.03	31.47	17.93	45.77

2. 增加管制灵活性

实施目视进近时，由于航空器机组不必通过完成整个仪表进近程序落地，因此，进场着陆更加灵活。如图 1.2 所示，管制员可以根据调配的需要，指示第 g 个进场航空器跟随第 a 个航空器落地，提高进场效率。

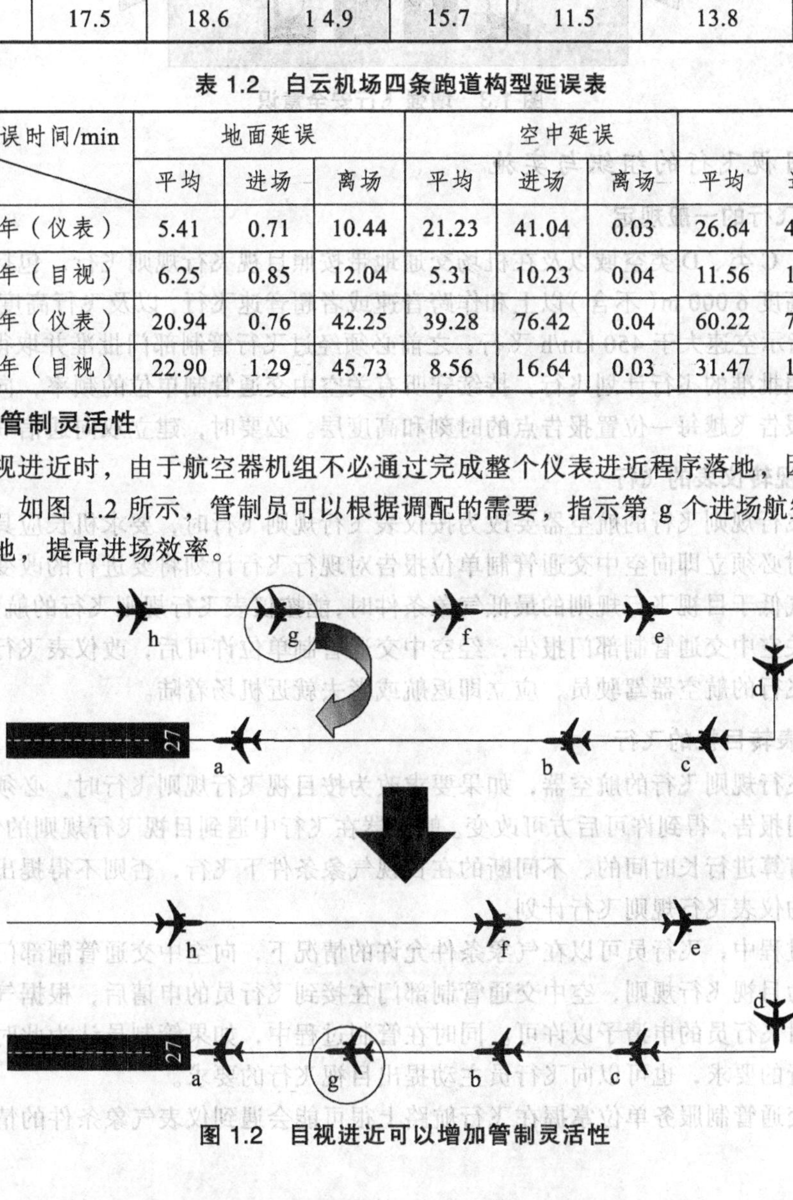

图 1.2　目视进近可以增加管制灵活性

3. 提高安全性

实施目视间隔与目视进近，可以提高驾驶员的交通状况意识。目前，驾驶员仅依靠无线电传输来掌握交通情况，飞行员不容易发现间隔缩小，而实施目视间隔进行间隔责任委托后，驾驶员可以清楚地看到交通情况，协助雷达管制员保持安全间隔，因此，实施目视间隔可以作为额外的安全保护网，如图 1.3 所示。

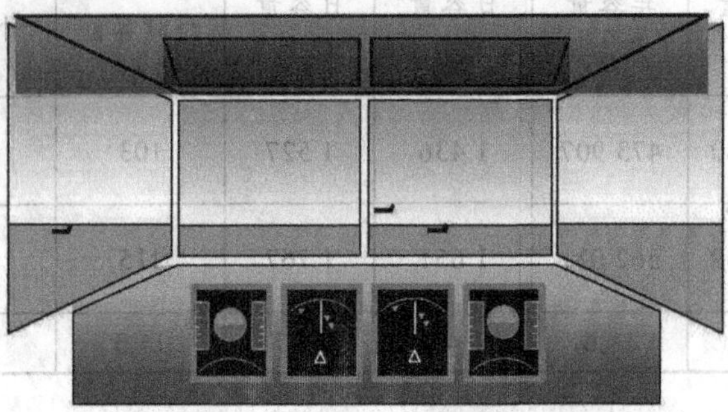

图 1.3　增强飞行安全意识

（四）目视飞行的组织与实施

1. 目视飞行的一般规定

在 B 类、C 类、D 类空域以及在机场交通地带按照目视飞行规则飞行，包括按目视飞行规则在飞行高度 6 000 m（不含）以上和作跨音速或者超音速飞行，以及飞行高度 3 000 m（不含）以下且指示空速大于 450 km/h 飞行，之前必须经过飞行管制部门批准并取得放行。飞行中应严格按照批准的飞行计划飞行，持续守听有关空中交通管制单位的频率，向有关空中交通管制单位报告飞越每一位置报告点的时刻和高度层。必要时，建立双向通信联络。

2. 由目视转仪表的飞行

按目视飞行规则飞行的航空器要改为按仪表飞行规则飞行时，要求机长应具备相应的仪表等级，同时必须立即向空中交通管制单位报告对现行飞行计划将要进行的改变；当管制空域内遇到天气低于目视飞行规则的最低气象条件时，能按仪表飞行规则飞行的航空器驾驶员，须立即向有关空中交通管制部门报告，经空中交通管制单位许可后，改仪表飞行；只能按目视飞行规则飞行的航空器驾驶员，应立即返航或者去就近机场着陆。

3. 由仪表转目视的飞行

按仪表飞行规则飞行的航空器，如果要求改为按目视飞行规则飞行时，必须事先向空中交通管制部门报告，得到许可后方可改变。航空器在飞行中遇到目视飞行规则的气象条件时，除非预计并打算进行长时间的、不间断的在目视气象条件下飞行，否则不得提出改变原来申请并经批准的仪表飞行规则飞行计划。

在飞行过程中，飞行员可以在气象条件允许的情况下，向空中交通管制部门提出由仪表飞行规则转为目视飞行规则，空中交通管制部门在接到飞行员的申请后，根据气象条件和空中交通条件对飞行员的申请予以许可。同时在管制过程中，如果管制员认为此时的气象条件满足目视飞行的要求，也可以向飞行员主动提出目视飞行的要求。

当空中交通管制服务单位掌握在飞行航路上很可能会遇到仪表气象条件的情报时，如果可能，应该把此情况告知想要改 IFR 飞行为 VFR 飞行的驾驶员。空中交通服务单位接到航空器想由 IFR 飞行改变为 VFR 飞行的通知后，须尽快通知所有其他已发给此 IFR 飞行计划的空中交通服务单位，已经飞过其所辖空域或地区的单位除外。

4. 为保证间隔应承担的责任

按目视飞行规则飞行时，机长应当使用积极的目视探测，预估目标的出现位置和搜索范围，利用远距物体调整搜索焦距。机长对保持航空器之间的间隔、距离和航空器距离地面障碍物的安全高度是否正确负责。目视飞行规则条件下，由空中交通管制员、飞行指挥员提供间隔，但同时，根据目视条件下飞行员能观察周围环境和其他飞行活动的特点，虽然飞行间隔是由空中交通管制员、飞行指挥员提供，但飞行员仍然要“对保持航空器之间的间隔和航空器距离地面障碍物的安全高度是否正确负责”，这有利于加强飞行人员的责任心。

分别进行目视和仪表飞行的两架航空器之间由管制员负责配备仪表飞行安全间隔。同时进行目视飞行的两架航空器之间间隔原则上由机长负责，但不完全减轻管制监控咨询的责任。

5. 目视避让规则

在空中，飞行员们期望通过遵守统一的飞行规则防止相撞，美国联邦航空条例 91.113（b）规定：“每个航空器驾驶员必须保持警惕，防止碰撞他人航空器……”如果没有 ACAS（Airborne Collision Avoidance System）提示，危急情况下，飞行员们只能依靠“看见和躲避”这一基本方法来防止空中相撞，管制员在下达指令同时，应尽量符合一致性。

目视飞行时，航空器应当按照下列规定避让：

（1）在同一高度上对头相遇，应当各自向右避让，并保持 500 m 以上的间隔；

（2）在同一高度上交叉相遇，飞行员从座舱左侧看到另一架航空器时应当下降高度，从座舱右侧看到另一架航空器时应当上升高度；

（3）在同一高度上超越前航空器，应当从前航空器右侧超越，并保持 500 m 以上的间隔；

（4）单机应当主动避让编队；

（5）有动力装置的航空器应当主动避让无动力装置的航空器；

（6）战斗机应当主动避让运输机。

（7）飞行中或在地面上、水面上运行的航空器，应当避让正在着陆或正在进近着陆的航空器；

（8）正常飞行的航空器，应当避让已知需被迫着陆的航空器；

（9）在同一机场同时进近时，高度较高的飞机应当避让高度较低的飞机，但是，后者不得利用此规定切入另一架正在进入着陆最后阶段的航空器前方或超越该航空器；

（10）滑行的航空器，应当避让正在起飞或即将起飞的航空器。

（五）目视进近

1. 概　念

目视进近是指航空器按照仪表飞行规则计划运行时，在部分或全部仪表进近程序尚未完成前可以实施目视进近（不包含目视盘旋着陆），保持目视能见自主领航飞向着陆机场。这种情况下的目视进近不属于仪表进近，不需要设置复飞航段。航空器驾驶员不能完成目视进近时，应当及时转为仪表进近或者复飞，管制员应当提供必要的协助并为其配备符合规定的间隔。

2. 实施条件

（1）目的地机场具备以下气象条件时，航空器可以实施目视进近：

① 报告的云底高大于或者等于 300 m，能见度大于或者等于 5 km；

② 目的地机场没有天气情报服务，但是航空器驾驶员报告能够保持目视下降以及飞向着陆机场。

（2）当着陆机场报告的气象条件满足下列标准时，管制员可以通过雷达引导航空器进行目视进近：

① 机场的云底高大于最低雷达引导高度 150 m 以上；

② 机场能见度大于 5 km。

（3）目视进近请求可以由航空器驾驶员或者管制员提出。当管制员提出实施目视进近时，应当得到航空器驾驶员同意后方可实施，并注意考虑以下条件：

① 航空器驾驶员应当能够持续能见地面；

② 报告的云底高应当大于或者等于发布目视进近许可时航空器的飞行高度；

③ 航空器驾驶员应当熟悉机场以及机场周围的地形地貌；

④ 机场周边的气象条件以及预期的短期变化；

⑤ 其他交通活动。

（4）按照仪表飞行规则飞行的航空器驾驶员如果能够能见地面目视参考，且符合下列条件之一时，可以批准按照仪表飞行规则飞行的航空器做目视进近：

① 报告的机场云底高处于或高于为所许可航空器规定的起始进近高度；或

② 驾驶员在起始进近高度或者在仪表进近程序过程中的任何时间报告气象条件能够保证完成目视进近和着陆；或

③ 报告的机场云底高应当不低于最低雷达引导高度或者按仪表飞行规则运行时最低安全高度以上 150 m，能见度不小于 6 km。

（5）管制员应当在颁发目视进近许可前后注意以下问题：

① 如果航空器驾驶员报告只看到着陆跑道而没有看到前机时，管制员应当在前后航空器之间配备雷达或者程序间隔。

② 管制员应当向所有尾随重型航空器和 B757 落地的航空器通报前机的机型和尾流等级。

③ 着陆机场附近存在一个或者多个容易混淆的机场时，管制员应当向航空器驾驶员通报容易混淆机场的位置以及其他需要注意的事项。

（6）在航空器管制移交之前，移交方应当通知塔台管制员目视进近航空器的位置。航空器管制移交应当及时，以确保有充足的时间完成下列工作：

① 颁发重要的交通情报；

② 颁发落地许可或者其他指令。

3. 注意事项

（1）当航空器处于进近顺序的第一位，管制员可以许可该航空器进行目视进近。当航空器在进近顺序中处于前方航空器的后面且报告已经目视看到前方航空器，管制员可以许可该航空器进行目视进近。如果航空器驾驶员报告只目视看到机场或者跑道，但是未能目视看到前方航空器，管制员应当为该航空器与前方航空器配备雷达间隔或者非雷达间隔。如果前方航空器尾流类型为重型航空器或者为 B757，管制员应当将前方航空器的机型通知后方航空器。

（2）对于多架航空器连续进行的目视进近，在后方航空器驾驶员报告已经目视看到前方航空器之前，管制员应当为后方航空器与前方航空器配备雷达或者非雷达管制间隔。当后方航空器驾驶员报告已经目视看到前方航空器，管制员应当指令后方航空器跟随并自行保持与前方航空器的间隔。如果两架航空器都属于重型尾流类型，或者前方航空器尾流类型重于后方航空器，且航空器之间的距离低于规定的尾流间隔标准，管制员应当向航空器发布可能出现尾流的警告。后方航空器驾驶员应当负责保证与前方航空器有足够的间距、保持相应的尾流间隔和遵守公布的降噪程序。如果认为需要额外的间距，航空器驾驶员应当及时报告管制员并表明其要求。

（3）当有理由相信有关的航空器不熟悉机场和其周围的地形时，或者考虑到当时的交通和气象条件等不允许时，管制员可以不批准航空器做目视进近。

4. 目视进近通话用语

（1）同一跑道进近，后机目视前机，后机保持目视间隔进近。

P：CSN3371，we have the airport in sight，request visual approach.
CSN3371，我们能见机场，请求目视进近。

C：CSN3371 cleared visual approach runway 02L，descend to 750m，report final.
CSN3371，可以目视进近，跑道 02L，下到 750 m，五边报告。

P：Descend to 750 m，cleared visual approach runway 02L，CSN3371.
下到 750 m，可以目视进近，跑道 02L，CSN3371。

P：Final，CSN3371.
CSN3371 在五边。

C：CSN3371，contact tower on 118.8，good day.
CSN3371，联系塔台 118.8，再见。

C：CSN386 confirm you have the airport in sight?
CSN386，证实你目视能见机场？

P：Affirm CSN386.
可以，CSN386。

C：CSN386 you are No.1 how about a visual approach?
CSN386，你是第一个，是否能作目视进近？

P：Affirm CSN386 request tracking for final.
可以，CSN386 请示飞向五边。

C：CSN386 tracking for final approved and cleared visual approach runway 02R，report on final.
CSN386 可以飞向五边，可以目视进近跑道 02R，五边报告。

P：Cleared visual approach runway 02R，report on final CSN386.
可以目视进近，跑道 02R，五边报告，CSN386。

P：CSN386，now on final.
CSN386，在五边了。

C：CSN386 contact tower on 118.1，good day.

CSN386 联系塔台 118.1，再见。

P：118.1 good day，CSN386.

118.1 再见，CSN386。

（2）航空器尾随正在实施进近的前机进行的目视进近。

C：CSN3102，traffic 10 o'clock 4 n miles，B757 is approaching on ILS runway 02L，do you have it in sight?

CSN3102，10 点钟方位 4 n mile，有一个 02L 跑道进近的 B757，看见没有？

P：We have the traffic in sight CSN3102.

我们看见了，CSN3102。

C：CSN3102 follow him and maintain visual separation，cleared visual approach runway 02L，caution wake turbulence.

CSN3102，保持目视间隔，跟随它可以 02L 跑道目视进近，注意尾流影响。

P：Follow that B757 and maintain visual separation，cleared visual approach runway 02L CSN3102.

跟着 B757，保持目视间隔，可以目视进近跑道 02L，CSN3102。

C：CSN3102 contact tower on 118.8，good day.

CSN3102 联系塔台 118.8，再见。

二、仪表飞行规则

由于目视飞行具有一定的限制条件，在现代的航空运输过程中，由于飞行高度、飞行速度以及气象条件等的限制，航空器无法执行目视飞行规则，因此在绝大多数情况下，现代民用航空器的飞行均是基于仪表飞行规则进行的。

（一）仪表飞行的定义

仪表飞行是航空器驾驶员完全或者部分地按照航行驾驶仪表，判定航空器飞行状态及其位置的飞行。低于目视气象条件时，必须按照仪表飞行的规定飞行。

（二）仪表飞行的实施条件

航空器在 A、B、C、D 类空域内进行仪表飞行时，空中交通管制员应当根据仪表飞行规则的条件，配备垂直间隔、纵向间隔和侧向间隔，防止航空器与航空器、航空器与障碍物相撞。管制员在指示航空器改变高度、速度、航向或者允许穿越航线时，必须预先确定航空器位置，正确计算，明确指示其改变的时间、地段、上升下降率和上升下降到规定高度层的时间，以保证航空器之间具有规定的管制间隔。机长应当及时准确地报告改变的开始时间、结束时间和有关情况。

1. 对航空器的要求

在选择飞机机型和飞行前检查时，首先应当确认这架飞机是否适合仪表飞行规则条件。按照仪表飞行规则飞行的航空器，应当装备仪表飞行所需的设备以及与所飞航路相适应的无线电通信导航设备。除目视飞行规则（VFR）飞行按相关要求的基本仪表外，必须具备能工作的陀螺转弯仪表、侧滑仪、陀螺俯仰仪（人工地平仪或姿态指引仪）和陀螺方向指示器（方向陀螺和航向仪）；飞机还必须装备可调整气压的灵敏高度表和具有长秒针或数字显示小时、分、秒的时钟。

类似于这样的一种思想，目前RNP航路同样要求采用该航路飞行的航空器首先应满足对应航路的导航性能要求，以确保系统误差和干扰不会导致航空器的碰撞。因此说，程序管制关于航空运行安全的一些思想、建模及风险评估的研究方法为以后的雷达管制、ADS相关监视的实施将提供重要的理论支持。

2. 对驾驶员的要求

（1）资格要求。

在低于目视气象条件或在仪表气象条件下飞行的驾驶员，应当取得相应的仪表等级。目前中国民航飞行人员执照类型有如下4种：学生驾驶员执照、私用驾驶员执照、商用驾驶员执照以及航线运输驾驶员执照，《民用航空器驾驶员、飞行教员和地面教员合格审定规则》即CCAR61对飞行人员的执照及运行规则进行了明确的规定。在驾驶员执照上增加仪表等级，申请人必须至少持有现行私用驾驶员执照，该执照应当带有适用于所申请仪表等级的飞机或者直升机等级并完成了航空理论知识培训和仪表飞行技能训练。

（2）航空器按仪表飞行规则飞行时，航空器驾驶员应当在规定频率上持续守听，并向有关空中交通管制单位报告以下事项：

① 飞越每一个指定报告点的时间和飞行高度，但当该航空器处于雷达管制下时，仅在通过空中交通管制特别要求的那些报告点时才作出报告；

② 遇到任何没有预报的但影响飞行安全的气象条件；

③ 与飞行安全有关的任何其他信息。

3. 对管制员的要求

（1）管制员实施空中交通管制，应当使受管制的航空器之间保持规定的最低管制间隔标准，并对按照仪表飞行规则飞行的航空器的管制间隔是否正确负责。

（2）在运行过程中，管制员必须加强对空中航空器的监控，避免由于机组偏离管制许可而造成的不安全事件的发生。

（3）准确掌握航空器的运行位置。在程序管制条件下，管制员应利用进程单结合飞行员的报告，及时掌握航空器的运行位置，在航空器的飞行时间超过预计飞越位置报告点的时间3 min，空中交通管制单位尚未收到位置报告时，管制员应当立即查问情况并设法取得位置报告。

第三节　协调与移交

一架航空器从起飞到落地的各个阶段，需要飞越各个不同的管制区，由不同的管制单位各施其能、分工协作，共同完成该航空器的航行保障工作。由于涉及不同的管制单位，那么飞行冲突、管制异议则不可避免，如何处理好这些不同管制区之间的异议，使航空器能够在不同的管制席位、管制区之间被顺利的交接？如何化解管制区之间存在的冲突？交接双方就需要进行适时沟通，以期达成统一的管制方案，这种沟通就叫做管制协调，管制协调是管制工作中不可或缺的一个环节，是管制指挥工作的有利补充。随着航空器飞行过程的不断延续，各个管制单位需要将航空器进行不断的传递，这种工作的传递即为管制移交。

一、管制协调

（一）管制协调的基本要求

1. 管制协调的意义

在实际管制工作中，管制协调席位通常的工作关系包括管制席位、军方管制单位、通信、导航、监视、气象部门、情报以及管制单位内部的人员等，整个管制协调工作要进行信息双向沟通的单位很多，交换的信息量非常大，可以认为管制协调工作是空中交通管制系统中的一个信息收集与发布中心。有关空中交通管制的所有信息都要从各个不同的保障单位传递到管制协调席位，管制协调席位对这些信息进行收集、分析、整理，按照轻重缓急将信息分别传递给管制席位或其他管制单位，然后将管制席位或其他管制单位反馈的信息再进行收集、分析、整理，再按照轻重缓急将信息反馈给各不同的保障单位。

目前中国民航管制协调席位的设置不尽相同，在流量较大的管制室，配备有专门的管制协调席位，由管制协调员负责协调工作。在流量较小的管制室，由于飞行流量较小同时受人员短缺的限制，管制协调工作往往由监控位管制员代为承担，但这种做法给飞行安全埋下了隐患，因为监控位管制员忙于管制协调工作，容易忽视了对主班管制员工作的监控，因此无论流量大小，各管制单位均应配备专门的管制协调席。

2. 管制工作对协调工作的要求

（1）管制协调工作对整个管制环境的掌握应当具有全面性。

从事管制协调工作的管制员应当具有极强的掌握全局的能力和信息处理能力。同时，管制协调席位应当对整个的管制环境进行全面的掌握，以便对管制席位提出及时、有效的建议，来协助管制席位更好地为航空器提供管制服务。

（2）管制协调工作要具有主动性。

一名合格的协调席位管制员应当急管制席位之所急，想管制席位之所想，要主动工作，为做好管制工作而“铺路搭桥”。在这一方面，管制协调席位和管制席位是一致的，管制协调席位的工作主动与否将直接影响着管制席位工作的主动与否，因为在管制工作中谁占据了主动，谁就处于有利地位，特别是在飞行活动多、冲突不断的情况下，如果管制席位在工作中能够主动出击，分清主次，抓主要矛盾的解决，便会在管制工作中显得游刃有余、有条不紊。

（3）管制协调工作应当具有前瞻性。

管制协调席位在实际工作中可以根据管制席位的管制方案，空中航空器的飞行情况，天气情况，周边管制区的活动情况及空中航空器的冲突情况，提前与相关的管制单位进行管制协调、通报，并将协调、通报的结果及时、准确的通报管制席位，这样，管制席位将更加主动的发布及时、准确的管制指令，使整个管制工作显得更加主动、有序。

（4）管制协调工作要具有一致性。

一两个不同管制席位的协调工作在管制协调、移交上要具有一致性，对于两个不同管制席位的协调工作，发生在管制区边界的飞行冲突尤为重要，在此，一定要采取安全、方便、一致的原则来完成管制协调、移交工作，要考虑到航空器的性能，冲突发生点，飞行高度，通信、导航、监视设备，天气情况及对方的接收能力等来与对方进行管制协调，在保证航空器安全的前提下，双方取得一致，按照协调一致的方案进行管制移交。这种协调一致还应当具有唯一性，切忌模棱两可、犹豫不决，这样必然导致管制工作的被动。

（5）管制协调工作的信息传递要及时、准确。

管制协调席位是整个空中交通管制单位信息收集与发布中心，这就要求协调席位的管制员能够在错综复杂的信息中判断出信息的真伪及信息的轻重缓急，将分析、整理好的信息及时、准确地传递给管制席位，以便管制席位能够及时、准确地做出决策。

3. 管制协调的手段

管制协调的手段有以下几种：

（1）直通电话：管制协调一般以直通电话为主，通过内话系统，可以实现点对点或者一点对多点的连通，使用时可直接按内话面板上设置的相关按键，另一方进行确认便可实现通信连接，该方式简单快捷，在协调量较大时效率较高。

（2）程控电话：没有设置直通电话的，可以通过外线电话直接拨打对方电话，类似于家庭固定电话之间的相互拨打。

（3）无线电：协调双方还可以通过无线电（包括 VHF 和 HF 波道）进行协调，这种协调方式一般用于军民航之间的日常协调，其使用受到距离、地形、天气情况等诸多方面的制约，且作用距离有限，保密性差。

（4）空中航空器转报：其他各种条件都不具备或通信有困难时，可通过空中航空器转报的方式进行协调，常见于管制员与执行通用航空计划的航空器之间的协调。例如，目前国内进行通用航空飞行的，还有大量的 Y-5 飞机，该飞机机载设备简单，飞行高度较低，使用 VHF 通信，在空中飞行时与管制单位经常无法建立可靠的通信联系，那么，这时利用空中航空器转报就能较好地解决这一问题。

（5）卫星电话。

（6）优先级 DD 的 AFTN 电报。

（二）管制单位与军航管制之间的协调

目前我国空管体制为：空军统一领导下，军民航各自负责实施。由于国防和空军战备训练的需要，在民航的航路和航线附近往往设置有空军的训练空域，在有些地方空军的训练空域与民航的航路航线会出现交叉，这样就造成了军航的训练飞行与民航的航班之间的飞行冲突，因此为避免飞行冲突的产生，同时兼顾国防建设的需要与民航飞行安全的需求，民航管制单位在工作中需要与军航管制部门或飞行组织实施单位不断地沟通航空器的运行信息。出于保密的需要，军航各单位往往用固定的代号来代替名称，军航的管制部门代号为“拐分队”（7 分队）。

1. 军民航管制协调内容

民航管制单位和有关军航管制单位之间日常协调的主要内容如下：

（1）了解飞行活动的地点、区域、开始时间、性质、避让方法，避免军民航空器之间发生飞行冲突，防止航空器之间相撞。

（2）航空器因故需偏航、绕航时，需事先向相关军航管制室申请绕飞空域，经同意后方可执行，紧急情况下，可边执行边申请。

（3）通用航空计划（包括航空摄影、航空物探、飞机播种、飞机灭虫、广告飞行、校飞等）执行前，民航相关管制单位应事先向相关军航管制提出申请，经同意后方可执行。申请内容包括飞行时间、飞行科目、飞行空域、飞行高度等。

（4）特殊飞行计划（包括急救飞行、抢险救灾、森林灭火）执行前，民航相关管制单位应事先向军航管制单位提出申请，经同意后方可执行，紧急情况下可边申请边执行。

（5）空中交通管制单位应当按照当地协议的程序，例行地或按相关要求向有关军航管制单位提供民用航空器的飞行计划及飞行动态。

（6）重要信息，包括专机、重要任务飞行的飞行动态，民航管制单位要及时向军航相关管制室进行通报，通报内容包括起降时间、运行状态等。

（7）航空器发生特情，如空中劫持、迷航、空中重大险情等时，民航管制单位要及时向相关军航管制单位进行通报。

2. 军民航管制协调方法

（1）空中交通管制单位应当与可能影响民用航空器飞行的军航管制单位建立通信联系并保持密切的协调，根据需要可指定协调机构并签订协议。当得到军航管制单位将安排对于民用航空器有影响的活动通知时，空中交通管制单位应当主动地与有关军航管制单位进行协调，及时公布这些活动的有关情报，并对民航飞行活动作出最佳的安排，以避免对民用航空器造成危险，尽可能将对民用航空器正常运行的干扰减至最低程度。空中交通管制单位应制定适用于本单位的协调工作检查单，作为协调工作的参照。

（2）在实际管制工作中，军民航管制单位之间往往会签订管制协议，在协议中军航会将不同的训练内容确定为不同的活动方案，在这些活动方案中会明确军航的活动范围、高度以及对民航的限制规定，对应不同的活动方案确定民航管制部门的避让规定，签订此种管制协议后，军民航管制单位之间的协调量也将大大减小。在军航需要进行空域训练时，其管制部门只需要通知民航管制单位活动方案的代号，此时民航管制部门即按照协议中所规定的避让方案执行。如遇到特殊情况，如航空器需要绕飞危险天气而需要突破协议中的限制规定时，民航管制单位需要临时与军航管制部门之间进行协调，征得其同意。

（3）管制员在指挥过程中，遇到军航因空域训练而有限制，从而造成对地面或空中航空器的飞行限制，例如，限制地面飞机起飞时间或限制空中飞机过某点时的高度等，在通报原因时只需要告知航空器驾驶员军航有活动或军航限制，而不需要说明具体的军航活动内容。

（4）以下为国内某机场军民航管制调配协议。（注，此处所使用的机场及空域均为虚拟空域）

活动方案一（战斗机 220°出航，进入 33 号或者 32 号空域），进近调配方案。

收到军航活动计划后，按军方要求时限开始实施本方案：

① J200 航路关闭，通知塔台开改航通播“进近方案四”“军航方案一”。经 A 点进港的航空器和进近初次联系时，进近给出改航指令。

② 要求塔台北京方向开车申请。进近放行原则：在确保空中安全穿越间隔的前提下同意放行。

③ 要求经 B 点进出的航空器，移交高度进场，离场。进近指挥经 B 点进港航空器保持 3 900 m 过 B 后航迹 065 飞向 A 区（与军航协商确定的引导区），下降到 3 600 m 给进近低扇。

④ C 点南面 20 km 至 C 点北面 20 km A470 航段上高度应不低于 5 100 m。

⑤ 进近区域内 J48 航线，A470 航线管制点 A—D—B 段，B222 航线 D—管制点 B 段民航航空器与战斗机飞行高度差配备标准按照 8 400 m（含）以下 600 m 的垂直间隔执行。

（三）管制单位与经营人之间的协调

（1）航空器经营人与空中交通管制单位订有有关协议的，空中交通管制单位应当根据该经营人的要求，向该经营人或其指定代表提供有关情报。

（2）提供飞行签派服务的经营人与空中交通管制单位订有有关协议的，空中交通管制单位应当根据该经营人的要求，将所收到的有关运行的情报转给该经营人或其指定代表。

（3）航空器经营人设立的航空器运行控制室（下设飞行情报室、飞行签派室等）负责对涉及航空器空中和地面运行的各项事务进行处理，与管制单位的情报室、飞行报告室具有业务往来关系。

（4）一般情况下，管制运行单位（区调、进近、塔台）不直接与航空器经营人进行协调。

（四）管制单位之间的协调

1. 区域管制室之间的协调

（1）管制区间的协调应充分考虑到相邻单位操作的困难，接收单位应尽量为移交单位提供方便，当双方协调意见不一致时，移交单位应尊重并按照接收单位的要求进行移交。

（2）区域管制室应当随着飞行的进程将所需的飞行计划和管制情报，向相邻的区域管制室传递，上述情报应当及时发出，以便相邻的区域管制室有足够的时间收到并进行分析和互相协调。

（3）区域管制室对在其区域内飞行的航空器，可以指定其他空中交通管制单位代为提供管制，但对在其管制空域内飞行的航空器，在该航空器飞出区域边界前仍然承担空中交通管制的主要责任。已与尚未飞行到管制移交点的航空器建立通信联络的接受单位，在未事先征得移交单位的同意前，不得改变已给该航空器的管制指令。

（4）区域管制室如果采用非雷达最低间隔标准，航空器的地空通信联络应当在该航空器飞越管制区边界前 5 min 或按有关管制单位之间另有协议，由移交单位转至接受单位。

（5）除非有关的区域管制室之间另有协议，接受单位应当通知移交单位，已与移交的航空器建立无线电通信联络并已承担对该航空器的管制。

2. 区域与进近之间的协调

（1）进近管制室对区域管制室放行至本区域的航空器，可以发给管制许可而不必与区域管制室联系。但在复飞时，如果复飞航空器进入区域管制范围，应当立即通知区域管制室。此后的措施，应当由区域管制室和进近管制室协调后实施。

（2）进近与区域之间的协调主要是对起飞、进场以及低空飞越且与进近业务相关的飞行活动信息的通报。

（3）程序管制条件下，进近与区域之间的协调应在航空器预计过管制交接点前 5 min 完成。

（4）区域管制室与进近管制室之间日常协调的内容主要如下：

①飞行冲突类，包括：

a. 管制区边界附近的飞行冲突调配。边界附近，一般双方的协议均规定了解决方案，但当协议中没有相关规定时，应由一方来调配飞行冲突，这些冲突，包括进离港冲突、进港航空器之间的冲突、进离港航空器与军航航空器之间的冲突等。通过协调，应该明确该冲突由哪一方来调配、调配冲突一方的指挥权限（如有必要，另一方需授权，比如，为完成对头穿越，进近使用区域的高度层）等。

b. 飞越航空器的指挥。航空器低高度飞越进近管制区时，区域管制室与进近管制室需进行协调，内容包括飞越管制区边界时间、飞行高度、气压基准、飞行航线等。

c. 进近放行本场离场航空器之前，需向相关区域管制室索取放行许可。

② 进离场航空器放行类：

a. 本地或者前方区域管制室实行流量控制时，进近在放行本场航空器前，需向区域管制室索取起飞时间或者飞越空域边界时间。

b. 进近管制区实行流量控制时，进近管制室应提前 30 min 将流量控制时间、范围以及方案通报区域管制室。

c. 航路无流量控制时，区域管制室可授权进近管制室自行按照协议间隔放行航空器。

d. 塔台管制室可直接向区域管制室索取放行许可，除非进近管制室另有要求。

③ 特殊飞行计划类：

a. 空军飞行计划的通报：区域管制室要及时将涉及进近管制区的空军活动情况通报进近管制室。一般情况下，空军活动前一日，相关军航管制室会将次日飞行计划通报区域管制室计划席，由计划席向进近管制室通报；空军活动当日，相关军航管制室在活动开始前，通报区域计划席，再由计划席通报进近管制室。

b. 重要飞行计划的避让与调配方案：遇有空军执行演习、歼强轰（歼击机、强击机和轰炸机等的统称）转场飞行、作战飞行等特殊飞行计划时，涉及进近管制区或对进近管制室管制指挥有影响时，区域管制室需提前与进近管制室协调避让与调配方案。

c. 专机、重要任务飞行：区域管制室和进近管制室之间需进行电话协调，包括冲突调配、起飞、降落或飞越时间、飞行高度等。

d. 通用航空飞行：通用航空起飞前，区域管制室与进近管制室之间应就其飞行空域、飞行高度、飞行航线等进行协调。

④ 信息通报类：

a. 有必要时，进近管制室与区域管制室应相互通报影响飞行的气象信息（包括雷雨、积冰、大雾等）、机场场道信息、通信导航监视设备故障信息等。如本场跑道因积冰关闭，进近需通报区域管制室。

b. 使用频率发生变化、扇区开放与合并等涉及对方管制指挥时，双方应进行协调。

c. 航空器特情处置：区域管制室和进近管制室之间应就涉及对方的特情航空器进行协调，内容包括该航空器特情类型、飞越边界时间、飞行高度、特殊处置方案（如优先落地）等。

3. 进近与塔台之间的协调

（1）程序管制条件下，进近管制员应在航空器预计进近前 3 min，将该航空器的预计进近时间通知塔台管制员。

（2）进近管制室可以授权塔台管制室根据进场航空器的情况，自行决定放行一架航空器起飞。但在飞行流量较大或相邻单位有流量限制的要求时，塔台在放行航空器之前需要征得进近管制室的同意，因此在飞行比较繁忙的进近管制室，往往设置有放行席位。此时塔台管制员每放行一架航空器需要提前与进近管制的放行席位进行沟通，征得其同意。

（3）通常情况下，在双方的管制协议中应该明确正常的进近间隔，如果塔台管制员需要增大进近间隔而放行更多飞机，需要另行跟进近管制协调；进近管制室对到达的航空器应当继续管制，直至将该航空器移交给塔台管制室并且该航空器已与塔台管制室建立联络时为止。除非另有协议，在仪表气象条件下，进近管制室每次只能把一架到达的航空器移交给塔台管制室。

4. 管制席位之间的协调

同一空中交通管制单位内的各管制席位之间，应当相互交换有关下列航空器的飞行计划和管制情报：

（1）管制责任由一个管制席位移交给另一个管制席位的航空器；

（2）在靠近扇区边界飞行的可能影响相邻扇区交通管制的航空器；

（3）管制的责任由程序管制员交给雷达管制员的航空器以及其他受影响的航空器；

（4）扇区间的协调必须佩戴耳机通过内话系统进行，杜绝“喊话移交”。

（五）正常情况的协调

1. 协调内容

正常情况下,双方管制单位应根据管制协议中规定的配备航空器的移交高度与移交间隔，此时只需要向对方通报航空器的如下信息：

（1）航空器呼号；

（2）应答机编码；

（3）移交点；

（4）预计移交点的时间；

（5）飞行高度层；

（6）其他必要内容。

例：郑州，武汉，CCA1331，高度 9 500 m，P41 0430，应答机 0645。

2. 注意事项

（1）进离场航空器在到达交界点前应该保持平飞，以免处于上升下降过程中时与对方航空器发生飞行冲突，一般情况下提前量为最小管制间隔。程序管制条件下，双方应使航空器过交接点前 5 min 到达协议移交高度并保持平飞。

（2）如果航空器在到达交接点前 5 min 无法达到移交高度，双方在管制协调时应向对方说明航空器所处的飞行状态（现在高度上升或下降到指令高度）。

（3）在武汉模拟机训练中，河口（ZF）离场的航空器预计河口时间为 10 min，在 05 分时航空器的高度为 3 000 m 向 4 500 m 上升，则此时进近管制员与区域管制员进行管制协调时的通话应为：区调，进近，CCA1331 现在高度 3 000 m，上升指令高度 45 00 m，预计河口 10 min。

（六）有飞行冲突时的协调

存在飞行冲突的两架飞机应处于同一个管制员的管辖之下，对于两机之间的飞行冲突，双方管制员应加强协调，协商该冲突由哪一方管制员来解决，必要时为便于飞行冲突的解决，管制双方可将航空器提前进行移交。这种飞行冲突通常是指在管制交界点附近的冲突。

例如，在武汉模拟机场中，龙口离场的南方 3442（机型 B757）进近移交给区域的高度为 4 800 m，龙口进场的东方 5323（机型运七）区域移交给进近的高度为 3 600 m。

进近管制员于 08 分指挥 CSN3342 由 2 400 m 上升至 4 800 m，此时需要与区域管制员进行管制协调，通过协调双方发现两机之间存在飞行冲突，CSN3342 在上升高度过程中会穿越 CES5323 所保持的 3 600 m 高度，因此双方需要协商该冲突的解决方法。解决方法有两种：一是区域管制员指示 CES5323 提前脱波联系进近，由进近管制员将该冲突解决完后再将 CSN3342 移交给区域管制员。另一种方法则是由区域管制员来解决该飞行冲突。

CSN3342	4800		XG	SH	KG		M
B757 /M							E
ZHHH—ZGGG			04	08	12		A I

CES5323	3600		QU	SH	KG		M
YN7 /M							E
ZGGG12：05—ZHHH				/	13		A I

在实际管制工作中，相邻管制单位之间的协调应建立在相互理解与支持的基础上，对与存在飞行冲突的两架飞机，管制双方应考虑到对方管制工作的难度，尽量将飞行冲突在自己管制空域内主动解决，而不要简单地将所有飞行冲突都交给对方处理。

（七）管制协议

管制协议是管制协调的书面表现形式。相邻的管制单位之间应根据实际情况，就双方协调一致的管制协调方案签订管制协议，将协调内容以书面形式固定下来，以减少口头协调。简化管制协调过程，便于两个管制区之间提供安全的、有序的、快速的空中交通流量，在正常情况下双方在进行管制协调时均按照协议规定进行。

1. 管制协议的签订

管制协议包括临时协议和长期协议。临时协议一般适用于临时飞行计划（如通用航空任务等）的航行保障，协议各方的职责随着飞行任务的完成而自动终止；长期协议没有约定俗成的生效时限，其有效时间自协议生效之日开始，至该协议被废止或更新时为止。

签订管制协议的各方，包括民航管制单位之间、民航管制单位与内部各业务单位之间、民航管制单位与军航管制单位之间、民航管制单位与机场公司各业务单位之间以及民航管制单位与航空公司各业务单位之间。

管制协议签订前，需拟定协议草案，然后由主持协议签订的一方或双方的上级单位召集签订协议的各方召开会议，对协议各项条款进行讨论与修改，经各方同意后由各业务单位主管领导签字后生效。

2. 管制协议的书写格式

一份正式的管制协议文件包含以下几个部分：

（1）标题。

管制协议的标题一般包含签订协议的单位名称、协议事项、协议名称和协议性质等。

单位名称一般为二个，即签订协议双方的简称或全称，如《区调与塔台工作协议》、《武汉区域管制室与郑州区域管制室管制工作协议》，也可以是一个、多个或者全部省略，如《B8480 航空摄影保障协议》、《与通航直升机公司的工作协议》，其中，B8480 是执行通用航空计划的航空器机尾号，默认为某次航空摄影任务。一般情况下，管制单位内部协议和临时协议多使用简称，对外长期协议则使用全称，以显正式。

协议事项可根据情况省略，但特殊情况下需注明，特别是在临时协议的行文方面，如上文提到的《B8480 航空摄影保障协议》，其中航空摄影保障就是协议事项，也一般多见于临时协议。

协议性质可以根据需要增加，包括暂定、试行、暂行等，一般见于标题的末尾，并加以双括号，如《区调与塔台工作协议（暂定）》。

“管制工作协议”是统称，可以根据协议实际内容，选择合适的用词，如保障协议、工作协议、协议、实施细则等。

（2）正文。

正文部分包括前言和主体部分。

前言的内容一般为签订协议的目的、依据，有必要时，还包括协议的使用限制条件等。行文的格式一般为“为了……，依据……，经协商制定如下协议。该协议适用于……的情况。”等。

主体部分包含各方协议内容，以明确协议各方的责任为主。

（3）生效日期：协议开始生效的日期，必要时，还需注明是适用世界协调时还是北京时，如“本协议自 2010 年 1 月 1 日 08：00（UTC）起实施”。

（4）签字栏和签订日期：包含协议各方单位名称、负责人签字以及日期。

3. 管制协议实例（注：协议样例中所涉及的所有信息均为虚拟信息）

例 1　A 区域管制室与 B 区域管制室空中交通管制工作协议

为了保证××管制区与××管制区空中飞行活动安全有序地进行，使管制工作程序化、规范化、标准化，依据《中国民航空中交通管理规则》，结合各自单位的具体工作特点，经协商制定如下管制工作协议：

（1）管制移交点

① ×××航路管制移交点为 P123；

② ×××航线管制移交点为 P124。

（2）指定的标准管制移交高度层

① A 管制区至 B 管制区：

a. C、D 类航空器：7 500 m（含以下）适当的飞行高度层；

b. A、B 类航空器：5 100 m（含以下）。

② B 管制区至 A 管制区：

a. C、D 类航空器：7 800 m（含以下）适当的飞行高度层；

b. A、B 类航空器：5 100 m（含以下）适当的航线高度层。

③ 如未能按上述所列高度进行管制移交，经双方协调同意后，可使用其他适当的移交高度。

（3）间隔标准

① 双方在程序管制条件下按《中国民用航空空中交通管理规则》的规定提供纵向间隔；

② 当有一方因故不能提供规定间隔时，需提前协调。

（4）管制协调

① 管制移交的协调应至少于航空器预计飞越指定的管制移交点前 10 min 完成，管制移交的航空器必须在移交点前 10 min 保持移交高度；

② 如接收方管制部门发现航空器超过预计飞越管制移交点 3 min 内未与接收方建立联络时，应将此情况通知移交方管制部门；

③ 航空器因做等待飞行、机动飞行或因天气原因偏离航线，双方应在航空器距离管制区边界 10 min 前进行通报和协调；

④ 当军航有活动时，B 管制室应将与 A 管制室有关活动的开始、结束时间及有关要求通知 A 管制室，并协助传递 A 与 B 军方的协调信息；

⑤ 凡不能按本协议条款执行管制移交，双方应及时进行协调，而且应该尊重接收方的意见，禁止未经协调或不按协调要求指挥航空器进入对方区域。

（5）RVSM运行

① 一般情况下，不允许未获准 RVSM 运行的航空器和不能按照民航总局相关要求飞相应英制高度的航空器进入对方 RVSM 空域运行；如有该类航空器需进入对方 RVSM 空域时，移交方应当尽早与接收方进行协调。

② 移交方应将所掌握的未获准 RVSM 运行的航空器和只能使用米制高度表的航空器电话通报接收方（A，B类航空器除外）。

③ 如果航空器在移交方空中发生 RVSM 状态改变，应尽早通知接收方；移交方不能在边界点前指挥该航空器离开 RVSM 空域时，应为该航空器在 RVSM 空域内配备不小于 600 m 垂直间隔或合适的水平间隔，并及时与接收方进行管制协调。

④ 如一方由于中度以上颠簸等原因在某个特定高度段或区域不能按 RVSM 标准运行时，应及时通知另一方。被通知方应按通知方的要求提供间隔。

⑤ 其他未述之 RVSM 运行要求按民航总局相关规定执行。

（6）通信

① 双方管制部门之间的直通电话（热线电话）用以传递下列信息：

a. 管制移交电报，其内容包括：

- 航空器呼号；
- 二次雷达应答机编码；
- 移交点；

- 预计飞越移交点的时间；
- 飞行高度层；
- 管制业务必要的其他事项。

b. 对管制指令、飞行高度层、预计时间的更改；

c. 对方要求的飞行计划；

d. 其他必要的事项及情报。

② 如双方直通电话（热线电话）失效，应及时通知对方，然后利用下列设备或途径进行管制移交协调：

a. 程控电话；

b. 卫星电话；

c. 对空话台；

d. 优先级 DD 的 AFTN 电报；

e. 空中航空器传递。

③ 当双方直通电话恢复使用后，双方管制部门应将已使用 AFTN 电报、对空话台、空中航空器传递的，尚在其管制区内飞行的航空器的管制移交电报，通过双方直通电话复述一遍。

④ 航空器过移交点跟移交方脱波时，移交方应向航空器指明下个管制区的联系频率。

（7）更正

① 管制移交中的以下内容有变更时应及时更正：

a. 航空器预计飞越管制移交点时间有 10 min（含）以上误差时；

b. 其他管制移交内容有变更时。

② 在特殊情况下，双方领班主任经事先协调同意，方能对本协议书所列内容予以临时修改。

（8）其他事宜

① 流量控制应提前 30 min 通知对方，并明确时限。

② 任何一方发生特殊情况（如机械故障、非法干扰、通信失效、迷航、机场或航路关闭、通信导航设备故障等），当需要对方协助时，应及时通知对方。被通知方应尽可能按通知方的要求提供协助。

③ 专机飞行保障仍按现行《专机工作条例》的有关规定执行。

④ 重要飞行按上级有关部署执行。

（9）实施日期

本协议书自 2010 年 1 月 1 日 08：00（UTC）起实施。

（10）双方代表签字

A 区域管制室	B 区域管制室
代表：	代表：
日期：2009 年 11 月 11 日	日期：2009 年 11 月 11 日

例 2　B 区域管制室与塔台（进近）管制室管制工作协议

为了保证 XX 管制区空中飞行活动安全有序地进行，使管制工作程序化、规范化、标准化，依据《中国民航空中交通管理规则》，结合塔台（进近）管制室（简称塔台）和区域管制室（简称区调）具体工作特点，经协商制定如下管制工作协议：

（1）信息通报

① 区调向塔台通报与塔台有关的军航、通用航空飞行计划和飞行动态；塔台应及时主动向区调证实从非区调途径获得的军航动态。飞行动态和计划内容包括：航空器呼号（批次）、机型、架数、起飞时间、航线、空域、高度等有关信息，通用航空还包括作业区域、作业性质。

② 塔台负责向塔台管制范围内有关军方管制单位通报本场起飞、落地动态。

③ 区调应及时向塔台通报与塔台有关的军航本场、空域、场外航行、歼强轰转场活动的开始和结束时间。

④ 塔台应及时将影响起降的气象情报、通信导航情报、场道情况通报给区调。

⑤ 区调或塔台进行流量控制时，应通告对方原因、限制条件及起止时间。

⑥ 管制一方应将已知的涉及另一方的空中交通情报（返航、备降、特殊情况等）及时、准确、有效地通报给另一方。

⑦ 区调扇区开放或合并前，应将开放或合并后使用频率、开放或合并时间及时通报塔台；塔台进近席位开放或合并前，应将开放或合并后使用频率、开放或合并时间及时通报区调。

⑧ 改变管制方法或 VHF 使用频率后应立即通报对方。

⑨ 双方要相互通报与对方有关的其他信息。

（2）航空器放行的有关规定

① 塔台在放行涉及区调区域的航空器之前，应向区调索取放行许可，放行许可申请内容包括：航班号（机号）、机型、目的地机场和机长申报的飞行高度等内容，区调放行许可的界限为武汉管制区的边界。

② 当区调对航空器放行进行限制时，应说明原因并给出航空器飞越区调与塔台管制移交点的时间。如无法明确，应告知塔台再次索取放行许可时间，超过该时间，塔台应主动向区调再次索取。

③ 放行许可中飞越移交点的时间容差为正负 2 min，若预计时间容差超过正负 2 min，塔台应在航空器起飞前与区调进行协调。

④ 放行间隔：通常情况下，塔台放行同走廊但不同航路的航空器，应有不少于 5 min 的纵向间隔，放行同航路的航空器，应有不少于 10 min 的纵向间隔，放行同航路航空器但航程较远且巡航高度较高的航空器在前时，应有不小于 10 min 的纵向间隔。特殊情况下的放行间隔按照区调放行许可要求执行。

（3）管制的协调与移交

① 一般原则：在双方协调移交意见不统一时，应尊重接收方的意见。

② 协调时限：塔台应在管制责任移交前 3 min 与区调进行协调；区调应在管制责任移交前 5 min（其中 2、3 号走廊为移交前 3 min）与塔台进行协调；如发生特殊情况应随时进行协调。

③ 协调移交的内容：航空器的呼号、预计移交点和预达移交点时间或航空器相对于某一导航台位置关系、高度及其他必要的内容。

④ 协调内容的更改：如航空器飞越移交点的时间与已协调的时间相差 2 min 以上，预计移交点改变，高度与已协调的高度不一致时，必须在移交前进行更正或者重新协调，如已构成冲突由移交方解决。

⑤ 协调方式：内部电话、程控电话、航空器转报（只在前两种方式故障时使用）。

⑥ 管制移交点：

a. 塔台管制空域为 A—B—C—D—A 线内，高度 5 100 m（含）以下的空间。

b. 正常移交点：进港的航空器为四个走廊口；出港的航空器为：C、D 类为在走廊内航空器到达规定的出走廊高度时；A、B 类为四个走廊口。

c. 非正常移交点由区调与塔台临时协调。

⑦ 塔台和区调之间的正常移交高度为机场细则规定的各类航空器进出走廊的高度。

⑧ 移交规定：

a. 对于 A、B 类民航航空器以及所有民航指挥的军方航空器，应电话移交。

b. 移交的航空器应与本管制区的其他航空器无冲突；接收方一旦完成电子标牌接受并与航空器建立好通信联系，即视为管制责任接受。

c. 如果 B 类航空器在走廊内需要上升高度，塔台应主动与区调进行协调，区调同意后由塔台实施指挥，塔台的指挥上限为该走廊 C 类航空器的出港高度。

d. 进出各走廊高度 3 600 m（含）以下的航空器，双方均应电话移交并说明高度表拨正值，并应协调统一在走廊口附近有冲突的航空器的高度表拨正值。

e. 民航管制的航空器因天气、特情等原因需偏离正常航路航线范围时，由正在承担管制责任的一方负责与有关的军方管制单位协调，并将当时情况告知相关的管制方。

⑨ 移交间隔：

a. 出港的航空器：出一号走廊的航空器，如果 B 类（含）以下航空器在前，C 类（含）以上航空器在后，塔台应保证出走廊时间相差 5 min 以上；如小于 5 min，塔台应主动与区调电话协调移交。塔台移交给区调的航空器，同高度最小水平间隔为 5 min，其他移交间隔按照放行间隔要求执行。

b. 进港的航空器：区调移交给塔台的航空器，同走廊 5 min（含）以上，且后机速度不大于前机。

（4）其他规定

① 涉及塔台管制区域的通用航空飞行，飞行前一日区调负责受理飞行计划，并将处理情况通报塔台；飞行当日，塔台负责就塔台范围的飞行与武基及塔台范围内相关的军航管制单位进行起飞前协调（起飞机场不在本场范围内的协调结果及时反馈区调）。起飞机场在本场的飞行由塔台负责放行和调配。当通用航空跨区调和塔台管制区域的飞行，经区调与塔台协调，由塔台统一负责当日的放行、调配、通报等相关工作。

② 在实际工作中，管制双方根据当时情况所做的电话协调内容与本协议不一致的地方，以双方认可的电话协调内容为主。

③ 本协议的解释权归航务管理部，任何一方未经许可不得修改本协议的内容。

④ 如违反本协议，或未经协商超越本规定范围而实施工作，影响了另一方工作秩序，责任由违反方负责。

⑤ 本协议未尽事项按照上级有关规定进行。

⑥ 本协议经双方代表签字后，于 2010 年 1 月 1 日起生效。自本协议启用后，原双方协议作废。

区域管制室　　　　　　　　　　　　　　塔台（进近）管制室

签字：　　　　　　　　　　　　　　签字：

日期：　　　　　　　　　　　　　　日期：

二、管制移交

在任何时间内，对航空器的管制责任应当只由一个空中交通管制单位承担。在未经接收单位同意的情况下，不得将管制航空器的责任从一个空中交通管制单位移交给另一个空中交通管制单位。移交管制单位应当将现行飞行计划中的有关部分和有关该次移交的资料发给接受管制单位。按照管制工作程序，管制移交分为两部分：一是通信移交，二是管制责任移交。在进行管制移交时，移交方与接收方应遵循共同的原则，即有冲突的两架航空器必须处在同一个管制员的管辖之下，禁止带冲突移交。

（一）通信移交

通信移交是指在将航空器移交给下一个管制单位之前，移交方先指示该航空器与接收单位建立通信联络，此时该航空器与双方管制单位之间均建立通信联系，当移交方确认已无飞行冲突或该航空器已过管制交界点时，再将该航空器的管制责任移交给下一个管制单位。在实际管制工作中，通信移交与管制责任移交往往会进行合并，但如果该机与空域内的其他航空器存在潜在的飞行冲突时，管制员在指挥该机联系下一个管制单位时，应指示该机与自己保持长守，直到所有的飞行冲突均已解除，再指挥其与自己脱波。

（二）管制责任移交

管制责任移交是指移交方管制员与被移交航空器脱波，接收方管制员承担起对该航空器的管制责任。管制责任移交应在被移交航空器与移交方潜在的飞行冲突和不利影响已得到正确处理，必要的协调已完成后方可进行。在管制责任移交前，航空器的管制责任仍由移交方承担，虽然接收方已与该航空器建立通信联络，但未经移交方同意，接收方不得改变该航空器的航行诸元，如果为解决飞行冲突需要改变时，应提前与移交方进行协调，争得移交方的同意，禁止越权指挥本管制（扇）区范围外的航空器。对于航空器管制责任的移交，目前我国民航实际工作中有如下几种情况：

1. 指定边界点的交接，即飞机保持航路高度平飞，过交接点时转频

该种方法通常适用于区域管制单位之间的管制移交，航空器在航路飞行阶段的绝大部分时间是保持高度平飞，因此当航空器过管制交界点时，即可将该航空器移交给下一个管制单位。除非接收单位对该航空器的移交点或移交高度有限制，此时移交方应按照接收单位的要求进行管制移交。

2. 指定高度的交接

指定高度的交接，指飞机达到规定交接高度时转频，接收单位建立联系后应尽快指挥飞机脱离交接高度。

移交双方划定垂直方向上的移交界限，航空器一旦超过了该垂直界限，双方即可完成管制移交，而不需要考虑该航空器所处的水平范围。例如，某区域与进近之间的协议移交高度为 5 700 m 和 5 400 m，此时区域管制将进场航空器的高度下降到 5 700 m 即可指挥该航空器联系进近管制。同理，对于离场的航空器，进近管制只需要将航空器高度上升到 5 400 m，即可指挥该机联系区域管制，即便此时该航空器还处于进近管制的水平范围内。但在使用这种移交方法时应注意，交接双方尽可能避免使用双方的移交高度，在接管了航空器的管制责任后，应尽快指示航空器离开移交高度，如确实需要占用，应通知对方。例如上例中，区域管制将航空器高度下降到 5 700 m 将航空器交给进近管制，当进近管制员接管了该航空器后，应尽快指示该航空器脱离 5 700 m，将该移交高度空出，便于区域管制指挥其他飞机下降到该高度。

在实际管制工作中，为提高管制工作效率，同时便于机组操作，往往在航空器快接近协议移交高度时，如果没有飞行冲突存在，移交方管制员即可指示航空器转频。例如在上述例子中，当离场航空器高度离开 5 100 m 时，在不存在飞行冲突的情况下，进近即可指挥航空器联系区域管制，而当区域管制接管了该航空器的管制后，可指示航空器继续上升到更高的高度，此时航空器始终处于不间断的上升状态。

3. 高度和点的交接，满足两个条件才可指挥飞机转频

双方设置有管制移交点，并对航空器过管制移交点时的高度也进行了明确，此时双方在移交航空器时，应尽可能满足协议的移交高度，并在航空器过管制移交点时，完成对航空器的管制责任移交。如果由于冲突等原因，航空器无法达到协议移交高度，双方需提前进行管制协调，重新确定移交高度。在武汉模拟空域中，进近与区域之间即为此种移交方式。例如由武汉机场往来于成都方向的飞机，进近与区域管制之间在天门（TM）对航空器进行移交，同时该航空器的高度应满足协议移交高度：进场 C、D 类 4 500 m，B 类 3 900 m，A 类航线高度。离场：C、D 类 4 200 m，B 类 3 600 m，A 类航线高度。

4. 高度（或）点的交接，满足一个条件即可指挥飞机转频

双方设置有管制移交点，同时设置有管制移交高度，当航空器过交界点或高度达到移交高度时，双方即可对航空器进行管制移交。使用此种方法时，航空器在过管制移交点时的高度需要双方通过管制协调临时确定。

第四节　飞行进程单

飞行进程单是给空中交通管制员对航空器提供空中交通管制服务时的辅助工具，管制员在实施管制的过程中使用飞行进程单记录管制指令及航空器的运行动态。塔台、进近及区域空中交通管制单位应使用飞行进程单。航空器进入管制区域前，空中交通管制单位应示写好记录有该航空器消息的飞行进程单。航空器在飞行过程中，管制员应把通过各种渠道收到的该航空器动态、管理指令及有关内容及时、准确地记入相应的飞行进程单。飞行进程单的使用规范均参照《中华人民共和国民用航空行业标准》(MH4011—2001)。

一、进程单的作用

（1）掌握航空器的航行信息；
（2）掌握航空器的运行状态；
（3）预测航空器之间的飞行冲突，调配空中活动；
（4）记录管制工作过程；
（5）存储管制指令，为分析管制工作提供实际数据；
（6）进行管制协调和移交。

二、进程单的基本要求

（1）值班管制员应按有关规定填写飞行进程单，飞行进程单记录的内容不应任意涂改。

（2）飞行进程单以红、黄、蓝、黑色加以区分：红色表示飞入管制区，蓝色表示飞出管制区，黄色表示飞越管制区，黑色表示除三种情况外的其他情况。但目前在我国实际管制工作中，各管制单位所使用的飞行进程单颜色不尽相同，但原则上进离场飞行航空器所使用的进程单颜色应有所区分。在武汉模拟机训练中所使用的进程单颜色规定如下：① 进近管制：黄色为进场航空器，绿色为离场航空器，红色为飞越航空器；② 区域管制：黄色为向西飞行的航空器，绿色为向东飞行的航空器。

（3）由空中交通管制设备打印的具有飞行计划的飞行进程单应包括足够的该航空器动态和与管制相关的内容。

（4）飞行进程单的规格为：长 177.8 mm（7 in），宽 25.4 mm（1 in）。

（5）飞行进程单应妥善保存，以备查检，保存 1 个月，如与事故或事故征候有关则只保存到事件调查结束为止。

三、进程单的种类

目前，我国航空单位的进程单主要可以分为两大类：① 雷达管制条件下，某些先进的雷达设备可以提供电子进程单的功能，如我国的北京、上海、广州等地目前均使用此类进程单；② 传统的纸制进程单，目前我国绝大多数空管单位均使用该类进程单。

根据进程单的不同使用单位，可以将飞行进程单分为区域飞行进程单、进近飞行进程单、塔台飞行进程单、进近塔台飞行进程单。

四、进程单的结构

进程单的结构如下：

（1）标牌区：记录航空器呼号、机型、二次雷达编码等航空器特征方面的内容和信息的区域；

（2）指令区：记录发布指令及执行情况的区域；

（3）航路区：记录飞行航路和位置报告点及相关内容的区域；

（4）协调区：记录日期、移交、扇区标识等协调及其他内容的区域。进程单的结构如下所示。

标牌区	指令区	航路区	协调区

1．区域飞行进程单

区域飞行进程单如下所示：

<table>
<tr><td>1a</td><td rowspan="3">2b 2c 2a</td><td>3a</td><td>3a</td><td>3a</td><td>3a</td><td>3a</td><td>3a</td><td>4b</td><td rowspan="3">M
E
A
I</td><td rowspan="3">4a</td></tr>
<tr><td>1b 1c 1d</td><td rowspan="2">3b</td><td rowspan="2">3b</td><td rowspan="2">3b</td><td rowspan="2">3b</td><td rowspan="2">3b</td><td rowspan="2">3b</td><td rowspan="2">4c</td></tr>
<tr><td>1e 1f/g 1h</td></tr>
</table>

（1）标牌区：标牌区记录与本次航班有关的基本信息，如呼号、机型、二次代码等，其中 1a 表示航空器呼号，不超过八个字符。航空器呼号应以四号字体出现在飞行进程单上。航空器呼号应以黑体四号字体打印；如人工填写，航空器呼号也应以类似四号字体书写。示例：CXH4101

- 1b 表示航空器机型，填写二至四个字符。内容引用国际民航组织第 8643 号文件《航空器机型代码汇编》，如无指定的代码或在飞行中有多种机型时，计算机设备填写“ZZZZ”，管制员手工在“ZZZZ”中间画一横线，并在旁边填入实际航空器机型，如：B757。

- 1c 表示尾流标志，填写一个字母（H、M 或 L），表示航空器的最大允许起飞质量。其中 H 代表重型机；M 代表中型机；L 代表轻型机。

- 1d 表示二次雷达应答机模式及编码，由五位字符组成。第一位，表示二次雷达应答机设备，标识如下：N 表示无，航空器上无应答机设备；A 表示模式 A，应答机可发射位置信息但无高度信息（四位数，4 096 个编码）；C 表示模式 C．应答机可发射位置和高度信息；X 表示模式 S，应答机可发射没有航空器识别标志和气压高度的数字信息；P 表示模式 S，应答机可发射有气压高度但无航空器识别标志的数字信息；I 表示模式 S，应答机可发射有航空器识别标志，但无气压高度的数字信息；S 表示模式 S，应答机可发射有航空器识别标志和气压高度的数字信息；D 表示具有自动相关监视能力。

后四位，以四位八进制数表示应答机编码，如：A4502。

- 1e 表示起飞机场。起飞机场按国际民航组织分配的四字地名代码填写，如未知，计算机设备填写“ZZZZ”，管制员手工在“ZZZZ”中间画一横线，并在旁边填入起飞机场名称。示例：成都为 ZUUU。

- lf/g 预计（实际）起飞时刻/预计降落时刻。UTC 时刻，均由四位数字组成。当收到实际起飞时刻时，应在预计起飞时刻上画一横线，并在正下方填写实际起飞时刻。实际降落时间可省略。示例：“0105”表示 UTC 时刻 1 时 5 分。

- 1h 表示目的地机场。目的地机场按国际民航组织分配的四字地名代码填写，如未知，计算机设备填写“ZZZZ”，管制员手工在“ZZZZ”中间画一横线，并在旁边填入目的地机场名称。示例：北京为 ZBAA。

（2）指令区：记录管制指令的详细内容。其中 2a 表示申请的巡航高度层，表示方法与高度数据的表示方法相同。

2b 表示高度变化；原则上高高度表示在上面，低高度表示在下面。航空器每改变一次高度，均应有相应标识。航空器每改变一个高度，则在原高度中间画一横线表示已离开此高度，在其右边用↓或↑表示下降或上升，同时记下目标高度。当航空器在到达某一高度层暂时保持时，在该高度层下画一横线表示。

当航空器在到达某一高度层暂时保持时，在该高度层下画一横线表示。

示例：0950 表示在 9 500 m 高度保持；~~0950~~↑表示离开 9 500 m 高度上升；~~0950~~↓表示离开 9 500 m 高度下降；A120 表示在修正海压高度 1 200 m 保持；~~A120~~↑表示离开修正海压高度 1 200 m 上升；~~A120~~↓表示离开修正海压高度 1 200 m 下降。

2c 表示其他指令，填写记录任何需要的其他管制指令，如航向改变指令。

（3）航路区，航路区位置报告点的数目是可增减的，但最多应不超过六个报告点。

- 3a 位置报告点名称：位置报告点按照航空器飞越的先后次序从左到右填写。航空器实施绕航，在 3a 区域内应有相应标识，其中 R30 表示右转 30；L30 表示左转 30；150 表示航向 150；L5 表示左偏 5 km；R5 表示右偏 5 km。管制员在与相邻管制区（席位）完成管制协调后，在交接点位置上画一圆圈。
- 3b 位置报。打印或填写航空器经过该位置的时刻。如时刻有变化，应在原来的时刻中间画一横线，同时在其下面写上更改的时刻。第一个位置报告点应填写小时，其后位置报告点可省略小时，但跨小时时，位置报告点应填小时。

（4）协调区：主要记录与飞行有关的重要信息。协调区分为左右两个部分，其中右半区为按规定应记载的信息。

- 4a 扇区（席位）号，填写扇区代号或席位号，用两个字母或数字表示。
- 4b 填写或打印进程单生成日期和时刻。示例："06/21 2000" 表示进程单的生成日期为 6 月 21 日 20 时 0 分（UTC）。
- 4c 其他信息，可填入任何需要的简语和信息代码。例如：遇有重要客人飞行时，填入 VIP。

M：航空器已收到本场 ATIS 信息，则在进程单右上角的"M"上画"○"。

E：对过境航班，拍发 EST 报后，在"E"上画"○"。

A：与空军协调完毕，在"A"上画"○"。同时，可在 A 右边写上协调的时刻。

I：雷达识别。当航空器已识别，则在进程单"I"上画"○"。

应用示例：

DLH752	~~1010~~ ~~0780~~ ~~0600~~↓	P56	KG		06/21 2045	M S2
A300 H A4502		09 / 11	25 / 26	/	VIP	E A I
ZGGG~~1455~~/1540ZHHH 1455						

以上飞行进程单表示：航班 DLH752，机型 A300，尾流为重型机，雷达二次编码 A4502，

起飞机场 ZGGG，降落机场 ZHHH，预计起飞时刻为 1 455，实际起飞时刻为 1455，预计降落时刻为 1 540。高度层从 10 100 m 下降至 7 800 m，直到 6 600 m 保持。该航班共经过了 2 个位置报告点，即“P56”、“KG”，预计飞越两个点的时刻分别是 09、25，实际飞越两个点的时刻分别是 11、26 分。区域飞行进程单生成时刻为 6 月 21 日 20 时 45 分，机上 VIP，扇区席位 S2。

2. 进近飞行进程单

进近飞行进程单如下所示。

1a	2b 2c 2a	3c	3a	4b	M 4a
1b 1c 1d			3b	4d	E
1e 1f/g 1h				4c	A
					I

（1）标牌区：记录与该次航班有关的基本信息，如呼号、机型、二次代码等。它与区域管制进程单相同。

（2）指令区：记录管制指令的详细内容。2a、2b、2c 的说明详见区域管制进程单说明。

（3）航路区：航路区位置报告点的数目是可增减的，但最多不应超过三个报告点。3a，3b 的说明见区域管制进程单。

（4）协调区：主要记录与飞行有关的重要信息。协调区分为左右两部分，其中右半区为按规定应该记载的信息。4a、4b、4c 详见区域进程单，4d 使用跑道打印或填写航空器起飞/落地使用的跑道编号或名称。M、E、A、I 的说明和使用方法详见区域管制进程单。

应用示例：

CCA1331	0890	ZF11D	WG	ZF	05/01 1100	M S2
B737 M A3201	~~0360~~		15	20	R/W 36	E
ZHHH~~1200~~/1210ZBAA	~~A240~~ ↑					A
1401	~~A180~~		15	21		I

以上进近飞行进程单表示：航班 CCA1331，机型 B737，尾流为中型机，雷达二次编码 A3201，起飞机场 ZHHH，降落机场 ZBAA，预计起飞时刻为 1200，实际起飞时刻为 1210，预计降落时间为 1401。巡航高度 8 900 m，高度变化从 1 800 m 上升至 2 400 m 保持，又继续上升至 3 600 m 保持。该航班起飞时执行的为 ZF11 号离港程序，预计经过导航台 WG 的时刻为 1215，实际为 1215，预计经过导航台 ZF 的时间为 20 分，实际过该台的时间为 21 分，进近飞行进程单生成时刻为 5 月 1 日 11 时 0 分，使用 36 跑道，扇区席位 S2。

五、进程单的使用

（一）进程单的填写

1. 填写要求

（1）填写飞行进程单时，当有关栏目不需要填写时应空出。

（2）使用符号时，应按规定的符号填写。

（3）各项不应涂改，若需更改，在原内容中间画一根线，再在旁边空白地方填上正确的内容，以保持原始记录。

（4）应用钢笔、圆珠笔或碳素笔填写飞行进程单。

2. 填写方法

（1）时间：所有的时刻应采用世界协调时，用连续四位数字表示。前两位表示小时，后两位表示分，不足两位前面以“0”填充，即9时5分记作“0905”，在填写位置报告点时刻时，第一个位置报告点应填写小时，其后的位置报告点可省略小时，但跨小时时，位置报告点应填小时。

（2）高度：高度数据以米为单位。具体表示方法如下：

① 用以标准海平面气压为基准的高度表示时，以 10 m 为单位，直接用四位数字表示，不足四位，前面以“0”填充，即 9500 m 记作“0950”；

② 用以修正海平面气压为基准的高度表示时，以 10 m 为单位，以字母“A”开头，后接三位数字，不足三位，前面以“0”填充，即 900 m 记作“A090”；

③ 用以场面气压为基准的高度表示时，以 10 m 为单位，以字母“H”开头，后接三位数字，不足三位，前面以“0”填充，即 900 m 记作“H090”。

（3）协调区的填写：

M：当管制员向航空器通报完气象条件后，将此项用○进行标记；

E：当拍发完 EST 电报后，将此项用“○”进行标记；

A：与军航完成管制协调后，将此项用“○”进行标记；

I：对航空器完成雷达识别后，将此项用“○”进行标记。

（3）常用简写符号：

ATO 表示实际飞越时间（actual time over）；

EAT 表示预计进近时刻（estimated approach time）；

ETO 表示预计飞越时间（estimated over）；

ILS 表示可以 ILS 进近（cleared for ILS approach）；

↑表示上升高度；

↓表示下降高度；

○表示已完成（如已完成气象条件的通报后，在进程单协调栏的 M 上做此标志）。

⊥表示建立盲降。

（二）进程单的摆放和移动

进程单应随时能够反映出空中交通状况，所以进程单一般根据空域结构和空域中航空器的飞行位置摆放在合适的位置上，随着飞行的进行进程单进行相应的移动。

1. 进程单的摆放

进程单一般分两组摆放，一组是“等待进程单”，即按照飞行计划编制的、等待实施的进程单；当接到协调电话或电报时，按照协调进行修改后，移离“等待区”而变成使用进程单。

使用进程单一般放置在管制员前面，具体的摆放位置应遵循两个原则：一是能否体现飞机在空域中的飞行位置；二是能否充分体现飞行冲突。

2. 进程单的排列

根据管制区内航线的布局，一般以航段交叉点作为参考点，按照时间顺序排列进程单，随着飞机的移动而不断变更进程单的顺序。

3. 进程单的摆放原则应以体现飞行状态、飞行高度及提醒冲突为主

根据区域内航线的分布和走向分为若干列，与航空器在区域（扇区）内的地理位置、移动方向相一致，并随着空中交通情况的变化而变化。交叉航线或汇聚航线的两列或多列进程单应相邻摆放。当航空器由一条航线加入另一条航线时，进程单应从原来的一列摆放到相应的另一列。

4. 进港（含进港飞越）飞行进程单的摆放

进程单按照过移交点的时间顺序从下往上摆放，先到的放在下面，后到的在上面。若多个航空器时间比较接近，相互有影响，则这几个进程单按照高度层次由低到高，从下往上摆放。进港进程单的摆放和移动应时刻体现进港排序和进入走廊口的次序。

5. 出港（含出港飞越）飞行进程单的摆放

根据出港时间的先后顺序，出港进程单从上往下摆放，先出港的放在上面，后出港的放下面，排成一列。若多个航空器相互有影响，需要梯度上升时，应按照梯度上升的次序进行排列。

6. 有冲突飞行进程单的摆放和移动

（1）有冲突的航空器进程单应当摆放在一起，高高度的放上面，低高度的放下面。

（2）需要穿越高度的航空器，完成高度穿越后，进程单的位置上下互换。

（3）不同航线之间有冲突的进程单，在不影响原排列的情况下可以放在同一列，待解决冲突后再放回原排序的一列中。

（4）同一航线内有冲突但又与其他航线存在冲突的，可按冲突的先后和主次摆放。

（5）如果进程单离开原摆放位置会影响其他调配的，可以把有冲突的进程单的一端同时翘起以作提醒，待冲突解决后再把进程单放平。有多对进程单有冲突时，可根据冲突先后和冲突的关系分别翘起进程单的两端。

7. 程序管制模拟机训练中进程单的摆放

为辅助初学者掌握空域结构，将武汉空域结构以固定的格式展示在受训者面前，将空域中所有的导航台加以固定（见图 1.4），在训练过程中，受训者应注意在摆放进程单时体现飞机在空域的飞行位置和飞行冲突，如飞往 XS 的飞机的进程单，过 WG 后该机在空域中的位置处在 WG—XS 航段，进程单可以摆放在 WG 上方也可以摆放在 XS 上方，此时应考虑飞行冲突。如果有 ZF 进场的飞机，此时应将进程单摆放在 WG 上方，体现该机与 ZF 进场飞机之间在 WG 上空的交叉冲突。反之，如果 XS 有进场飞机，应将进程单摆放在 XS 上方，体现该机与 XS 进场飞机之间在 XS 上空的交叉冲突。当然如果同时遇到 ZF 进场与 XS 进场的飞机，进程单摆放的位置可以由管制员临时决定。

图 1.4　武汉模拟机管制位结构示意图

（三）利用进程单探测飞行冲突

先检查两机飞越同一导航台的预计时刻，如果符合间隔标准，二者就不存在飞行冲突；如果不符合间隔标准，说明存在潜在的飞行冲突，需要做进一步检查。

然后检查两机的高度，如果存在垂直间隔，则二者不存在飞行冲突，如果两机同高度或正在彼此穿越高度，则不论是顺向、逆向或交叉飞行，二者都存在冲突危险。

同向同高度飞行的不同速度飞机，如前机速度比后机快时，按规定可以适当缩小间隔，有必要对此类飞行再做速度检查，才能做出有冲突的最后决定。

（1）平飞状态利用飞行进程单探测飞行冲突，如图 1.5 所示。

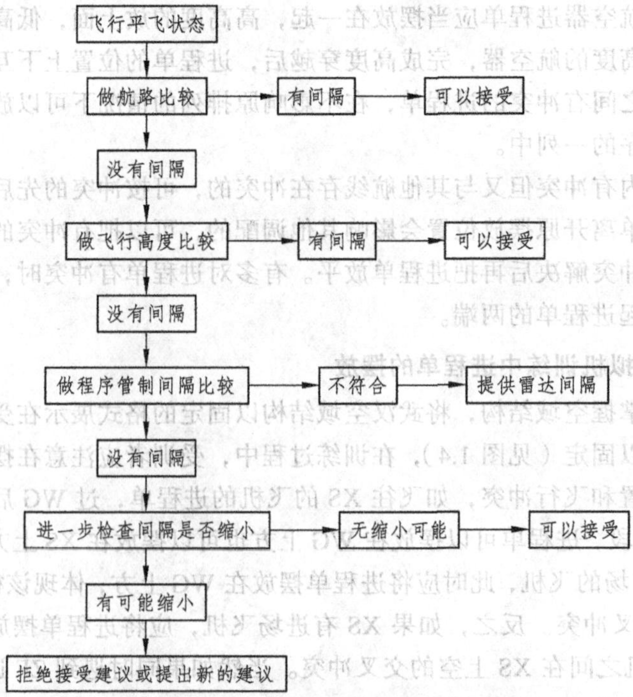

图 1.5　利用进程单探测飞行冲突（平飞状态）

（2）做垂直机动飞行时利用进程单探测飞行冲突，如图 1.6 所示。

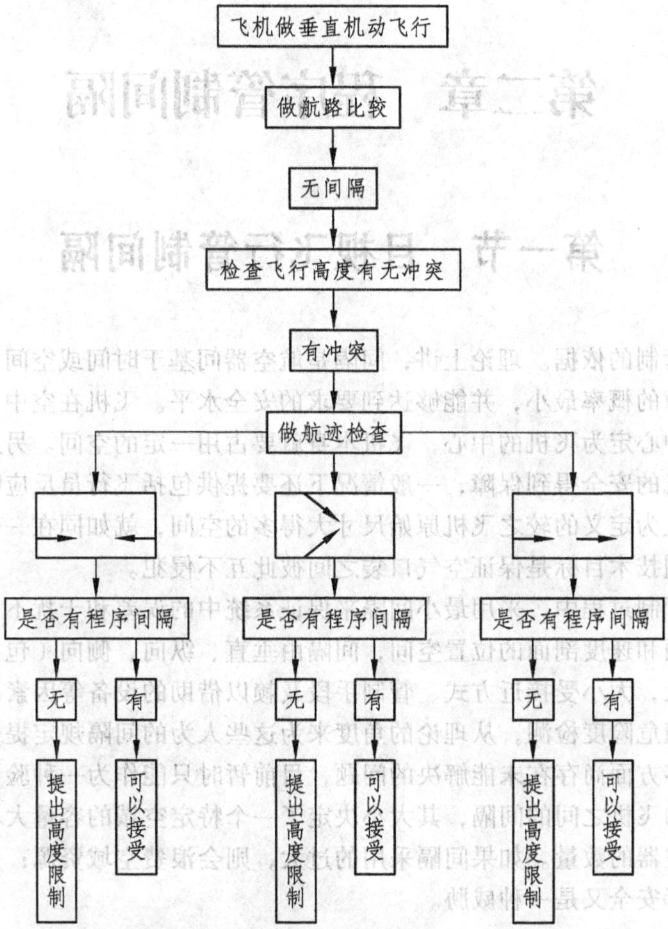

图 1.6　利用进程单探测飞行冲突（垂直机动飞行状态）

复习思考题

1. 简述目视飞行的实施条件。
2. 管制协调的手段有哪些？
3. 简述管制协调的内容。
4. 常用的管制移交方法有哪些？

第二章 程序管制间隔

第一节 目视飞行管制间隔

间隔是实施管制的依据。理论上讲，间隔是航空器间基于时间或空间的距离，在此距离上使得航空器相撞的概率最小，并能够达到要求的安全水平。飞机在空中飞行的过程中，如果将飞机的几何中心定为飞机的中心，飞机本身就要占用一定的空间。另外，飞机在空中相遇时，为了使飞机的安全得到保障，一般情况下还要提供包括飞行员反应时间及尾流间隔在内的缓冲。这种人为定义的较之飞机原始尺寸大得多的空间，就如同在一个空气的口袋里面装一架飞机，管制技术目标是保证空气口袋之间彼此互不侵犯。

在空中交通管制过程中，采用最小间隔来保证系统中的误差和干扰不会导致航空器发生碰撞。在飞行剖面和速度剖面的位置空间，间隔由垂直、纵向、侧向（包括地理位置间隔）三维投影进行定义，大小受接近方式、管制手段及赖以借助的设备等因素决定。科研人员多年来试图通过碰撞危险度检测，从理论的角度来为这些人为的间隔规定提供科学依据，然而在算法、量化诸多方面尚存在未能解决的问题，目前暂时只能作为一种验证的手段。

在空中飞行的飞机之间的间隔，其大小决定了一个特定空域的容量大小，决定了该空域所能容纳最大航空器的数量。如果间隔采用的过大，则会浪费空域资源；采用的过小，对于飞机在空中的飞行安全又是一种威胁。

一、目视间隔的概念

在气象条件许可的情况下，通过航空器机长之间相互能见，或管制员能见航空器来确保航空器间安全运行的一种间隔类型，称为目视间隔，目视间隔适用于 IFR 和 VFR 飞行计划的航空器。

目视间隔是确保飞行安全的一种方法，该间隔往往小于程序管制和雷达管制间隔。FAA 的规章没有为目视间隔规定具体的大小数值，而是由目视间隔的实施者根据航空器的性能、尾流等级、航空器间的接近率、飞行路径和天气情况决定，并对某些不适合目视间隔的情况做出特殊的规定。目视间隔适用于飞行高度 FL180（不含）以下的航路、终端和塔台管制区。

二、目视飞行间隔标准

（一）垂直间隔标准

1. 航空器与地面障碍物之间的间隔

目视飞行航空器与地面障碍物的垂直间隔应符合以下要求：

（1）机场区域内目视飞行最低安全高度。

巡航表速 250 km/h（不含）以上的航空器，按照机场区域内仪表飞行最低安全高度的规定执行。

巡航表速 250 km/h（含）以下的航空器，距离最高障碍物的真实高度不得小于 100 m。

（2）航线目视飞行最低安全高度。

巡航表速 250 km/h（不含）以上的航空器，按照航线仪表飞行最低安全高度的规定执行。

巡航表速 250 km/h（含）以下的航空器，通常按照航线仪表飞行最低安全高度的规定执行；如果低于最低高度层飞行时，距航线两侧各 5 km 地带内最高点的真实高度，平原和丘陵地区不得低于 100 m，山区不得低于 300 m。

2. 航空器之间的垂直间隔

在不具备安全水平间隔情况下，目视飞行航空器之间垂直间隔按照飞行高度层的配备规则来执行。

（二）水平间隔标准

1. B、C 类空域内，目视飞行航空器的最低纵向和侧向间隔标准应当符合的规定

（1）同航迹、同高度目视飞行的航空器之间纵向间隔为：指示空速 250 km/h（含）以上的航空器之间，5 km；指示空速 250 km/h 以下的航空器之间，2 km。

（2）超越前面航空器时，应当从其右侧保持 500 m 以上的侧向间隔超越。

2. D 类空域内，目视飞行航空器的最低纵向和侧向间隔标准应当符合的规定

（1）昼间航空器之间的纵向间隔：A 类航空器不得小于 1.5 km，B 类航空器不得小于 3 km，C、D 类航空器不得小于 4 km，并应当注意航空器尾流的影响。同型航空器之间不得超越。只有经过允许，在三转弯以前，快速航空器方可以从外侧超越慢速航空器。昼间各航空器之间的侧向间隔：A 类航空器不得小于 200 m，B、C、D 类航空器不得小于 500 m。除需被迫着陆的航空器外，不得从内侧超越前面航空器。

（2）夜间飞行时，航空器在起落航线或者加入、脱离起落航线时，航空器驾驶员能够目视机场和地面灯光，管制员可允许其做夜间起落航线飞行。在夜间起落航线飞行中，不得超越前面航空器，各航空器之间的纵向间隔不得小于 4 km。

（3）管制员在必要时应当向有关目视飞行航空器提供交通情报，通知其应当使用目视间隔。

3. 目视飞行航空器使用同一跑道起飞、着陆时，其最低间隔标准应当符合的规定

（1）在前面航空器已飞越跑道末端或在跑道上空改变航向已无相撞危险前，或者根据目视或前面航空器报告确认该航空器已脱离跑道前，后面航空器不得开始起飞滑跑。

（2）在前面航空器已飞越跑道末端或在跑道上空改变航向已无相撞危险前，或者根据目视或前面航空器报告确认该航空器已脱离跑道前，后面航空器不得飞越跑道进入端。

（三）目视间隔的使用

目视间隔是间隔的一种类型，与管制员提供的程序和雷达管制间隔相比，目视间隔的实质是将保持安全间隔责任委托给航空器驾驶员。此时运行中的航空器的防撞责任回归到航空器机长身上，因此在飞行过程中实施目视间隔时，管制员和飞行员均应遵守同一程序。

1. 在实施目视间隔前，管制员必须通过雷达给驾驶员必要的交通咨询

如相关航空器的方位和距离。

2. 航空器驾驶员目视判明目标接受目视间隔后，管制员可指示航空器驾驶员保持目视间隔

接受目视间隔的航空器驾驶员负有以下责任：

（1）保持不间断的空中观察；

（2）为保持间隔做必要的机动飞行；

（3）避开前方航空器的尾流间隔；

（4）当对相关航空器失去目视时，及时通知管制员，以便重新配备程序或雷达间隔。

3. 目视间隔是管制员为航路、终端和塔台管制空域内运行的航空器配备的一种飞行间隔

目视间隔配备应当考虑以下两种情况：

（1）塔台管制员看到相关航空器并为其配备目视间隔，以避免航空器发生飞行冲突。

（2）航空器驾驶员看到其他相关航空器并得到管制员保持目视间隔的指令后，通过必要的机动飞行来保持安全间隔，以避免飞行冲突。该情况下的目视间隔可以通过目视跟进或者保持与相关航空器持续能见的方式来建立。

4. 塔台管制员持续目视能见两个相关航空器，并为其配备目视间隔时的注意事项

（1）塔台管制员对所配备的目视间隔负责，应当通知航空器驾驶员正在使用目视间隔。

（2）当前行的航空器为重型机或某些特殊机型时（如 B757），此时塔台管制员不得在两航空器之间配备目视间隔。

5. 当航空器驾驶员看到另外一架相关航空器，并且管制员指示与其保持目视间隔时，在飞行过程中管制员应注意事项

（1）向航空器驾驶员通报另外一架相关航空器的位置、飞行方向、机型、尾流等级和意图。

（2）证实航空器驾驶员已经看到另外一架相关航空器。

（3）当航空器驾驶员报告看到另外一架相关航空器并表示能够保持目视间隔，或者管制员向驾驶员证实能否保持目视间隔并得到驾驶员的肯定答复时，可以指示航空器驾驶员与另外一架相关航空器保持目视间隔。

（4）当配备目视间隔的航空器雷达标牌出现汇聚趋势时，管制员应当向航空器驾驶员通报相关交通信息。

（5）如果必要，管制员应当向另外一架相关航空器通报交通信息，并告知正在使用目视间隔。

（6）当两架航空器相对飞行或小角度汇聚飞行时，管制员应当在双方驾驶员目视证实相遇后再指挥航空器实施高度穿越。

（四）目视间隔在解决飞行冲突时的应用

在实际管制运行过程中，即便是两架按照仪表飞行规则运行的航空器，如果在飞行过程中，双方飞行员均报告与前方对头飞行的航空器已经目视相遇无影响了，此时管制员可以指令两机互相穿越或占用彼此的飞行高度层。这一点在我国民航空中交通管理规则（以下简称

86 号令）中有明确的规定，这样就大大缩小了两架飞机穿越高度的间隔。作为程序管制的一种典型运用，可以提前通知两机机长相对活动，并要求彼此相遇无影响报告，在得到两机机长都报告说明空中目视相遇无影响后，可以下达穿越指令。

逆向飞行时必须保持规定的高度差，只有证实航空器已彼此飞越后，方可准许相互占用或穿越高度层。这里所谓“证实”很难做一般性描述，一线单位须慎重处理。目前证实两架航空器已经彼此飞越的方法主要依靠两架航空器的驾驶员报告已经与前方航空器目视相遇无影响。在程序管制条件下，一般适用目视相遇的方法解决飞行冲突时，仅限于完全逆向的航段，在对彼此航空器通报活动时，应包含如下几项：① 航空器的移动方向；② 航空器的机型；③ 相对飞行的高度；④ 预计相遇时间；⑤ 目视相遇无影响报告。

例如，南方 605 相对飞行波音 737，高度 2 400 m，预计相遇时间 06 分，目视相遇无影响报告。

SAS996 opposite traffic, B737, 2100 meters estimating encounter at 06, report traffic in sight and cleared.

但在实际管制工作中，如果对飞机通报相对飞行的高度，容易引起飞行员的误解，从而导致不必要的冲突产生，因此管制员往往可以通报彼此的高度关系来代替飞行高度，故上述的活动通报可以变更为如下的方式：

南方 605 相对飞行波音 737，在你上方，预计相遇时间 06 分，目视相遇无影响报告。

SAS996 opposite traffic，B737，above you estimating encounter at 06，report traffic in sight and cleared.

同航段逆向飞行两机相遇时刻的估计，优先选择预计过同一报告点时间差最小的台为基准进行计算，这样相对比较精确，不妨设速度 v_1 飞机，过台时刻为 t_1，速度 v_2 飞机，过台时刻为 t_2，且 $t_1 < t_2$，则：

$$t_e = t_1 + \frac{v_2(t_2 - t_1)}{v_1 + v_2} = t_1 + \frac{t_2 - t_1}{1 + \frac{v_1}{v_2}}$$

（1）当 $v_1 = v_2$ 时，$t_e = \frac{t_1 + t_2}{2}$；

（2）当 $v_1 < v_2$ 时，$t_e = t_1 + \frac{t_2 - t_1}{1 + \frac{v_1}{v_2}} > \frac{t_1 + t_2}{2}$，实际操作可以近似为 $v_1 = v_2$ 计算，效果只可能导致飞行员提前观察相遇情况，但符合安全的要求。

（3）当 $v_1 > v_2$ 时，对于最近某个航段，近似有 $\frac{v_1}{v_2} = \frac{T_2}{T_1}$（$T_1$、$T_2$ 为两机飞经该航段各自花费的时间），故：

$$t_e = t_1 + \frac{t_2 - t_1}{1 + \frac{v_1}{v_2}} = t_1 + \frac{t_2 - t_1}{1 + \frac{T_2}{T_1}}$$

例 1 在武汉模拟机场中，河口（ZF）进离场航空器的冲突就可以利用此方法来解决，可大大缩短飞行冲突的解决时间。

SAS996	8900		S	WG	ZF		M
			01	04	11		E
B737 /M	A210		01	06/			A
ZHHH— ZBAA							I

CSN605	9500		ZF	WG	QU		M
			00	07	12		E
B737 /M	A240		00	05			A
ZBAA— ZHHH							I

在以上飞行动态中，SAS996 先过 WG，两机在 ZF—WG 航段完全逆向飞行，此时管制员可先指令 CSN605 下降到修正海压 2 400 m 保持，指令 SAS996 上升到修正海压 2 100 m 保持，然后对两机分别通报飞行动态，待两机均报告与前方飞机目视相遇无影响后即可指挥两机互相穿越对方高度。

管制员：SAS996 opposite traffic，B737，2100 meters estimating encounter at 06，report traffic in sight and cleared.

飞行员：roger SAS996.

管制员：南方 605 相对飞行波音 737，高度 2 400 m，预计相遇时间 06 分，目视相遇无影响报告。

飞行员：收到，南方 605.

飞行员：WUHan approach，SAS996 traffic in sight and cleared.

管制员：roger，SAS996 standby.

管制员：南方 605 请证实已经与前方波音 737 目视相遇无影响。

飞行员：武汉进近，南方 605 已经与对头的波音 737 目视相遇无影响了。

管制员：收到，南方 605 下降到修正海压高度 1 800 m 保持，过通口报。

管制员：SAS996 climb and maintain 4500 meters report passing ZF.

但在实际应用中应该注意两机相遇时中间高度的选择，如上例中，根据判断两机的相遇点靠近通口（WG），两机相遇过后离场飞机上升高度的空间较大（离河口 ZF 还有 5 min），因此两机相遇时的中间高度应适当选择的稍低一些。反之，如果相遇点靠近河口（ZF），此时的中间高度应选择的高一些，以避免两机相遇后，离场飞机上升不到协议高度。

（五）目视间隔通话用语

（1）后机目视前机，后机保持目视穿越前机。（顺向飞行）

C：CSN3101，ERJ145 7NM ahead of you 3600 m maintaining，do you have traffic in sight?

CSN3101，正前方 7NM 同向有架 ERJ145 3 600 m 保持，能目视看到吗？

P：Affirm CSN3101，we have traffic in sight.

目视了，CSN3101。

C：CSN3101，maintain visual separation and climb to 5100 m.

CSN3101 保持目视间隔上升到 5 100 m。

P：Maintaining visual separation and climbing to 5100 m CSN3101.

保持目视间隔上到 5 100 m，CSN3101。

C：CSN3101 expedite passing 4500 m，your speed is faster than the preceding.

CSN3101 尽快通过 4 500 m，因为有追赶，你的地速比它大。

P：Wilco，expediting，CSN3101.

明白，尽快上，CSN3101。

（2）后机与前机保持目视间隔，前机穿越后机。（顺向飞行）

C：CCA1318，B737 5NM ahead of you 3600 m maintaining，do you have traffic in sight?

CCA1318，正前方 5NM 同向有架 B737 3600 m 保持，能目视看到吗？

P：Affirm，CCA1318，we have traffic in sight.

能够目视，CCA1318。

C：CCA1318，that traffic will climb through your level，can you maintain visual separation with him?

CCA1318，B737 准备穿越你的高度，能和它保持目视间隔吗？

P：Affirm，CCA1318.

可以，CCA1318。

C：CSN3601 climb to 5100 m.

CSN3601 上到 5 100 m。

P：Climbing to 5100 m，CSN3601.

正在上 5 100 m，CSN3601。

（3）后机目视前机，后机保持目视穿越前机。（汇聚飞行）

C：CES5323，traffic 3 o'clock 7 miles，B737 converging above you，do you have it in sight?

CES5323，3 点钟方位 7NM 有架 B737 汇聚比你高，能目视看到吗？

P：Affirm CES5323，we have it in sight.

是的，我们看到它了。

C：CES5323 can you maintain visual separation with him and climb?

CES5323，你可以保持目视爬升穿越吗？

P：Affirm CES5323 request climb now.

可以，CES5323，现在申请上升。

C：CES5323 climb to 5700 m.

CES5323 上到 5 700 m。

P：Climbing to 5 700 m CES5323.

上升到 5 700 m，CES5323。

C：CXA8301 traffic 9 o'clock，A320 converging is climbing through your level，he has you in sight and will maintain visual separation.

CXA8301，A320 在你 9 点钟方位正在穿越你的高度，他对你保持目视间隔。

P：Roger request descent CXA8301.

明白，请求下降，CXA8301。

（4）两机交叉相遇前，两机报告目视能见，保持目视间隔相互穿越高度。

C：CSN3101，traffic 1 o'clock 5 miles，west bound，B737 above you，confirm visual contact?

CSN3101，在你1点钟方位5NM 有架B737往西去，比你高，能目视看到吗？

P：Affirm CSN3101，we have it in sight.

目视看到，CSN3101。

C：CSN3506，traffic 11 o'clock 5 miles，north bound，B777 heavy below you，confirm visual contact?

CSN3506，在你11点钟方位5NM 有架B777 重型往北去比你低，能目视看到吗？

P：Affirm CSN3506，we have it in sight.

目视看到，CSN3506。

C：CSN3101，maintain visual separation and climb to 5100 m，the B737 will descend through your level.

CSN3101，保持目视间隔上到51，B737将下降穿越你的高度。

P：Maintaining visual separation and climbing to 5100 m，CSN3101.

保持目视间隔上到5 100 m，CSN3101。

C：CSN3506，maintain visual separation and descend to 2700m on QNH 1010，the B777 will climb through your level.

CSN3506，保持目视间隔下到修正海压2 700 m，修正海压1010，B777将上升穿越你的高度。

P：Roger，maintaining visual separation and descend to 2700 m on QNH1010，CSN3506.

明白，保持目视间隔下到2 700 m，修正海压1010，CSN3506。

（5）两机交叉相遇后，其一或两机报告目视相遇，相互穿越高度。

C：CSZ9801，traffic 10 o'clock 2 miles，west bound，B747 heavy above you，confirm visual contact?

CSZ9801，在你10点钟方位2NM有架B747重型往西去比你高，能目视看到吗？

P：We have it in sight，CSZ9801.

目视看到，CSZ9801。

C：CSZ9801，when clear of traffic by visual climb to 5700 m，caution the wake turbulence.

CSZ9801目视没影响后可以上到5 700 m，注意尾流影响。

P：Wilco，CSZ9801.

明白，CSZ9801。

P：Traffic is cleared，now climbing to 5700 m，CSZ9801.

交叉过去了，现在上到5 700 m，CSZ9801。

C：Roger.

明白。

（6）两机相对飞行，两机报告目视相遇后，相互穿越。（完全相对飞行）

C：CSZ9802，traffic 12 o'clock 5 miles，opposite direction，B747 heavy below you，confirm visual contact?

CSZ9802 正前方 5NM 有架 B747 重型机比你低相对飞行，证实目视看到？

P：Affirm CSZ9802，we have it in sight.

目视看到，CSZ9802。

C：CSZ9802 report clear of that traffic by visual.

CSZ9802 目视相遇后报告。

P：Wilco CSZ9802.

明白，CSZ9802。

P：Traffic is cleared，a B747 passed eastbound，CSZ9802.

目视 B747 往东过去了，没影响，CSZ9802。

C：CSZ9802 descend to 4 200 m，caution the wake turbulence.

CSZ9802 下到 4 200 m，注意可能有尾流影响。

（7）两机相对飞行，两机报告目视没有影响，相互穿越。（平行航线或有侧向间隔的相对飞行）

C：CSN3892 traffic 1 o'clock 5 miles B757 heavy above you is tracking to SHL，do you have it in sight?

CSN3892 1 点钟方位 5NM 有架 B757 重型机在飞 SHL，比你高，能目视吗？

P：Affirm，CSN3892，we have it in sight.

目视看到，CSN3892。

C：CSN3892，maintain visual separation and climb to 4500 m.

CSN3892，保持目视间隔上到 4 500 m。

P：Maintain visual separation and climb to 4 500 m，CSN3892.

保持目视间隔上到 4 500 m，CSN3892。

C：CSN302，traffic 1 o'clock 5 miles，B737 below you，has you in sight and will maintain visual separation，he is climbing now，do not deviate to the right.

CSN302，1 点钟方位 5NM 有架 B737 对你目视并保持目视间隔穿越你高度，不要右偏。

P：Roger，CSN302 request descent.

明白，CSN302 请求下降。

C：CSN302，descend to 3600 m.

CSN302 下降到 3 600 m。

（8）同一跑道进近，后机目视前机，后机保持目视间隔进近。

C：CSN3371 follow the B777 heavy，12 o'clock 5 mile，do you have traffic in sight?

CSN3371 跟着正前方 5NM 的 B777 进近，前机重型，可以看到他吗？

P：We have it in sight CSN3371.

目视看到，CSN3371。

C：CSN3371 maintain visual separation and continue approach.

CSN3371 保持目视间隔，继续进近。

C：CSN3371 you are 20 km/h faster than that B777 ahead，caution the possible wake turbulence.

CSN3371，你比前方的 B777 地速快了 20 km/h，注意尾流影响。

（9）五边进近的飞机，目视着陆跑道准备起飞的飞机，保持目视间隔进近，直到决断高度或最低下降高度。

C：CSN3371 a B777 is lining up on runway 02，do you have it in sight?
CSN3371，能目视正在进跑道准备起飞的 B777 吗？

P：Affirm CSN3371.
目视能看到，CSN3371。

C：CSN3371 maintain visual separation and continue approach on runway 02.
CSN3371，保持目视间隔继续进近，跑道 02。

P：We are too close to that traffic，requests go around CSN3371.
我们距离前机太近了，CSN3371 请求终止进近。

C：CSN3371 follow the standard missed approach procedure，climb to 1500 m.
CSN3371，按照标准复飞程序上到 1 500 m。

（10）正在塔台管制地带等待的航空器目视五边进近的飞机，保持目视间隔穿越五边。

C：B5101 a B777 heavy is approaching on runway 02L，do you have it in sight?
B5101，能目视正在 02L 跑道五边进近的 B777 吗？它是重型。

P：We have it in sight，B5101.
目视能看到，B5101。

C：B5101 maintain visual separation with B777，cross the final of runway 02 to east field when clear of traffic.
B5101，与 B777 保持目视间隔，目视相遇后可以穿越 02 号跑道五边到本场东面。

P：Now traffic is cleared，we are going to the east field，B5101.
目视相遇了，我们到东面去了，B5101。

第二节　仪表飞行间隔标准

航空器在按照不同的飞行规则运行时，安全间隔也有所不同，管制员在实施管制过程中，应按照不同的飞行规则在航空器之间配备相应的管制间隔。由于在仪表飞行条件下，飞行员无法依靠目视来躲避危险，因此仪表飞行时航空器之间的安全间隔往往大于目视飞行间隔。与目视飞行管制间隔相同，仪表飞行管制间隔分为两种：一种为垂直间隔，另一种为水平间隔。

从国际民航组织公布的 DOC4444 文件可以看出表述的逻辑关系，它首先讲区域管制间隔，然后讲进近，最后是机场管制。间隔尺寸由大到小，每起一部分前言有说明：本部分规定是对前一部分规定的补充，前一部分也适用于提供本部分内容的管制服务。由此可以看出，除极少数特殊规定外，区域管制间隔适用于进近管制。实际终端区之所以很少采用区域间隔，是因为存在合理的空域条件，可靠的通信、导航、监视设备以及高素质的人员，即便降低区域管制所述的间隔最低标准，仍符合可接受的安全目标要求。

军、民用航空器根据飞行课目需要，在机场飞行空域和其他特定的飞行空域内飞行时，可以制定适应其飞行特点的间隔标准，但应当经相应航空管理部门批准。执行此种间隔标准时，不得影响其他航空器的正常飞行和飞行安全。

一、垂直间隔

（一）航空器与地面障碍物之间的间隔

1. 最低安全高度（MSA）

（1）航路、航线飞行或者转场飞行的安全高度，在高原和山区应当高出航路中心线、航线两侧各 25 km 以内最高标高 600 m；在其他地区应当高出航路中心线、航线两侧各 25 km 以内最高标高 400 m。

（2）在机场区域，以机场导航台为中心，半径 55 km 范围内，航空器距离障碍物的最高点，平原不得小于 300 m，丘陵和山区不得小于 600 m。

（3）航空器利用仪表进近程序图进入着陆过程中，不得低于仪表进程序规定的超障高度飞行。

2. 扇区最低安全高度

以此来确定的航空器仪表飞行过程中的最低安全高度往往造成空域的浪费，如图 2.1 所示的机场为提高空域利用率，采用了扇区最低安全高度的方法，该机场最低安全高度分为 3 个扇区。以本场 VOR 台为基准，155° 到 65° 范围内扇区最低安全高度为 2 600 m，65° 到 335° 范围内最低安全高度为 2 200 m，335° 到 155° 范围内最低安全高度为 2 400 m。

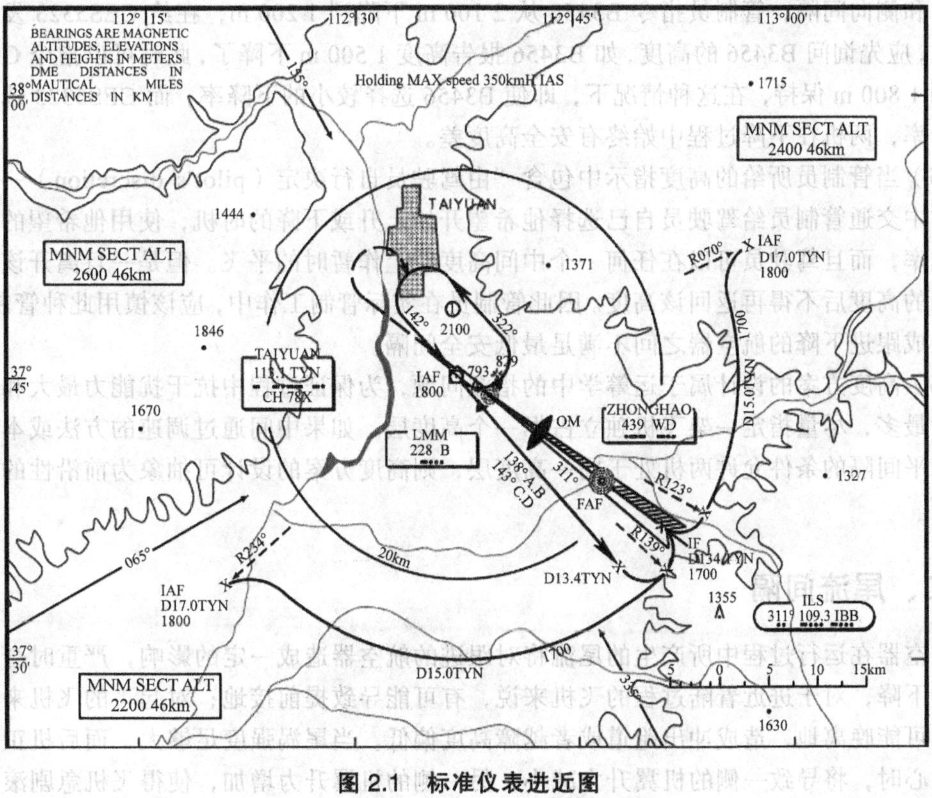

图 2.1　标准仪表进近图

（二）航空器之间的垂直间隔

1. 垂直间隔的配备

航空器与航空器之间的最低垂直间隔按照《中华人民共和国飞行高度层配备规则》执行，即 8 400 m（含）以下 300 m 一个高度层；8 900 m（含）至 12 500 m（含）每 300 m 一个高度层，即 RVSM 空域；12 500 m（不含）以上每 600 m 一层。

2. 垂直间隔的获得

（1）作为一种良好的习惯，除非有特别把握，一般不将一个高度层同时分配给两架或两架以上航空器占用。

（2）在某一高度层上的航空器，通常比希望进入该高度层的其他航空器有优先权。

（3）当两架或多架航空器在同一高度层时，前面的航空器通常有优先权。

（4）梯级上升与梯级下降。

飞机在下降高度的过程中，飞行员可以选择不同的下降模式，如果管制员在发出高度指令时就给飞行员限定下降率，此时飞行员选择的是下降率模式，在机载系统中直接输入管制给定的下降率，此时，飞机会一直保持此下降率。如果在给高度时没有限制下降率，那么此时飞机的机载系统会计算出一个最佳下降率，飞机的下降率可能与管制员预期的下降率存在差别，而程序管制条件下，由于管制员无法直观地准确掌握上升或下降过程中驾驶员所选取的上升下降率，因此，对于不满足纵向和侧向间隔的两架航空器之间，为确保改变高度过程中航空器之间有足够的安全间隔，管制员应选取梯级上升和梯级下降的方式。如 CES5323 高度 2 400 m 保持，机型为 B737，B3456 高度 2 100 m 保持，机型为运七，两架飞机之间不存在纵向和侧向间隔，管制员指令 B3456 从 2 100 m 下降到 1 200 m，在给 CES5323 发布高度指令时，应先询问 B3456 的高度，如 B3456 报告高度 1 500 m 下降了，此时可以指令 CES5323 下降到 1 800 m 保持，在这种情况下，即使 B3456 选择较小的下降率，而 CES5323 选择较大的下降率，两机在下降过程中始终有安全高度差。

（5）当管制员所给的高度指示中包含“由驾驶员自行决定（pilot’s discretion）一词时，表示空中交通管制员给驾驶员自己选择他希望开始上升或下降的时机，使用他希望的上升率和下降率，而且驾驶员可以在任何一个中间高度层上作暂时的平飞。但是一旦离开该航空器原占用的高度后不得再返回该高度。因此管制员在实际管制工作中，应该慎用此种管制指令，以免造成跟进下降的航空器之间不满足最低安全间隔。

（6）高度方案的设计属于运筹学中的指派问题，为保证过程中抗干扰能力最大和减轻工作负荷最多，尽量指定一架飞机独立占据一个高度层。如果中间通过调速的方法或本身已经满足水平间隔的条件允许两机处于同一高度层，则高度方案的设计可抽象为前沿性的广义指派问题。

二、尾流间隔

航空器在运行过程中所产生的尾流将对跟进的航空器造成一定的影响，严重时会导致飞机高度下降，对于进近着陆过程的飞机来说，有可能导致提前接地；对起飞的飞机来说，后机就有可能晚离地，造成冲出跑道或者越障高度偏低。当尾涡强度足够大，而后机正好处于尾涡中心时，将导致一侧的机翼升力减小，另一侧的机翼升力增加，使得飞机急剧滚转。因此在起飞和着陆过程中对不同的机型之间必须规定足够的时间间隔（或者距离间隔）以确保安全。国际民航组织（ICAO）对尾流间隔标准作了详细的规定，包括非雷达间隔（时间间隔）和雷达间隔。大多数成员国都是采用 ICAO 的标准规定，而美国、英国等少数几个航空大国在结合自己实际运行经验和相关研究的基础上，结合 ICAO 的标准规定作了一些小的调整，制定了本国的尾流间隔标准。

（一）尾流的分类

尾流间隔最低标准根据机型种类而定，航空器机型种类按航空器最大允许起飞全重分为下列三类：

（1）重型机：最大允许起飞全重等于或大于 136 000 kg 的航空器；

（2）中型机：最大允许起飞全重大于 7 000 kg，小于 136 000 kg 的航空器；

（3）轻型机：最大允许起飞全重等于或小于 7 000 kg 的航空器。

此外还存在部分特殊机型，例如 B757，该种机型按照尾流划分应为中型，但由于该机型的结构特点导致其在飞行过程中所产生的尾流相当于重型航空器的尾流，因此该机型在管制过程中应按照重型机尾流间隔标准处理。

（二）尾流间隔标准

（1）当前后起飞离场的航空器为重型机和中型机、重型机和轻型机、中型机和轻型机，且使用下述跑道时，前后航空器间非雷达间隔的尾流间隔时间不得少于 2 min：

① 同一条跑道。

② 平行跑道，且跑道中心线之间距离小于 760 m，尾流间隔不得少于 2 min，如图 2.2 所示。

③ 交叉跑道，且后航空器将在前航空器的同一高度上，或者低于前航空器且高度差小于 300 m 的高度上穿越前航空器的航迹，尾流间隔不得少于 2 min，如图 2.3 所示。

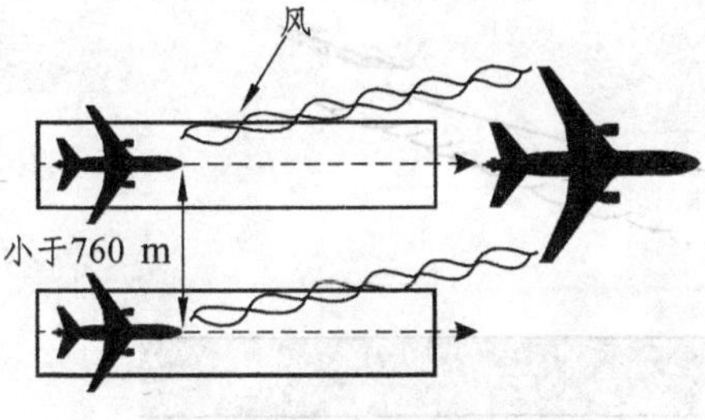

图 2.2　平行跑道尾流间隔

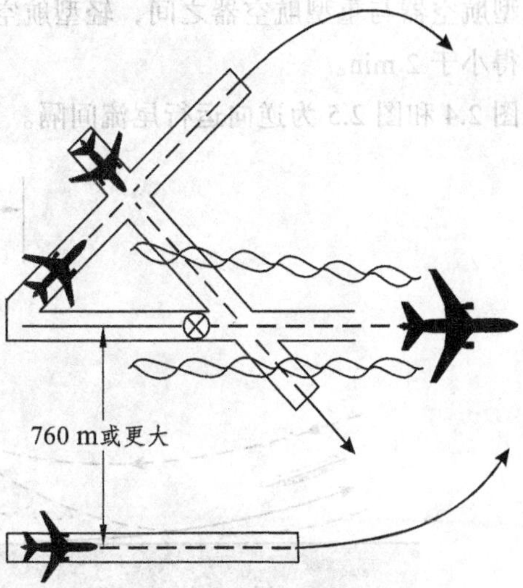

图 2.3　交叉跑道尾流间隔

④ 平行跑道，且跑道中心线之间距离大于 760 m，但是后航空器将在前航空器的同一高度上，或者低于前航空器且高度差小于 300 m 的高度上穿越前航空器的航迹，尾流间隔不得少于 2 min。

⑤ 后航空器使用同一跑道的一部分起飞时，尾流间隔不得少于 3 min。

⑥ 后航空器在跑道中心线之间距离小于 760 m 的平行跑道的中部起飞时，尾流间隔不得少于 3 min。

（2）当前后进近着陆的航空器为重型机和中型机时，其非雷达间隔的尾流间隔时间不得少于 2 min。

（3）当前后进近着陆的航空器分别为重型机和轻型机、中型机和轻型机时，其非雷达间隔的尾流间隔时间不得少于 3 min。

（4）当前后进近着陆的航空器在起落航线上且处于同一高度或者后随航空器低于前行航空器时，若进行高度差小于 300 m 的尾随飞行或航迹交叉飞行，则前后航空器的尾流间隔时间应当按照本条上述有关规定执行。

（5）在正侧风风速大于 3 m/s 时，起飞和着陆航空器之间的尾流间隔时间不得少于 1.5 min。

（6）当使用着陆跑道入口内移时，轻型或中型航空器和重型航空器之间，以及轻型航空器和中型航空器之间的非雷达间隔的尾流间隔时间不得小于 2 min：

① 当轻型或中型航空器在重型航空器到达之后离场，或者轻型航空器在中型航空器到达之后离场；

② 在预计飞行航迹交叉时，轻型或中型航空器在重型航空器起飞之后进场，以及轻型航空器在中型航空器起飞之后进场。

（7）当较重的航空器正在做低空通场飞行或者复飞，且较轻的航空器使用逆向跑道起飞，或者同一跑道做逆向着陆或者在间隔小于 760 m（2 500 ft）的平行逆向跑道着陆时，在轻型或中型航空器与重型航空器之间，轻型航空器与中型航空器之间的非雷达间隔的尾流间隔时间不得小于 2 min。

图 2.4 和图 2.5 为逆向运行尾流间隔。

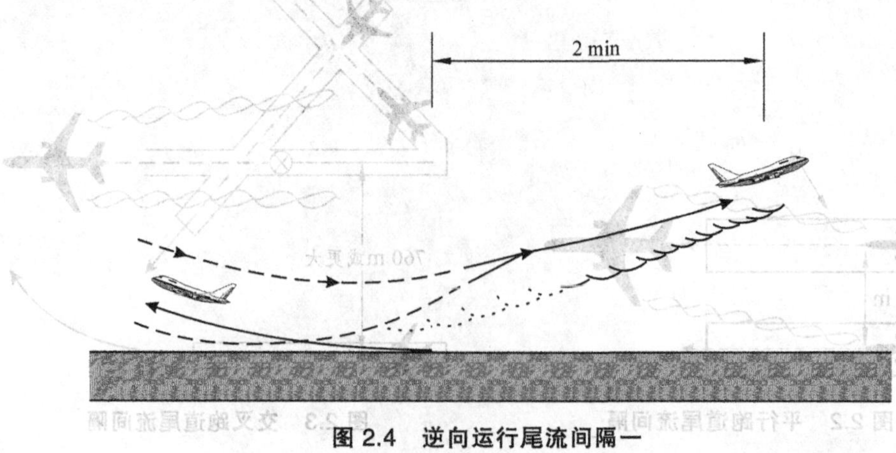

图 2.4 逆向运行尾流间隔一

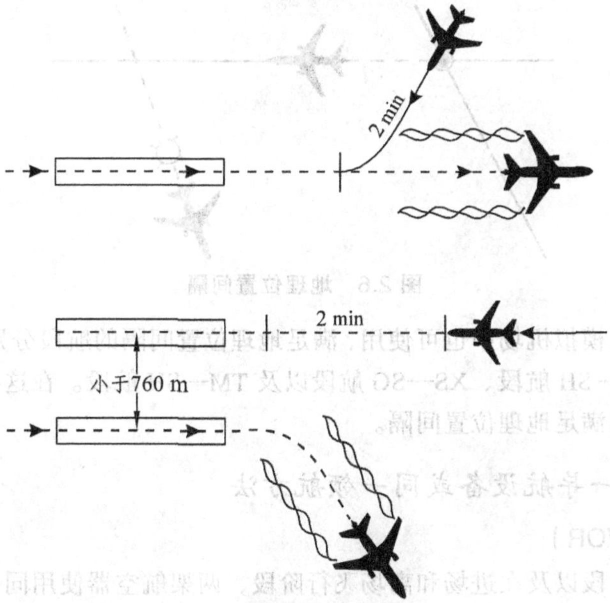

图 2.5　逆向运行尾流间隔二

三、间隔适用原则

（1）在存在尾流影响时，应以尾流间隔为航空器之间的安全间隔；不存在尾流影响时，管制员可根据实际情况选择目视间隔或其他仪表间隔。

（2）若实施任何机动飞行，而导致两架航空器之间的间隔减少到小于适宜于该条件下最低标准的情况时，不得发布放行许可。有关放行许可的定义及使用将在后面章节进行详细阐述。

（3）存在非法干扰等特殊情况，需要采取特别的防范措施时，应采用比规定的最低标准较大的间隔。采取这种措施时，应考虑到所有有关因素，以免因采用过大的间隔而阻碍空中交通的流动。

（4）当用以隔离两架航空器的某种间隔形式或最低标准不能保持时，必须采取措施以保证航空器按照原先所采用的间隔飞行，时间不够用的情况发生以前，另外一种形式的间隔或最低标准应已准备就绪或已规定好了。

四、横向间隔

（一）地理位置间隔

根据空域中的目视参考点或导航设备而确定的个别航段之间存在着安全间隔，在这些航段上运行的航空器之间可以互相穿越或占用彼此的高度层，此种间隔称为地理位置间隔。但应注意，在使用此种间隔方法时，所规定的航段之间是否符合安全间隔的需求，需要经过安全性评估，并获得批准。

注：此种间隔方法在 ICAO DOC4444 以及中国民航空中交通管理规则（86 号令）中也有相应的规定：根据参考相同的或不同的地理位置。依据可确切表明某航空器正飞越通过目视或参照导航设备而确定的不同地理位置的位置报告。地理位置间隔如图 2.6 所示。

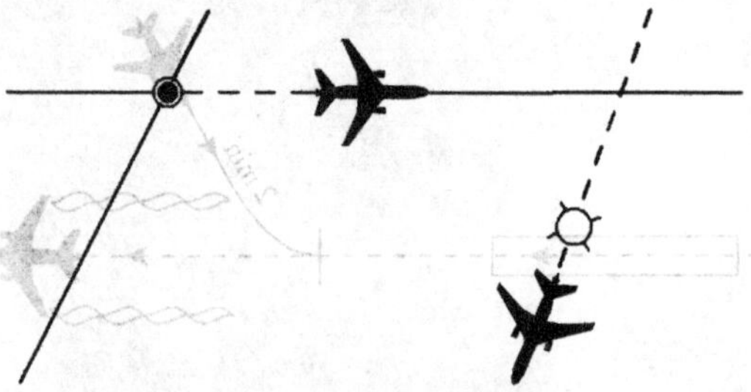

图 2.6 地理位置间隔

此种方法在武汉模拟机场中也可使用，满足地理位置间隔的航段分别为：ZF—WG 航段、TM—XG 航段、KG—SH 航段、XS—SG 航段以及 TM—SH 航段。在这些航段中任意两条没有交叉点的航段之间满足地理位置间隔。

（二）使用同一导航设备或同一领航方法

1. 全向信标（VOR）

航空器在航路阶段以及在进场和离场飞行阶段，两架航空器使用同一全向信标台做汇聚或分散飞行时，航空器之间的航迹夹角不小于 15°，其中一架航空器距离全向信标台 50 km（含）以上，如图 2.7 所示。

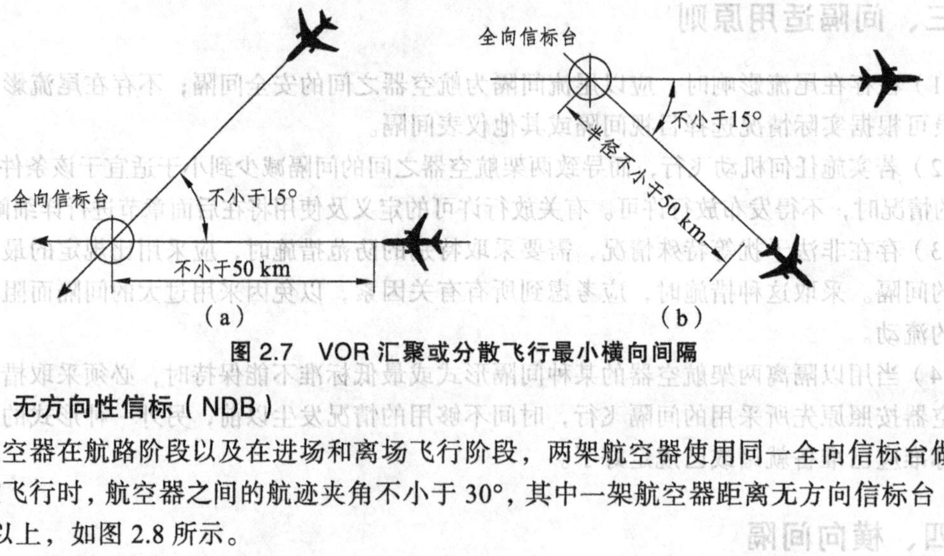

图 2.7 VOR 汇聚或分散飞行最小横向间隔

2. 无方向性信标（NDB）

航空器在航路阶段以及在进场和离场飞行阶段，两架航空器使用同一全向信标台做汇聚或分散飞行时，航空器之间的航迹夹角不小于 30°，其中一架航空器距离无方向信标台 50 km（含）以上，如图 2.8 所示。

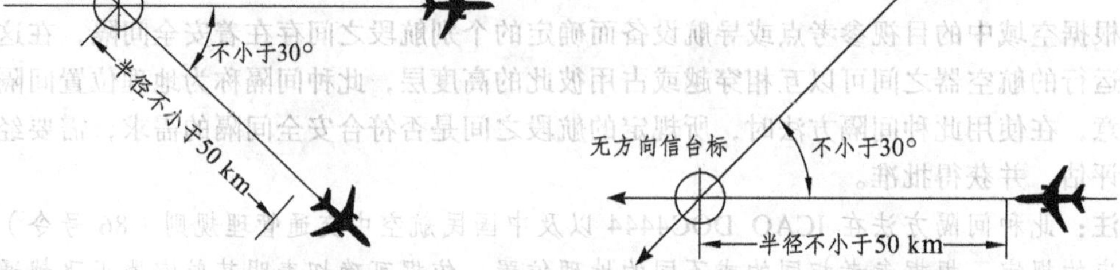

图 2.8 NDB 汇聚或分散飞行最小横向间隔

注：英国该项规定中分散飞行的情况可操作性更强，该规定变更为（CAP 493 Chapter 3 part I 7.2）：在使用 NDB 台航迹不小于 30° 的情况下，任何一架航空器背台飞行 15 n mile 或 4 min，两机即满足横向间隔。

3. 推测（DR）定位

两架航空器之间确定的夹角至少为 45° 时，两架航空器之间的横向间隔应当符合以下条件：其中至少有一架航空器距离航迹交叉点 50 km 或以上，该点由目视或参照导航设备而定，并且确定两架航空器均为飞离交叉点，如图 2.9 所示。

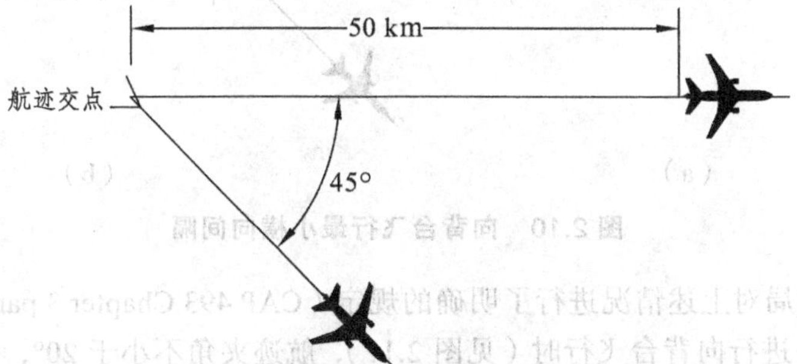

图 2.9　推测航迹飞行最小横向间隔

注：该规定仅适用于两航空器进行分散飞行且均已飞过航迹的交叉点。

4. 区域导航飞行

两架航空器都确立在夹角至少 15°的航迹上，而且与一架航空器航迹相应的保护空域同，与另一架航空器航迹相应的保护空域不相重叠。横向间隔根据两航迹之间的角度差和相应保护空域的值来确定，所推导出的值以与存在横向间隔的两航迹交点的距离来表示。

说明：（1）该规定中的 50 km 间隔是考虑两架飞机之间的最小横向间隔，因此在两机做汇聚飞行时，两机之间的横向间隔逐渐减小，因此应保证两机穿越完毕建立高度差时，仍然有一架飞机距离交叉点导航台 50 km。而做分散飞行的两机却恰恰相反，两机之间的横向间隔越来越大，因此分散飞行时只要有一架飞机距离交叉点导航台 50 km 以外，两机就可以开始穿越高度。

（2）关于最小横向间隔，国际民航组织 4444 文件中规定（ICAO DOC4444 5.4.1.2.1.2.1）：当航空器沿大于上述最低数值（即航迹夹角）隔开的航迹飞行时，各缔约国可以减少取得横向间隔的距离。在中国 2002 年 8 月 1 日执行的《飞行间隔规定》以及《空中交通管理规则》中对于该间隔的规定仍为 50 km，而在国际民航组织 4444 文件中最小间隔为 15 n mile（28 km）。关于最小横向间隔，各国民航在此基础上也进行了适当的变更，例如，英国民航局在国际民航组织规定的基础上变更为（CAP 493 Chapter 3 part I 7.2）：利用 VOR/DME 分散飞行的两航空器，航迹夹角不小于 20°，则任一架航空器距离交叉点 15 n mile 即满足横向间隔，汇聚飞行的两航空器则为任一航空器距离交叉点 30 n mile 以外满足间隔。

（3）该间隔规定仅仅说明了两机完全汇聚或完全分散的情况，而对于两架飞机执行向背台飞行的情况却没有作出明确的规定，如图 2.10 所示。在此种情况下，在实际应用时可对规则进行变通理解，即如果以向台飞机为准，则要求两机在穿越高度完毕时，向台飞机距离导航台仍有 50 km 的距离，此时不论背台飞机在何处。如果以背台飞机为基准，则当背台飞机距离导航台 50 km 时，两机可开始穿越高度，而不论向台飞机在何处。但在实际工作中使用该规定时，应经过民航局的批准。

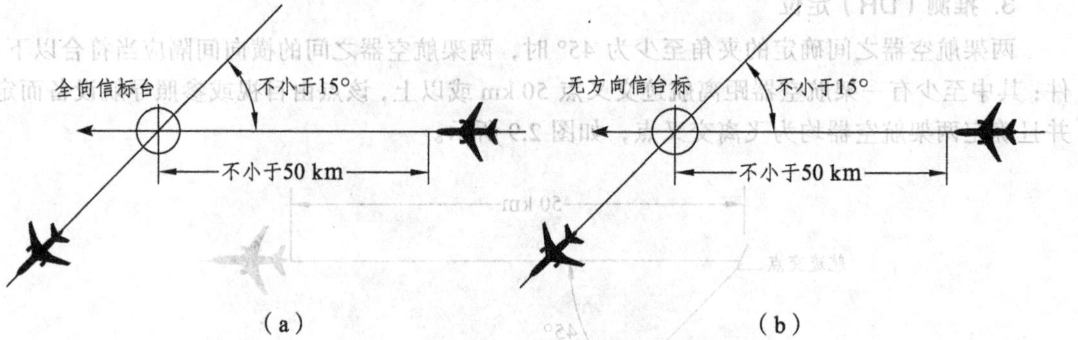

图 2.10　向背台飞行最小横向间隔

（4）英国民航局对上述情况进行了明确的规定（CAP 493 Chapter 3 part I 7.2）：两航空器在使用 VOR/DME 进行向背台飞行时（见图 2.11），航迹夹角不小于 20°，当背台航空器距离交叉点 20 n mile 或向台航空器举例交叉点导航台 30 n mile 以外时，两机满足最小横向间隔。

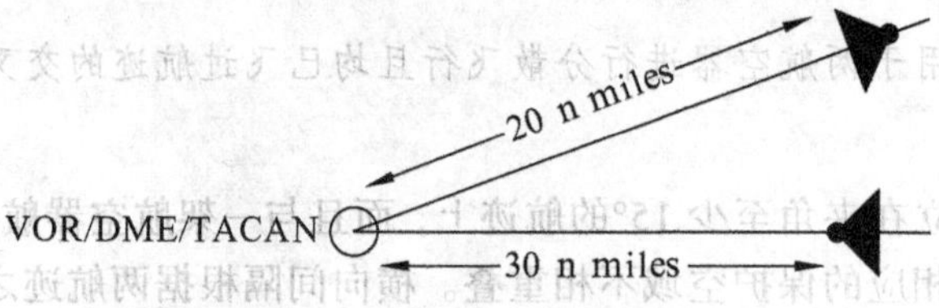

图 2.11　向背台飞行最小横向间隔（英国）

例 2　在武汉模拟机场中，有如下管制动态：

B2644	9500 0480		QU	SG	XS		M E A I
TU54　/H			12	07/	02/		
ZSSS/ ZHHH							

CXN4504	3600 0420		TM	WUH	XS		M E A I
YN7　/M			21	11/	00		
ZSOF/ ZUUU							

在上述管制动态中，CXN4504 在武汉进近管制空域内的飞越路线为 XS—WUH—TM，而该航线于 XS11 号进场航线的夹角为 15°，满足两机以浠水（XS）VOR/DME 台做分散飞行的条件，因此 B2644 下降穿越 CXN4504 高度的最佳时机为两架飞机中的任何一架报告浠水（XS）DME 距离大于或等于 50 km。

例 3　在武汉模拟机场中，有如下管制动态：

UAL897	8900		S	WG	XS		M E A I
B737　/M	A210		01/01	05/06	11		
ZHHH—ZSSS							

CCA1331	9500		QU	WG	ZF		M E A I
B737　/M	A240		12	05/07	00/00		
ZBAA—ZHHH							

在以上场景中，05 分之后，UAL897 相对于 WG NDB 导航台而言为背台飞行，而 CCA1331 相对于 WG NDB 导航台而言为向台飞行，而二者航线夹角大于 30°，满足 NDB 交叉飞行的条件，管制员可先指示 CCA1331 下降到修正海压 2 400 m 保持，UAL897 上升到修正海压 2 100 m 保持，由于 WG—XS 航段的长度为 84 km，因此当 UAL897 报告 XS DME 向台距离为 34 km 时，该机距离 WG 导航台的距离已满足 50 km，此时可指示两机互相穿越彼此高度。

（三）在平行航迹或 ATS 航路上的 RNAV 飞行（规定有所需导航性能时）（ICAO DOC4444 5.4.1.2.1.4）

在指定空域内或指定航路上，当规定有所需导航性能时，装备区域导航设备的航空器之间的横向间隔，可以通过要求航空器被确定在有一定间隔距离的平行航迹或空中交通服务航路中心线上来取得，该间隔距离应保证航迹或航路的保护空域不会相互重叠。

注：平行航迹之间的间距，或要求某一所需导航性能类别的空中交通服务航路中心线之间的间距，将取决于所规定的有关所需导航性能类别。RNP 精度越高，平行航迹的侧向间隔越小，例如在 RNP4 运行条件下，侧向间隔仅为 14.8～22.2 km（8～12 NM），但在应用此类间隔时，对航空器的 RNP 运行能力以及通信导航监视设备均有不同程度的要求。（ICAO DOC44445.4.1.2.1.4；ICAO Annex 11 ATTACHMENT B 3.4.1）

五、纵向间隔

（一）纵向间隔的适用条件

1. 不考虑尾流影响的条件下，航空器之间所适用的纵向间隔标准

（1）时间间隔，主要是通过航空器在通过每一个地面导航台时向地面管制员产生报告，管制员根据飞行员的报告通过计算，控制两架航空器的过台时间来实现。

（2）距离间隔。当地面存在测距台（DME）时，飞行员报告 DME 台的距离，管制员通过控制两航空器之间的距离来实现间隔的穿越。在传统的陆基导航条件下，由于导航台存在着顶空盲区，以 VOR 导航台为例其容差区的扩张角度为 50°，而飞行员在使用无线电导航时，飞行员向地面管制员报告过台时机的早晚也会影响两机之间的间隔。而 DME 距离间隔相对于时间间隔要准确得多，因此程序管制条件下管制员在解决飞行冲突时，应可能使用 DME 距离作为解决依据。

2. 为得到两航空器之间的纵向间隔不小于规定的间隔，可以利用速度控制

包括马赫数控制来调整沿同航迹或交叉航迹运行的航空器之间的间隔，但在调整时应注意有关的速度或马赫数控制的相关规定。

3. 当在同向航迹上的航空器之间采用以时间或距离为基准的纵向最低间隔时

必须十分谨慎以保证跟随航空器比前行航空器保持大的空速时不得违反所适用的最低间隔。当预计航空器接近最低间隔时，须采用速度控制以保证保持所要求的最低间隔。

4. 为获得规定的纵向间隔可以要求航空器做到的条件

在规定时间起飞，在一规定时间到达某一地点上空，或在指定的时间之前在某一地点上空等待等方法。

5. 相关术语

（1）顺向飞行航空器在下列一种情况下飞行的航空器：

① 沿相同方向相同航迹飞行；

② 相同方向平行航迹上飞行；

③ 航迹夹角小于 45°。

（2）逆向飞行航空器在下列一种情况下飞行的航空器：

① 沿相同航迹上的相反方向飞行；

② 平行航迹上相反方向飞行；

③ 航迹夹角大于 135°。

（3）交叉飞行表示两架航空器之间航迹夹角在 45°～135°的飞行。

（二）以时间为基准的纵向间隔

1. 同航迹、同高度、同速度飞行的航空器之间，纵向间隔为 10 min

说明：① 该规定中的同航迹不仅是在同一航迹上飞行，还包括可以视为同航迹的顺向飞行（详见上述定义）。

② 在 DOC4444E - 5.4.2.2.1.1 中规定，“航空器之间的纵向间隔为 15 min；可用导航设备经常测定位置和速度时，为 10 min”。在我国空中交通管理规则中规定为 10 min，但如果空中交通管制单位间签订有协议的应按协议规定执行。

③ 早期的民航规则曾经对此种情况下越洋飞行增加间隔，但在现今航空器的自主导航能力和地面导航、雷达设备的引导功能都有很大增强的情况下，对跨海洋飞行的航空器之间不再扩大纵向间隔。

2. 同航迹、同高度、不同速度飞行的航空器的纵向间隔

当前行航空器保持的真空速比后随航空器快 40 km/h（含）以上时的纵向间隔，两架航空器飞越同一位置报告点后应当有 5 min 的纵向间隔；当前行航空器保持的真空速比后随航空器快 80 km/h（含）以上时，则两架航空器飞越同一位置报告点后应当有 3 min 的纵向间隔，如图 2.12 所示。

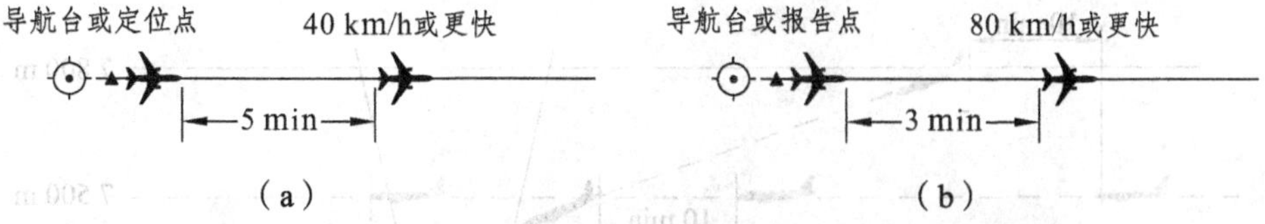

图 2.12 同航迹、同高度、不同速度航空器之间的时间间隔

说明：① 本条是 DOC-4444 5.4.2.2.1.1 的规定，注意该条规定对于速度的要求为真空速，目前国内规章与国际民航组织规定相一致，均为真空速。

② 在实际工作中由于要求机组报告真空速的难度较大，因此该规则变通为只要前后跟进航空器的指示空速满足规定，即认为二者的真空速满足要求。

③ ICAO DOC4444 中该规定对位置报告点的规定为“The same exact reporting point”，直译为同一个精确的报告点。但是，如何确定“精确”的程序，不便掌握，故只采用了“飞越同一位置报告点”。

3. 改变高度的航空器，穿越同航迹的另一航空器的高度层

（1）在上升或者下降至被穿越航空器的上或者下一个高度层之间，与被穿越的航空器之间应当有 15 min 的纵向间隔，如图 2.13 和图 2.14 所示。

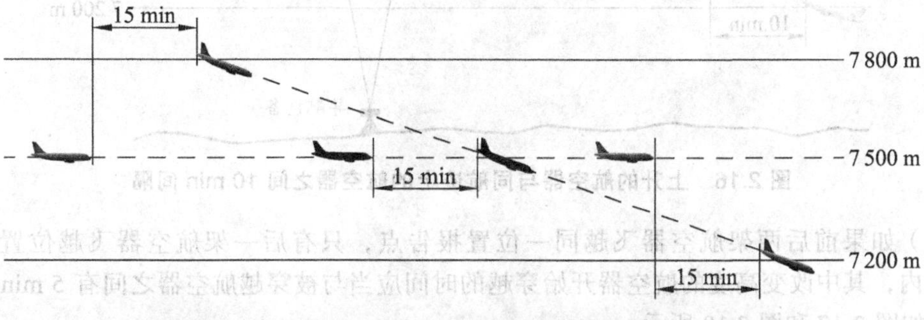

图 2.13 下降的航空器与同航迹上的航空器之间 15 min 间隔

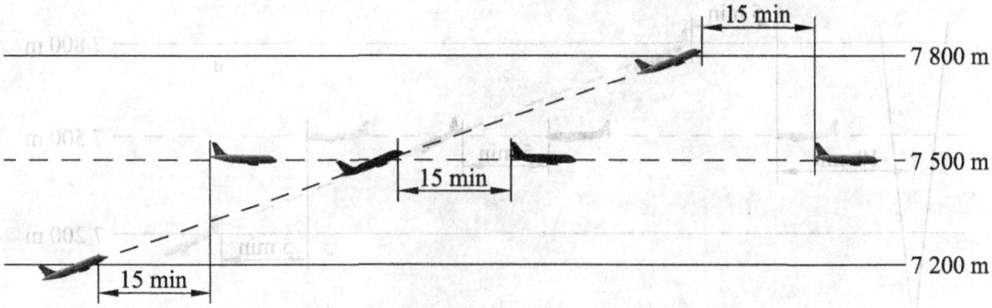

图 2.14 上升的航空器与同航迹上的航空器之间 15 min 间隔

（2）如果能够利用导航设备经常测定位置和速度，可以缩小为 10 min 的纵向间隔，如图 2.15 和图 2.16 所示。

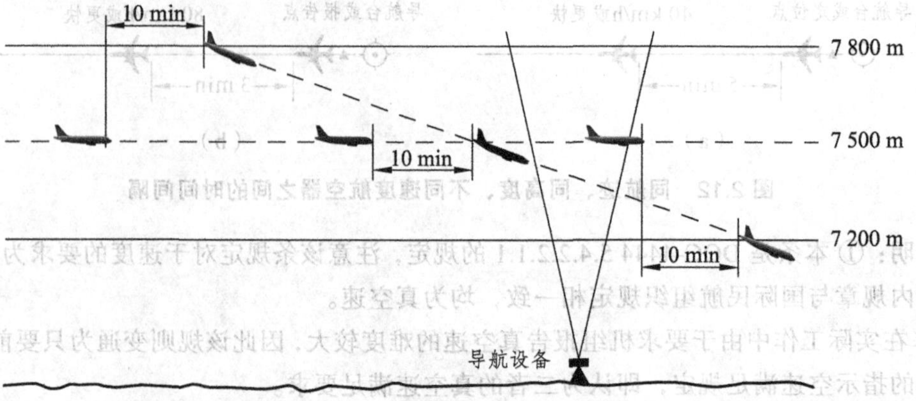

图 2.15　下降的航空器与同航迹上的航空器之间 10 min 间隔

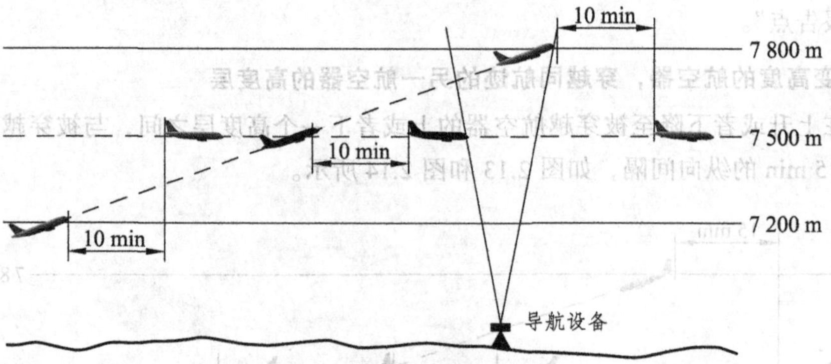

图 2.16　上升的航空器与同航迹上的航空器之间 10 min 间隔

（3）如果前后两架航空器飞越同一位置报告点，只有后一架航空器飞越位置报告点 10 min 内，其中改变高度的航空器开始穿越的时间应当与被穿越航空器之间有 5 min 的纵向间隔，如图 2.17 和图 2.18 所示。

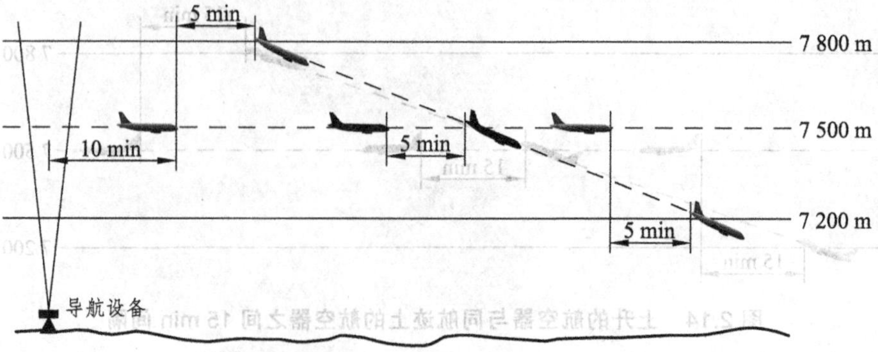

图 2.17　下降的航空器与同航迹上的航空器之间 5 min 间隔

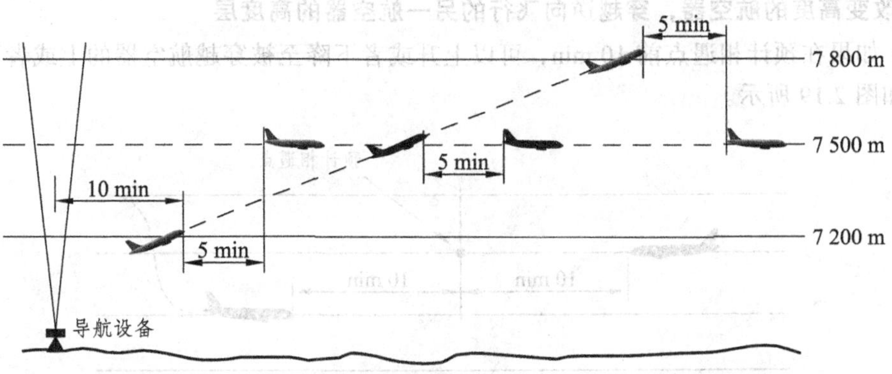

图 2.18　上升的航空器与同航迹上的航空器之间 5 min 间隔

说明：① 该规定中所列间隔均为两航空器在穿越高度时，从开始穿越直至最后建立高度间隔过程中应该保持的最低间隔，如果存在前慢后快的追赶穿越应注意两者之间的追赶间隔。当两机建立高度差时，仍有规定的时间间隔。

② 为便于管制员在指挥两航空器穿越高度的过程中，不会出现由于高度变化所导致速度引起的间隔缩小，可以允许下降航空器飞至在较低高度层飞行的航空器之上的某一适当高度层，或允许爬升航空器飞至在较高高度层飞行的航空器之下的某一适当高度层，以便在不存在垂直间隔时对所要取得的间隔做进一步检查。

③ 该规定由于时间间隔偏大，因此在航空器航路飞行阶段解决飞行冲突时较为适用。

例 4　在武汉模拟机场中，有如下管制动态：

CCA1205	9500			ZF	P41		M
B737　/M	0840			22/	10/10		E A
ZBAA/ ZHHH							I

CSN3102	3000	KG	WUH	ZF	P41		M
B737　/M	0660	49	38/	28/	00/16		E A
ZBAA/ ZGHA							I

在上述动态中，CCA1205 在武汉本场落地，区域管制员需要将该机高度下降至与进近管制的协议移交高度 4 800 m，因此需要穿越 CSN3102 所保持的高度，由于二者经过 P41 的时间间隔仅为 6 min，不满足该规定中①和②所规定的间隔，此时可在得知 CSN3102 的高度后，指示 CCA1205 下降高度至 6 900 m（但同时应该注意由于该高度是逆向高度层，因此应注意检查有无其他飞行冲突）。当 CSN3102 过 P41 的时间确定为 16 min，前后机纵向时间间隔满足 5 min（该规定的③），则管制员可以在 26 min 之前指示 CCA1205 继续下降高度，完成对 CSN3102 的高度穿越。

4. 改变高度的航空器，穿越逆向飞行的另一航空器的高度层

（1）如果在预计相遇点前 10 min，可以上升或者下降至被穿越航空器的上或者下一个高度层，如图 2.19 所示。

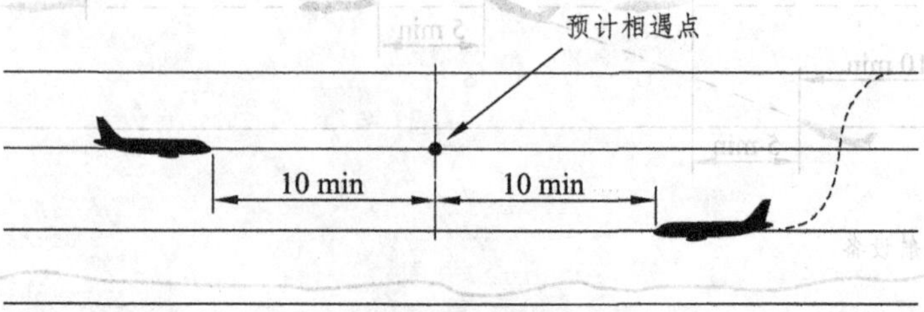

图 2.19　逆向飞行预计相遇点前 10 min 穿越

（2）如果在预计相遇点后 10 min，可相互穿越或者占用同一高度层，如图 2.20 所示。

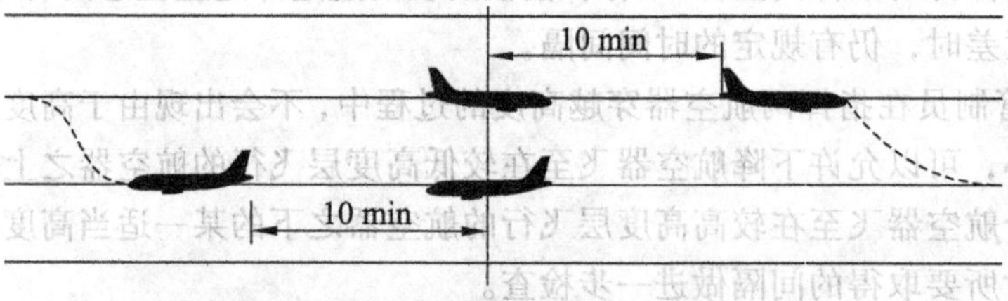

图 2.20　逆向飞行预计相遇点后 10 min 穿越

（3）如果接到报告，两架航空器都已经飞越同一无方向信标台或者 VOR/DEM 定位点 2 min 后，可以相互穿越或者占用同一高度层，如图 2.21 所示。

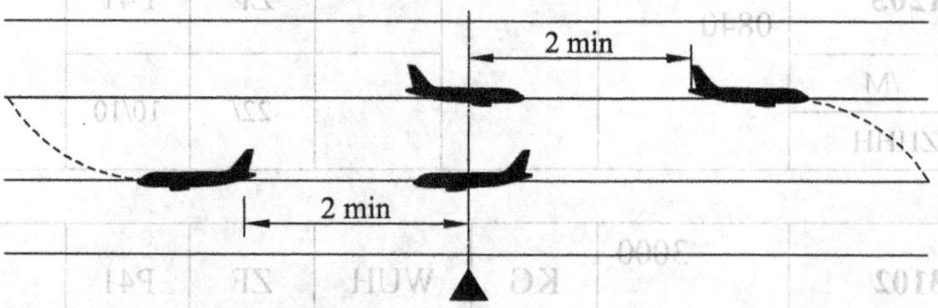

图 2.21　逆向飞行各自过台 2 min 穿越

说明：① 该条规定的①和②中的预计相遇点是管制员根据飞行员的位置报告所推算出的预计相遇点，而不限制为导航台或实际存在的位置点。

② 在该条规定中①和②间隔普遍偏大，这里的 10 min 均是二者建立高度差时仍有 10 min 间隔。以该规定中①为例，航空器的飞行速度如果以 10 km/h 计算，如使用该间隔规定，则要求两机在穿越完毕时，相对间隔仍然有 200 km，显然航空器在进离场飞行阶段无法实现，在实际工作中一般仅适用于区域管制。

③ DOC-4444Ⅲ-5.4.2.2.3 中仅规定“确定航空器已相互飞越时，可以穿越高度”，但这种规定没有明确“确定”的根据是什么，可操作性不强。因此为便于实际管制应用，我国民航的间隔规定中增加了第③条。

④ 本规则中的逆向飞行不仅指同一航迹的逆向飞行，也包括带有航迹夹角的逆向飞行。在实际工作中，可将此间隔理解为后机过台 2 min 来变通应用。

例 5　在武汉模拟机场中，有如下管制动态：

DLH721	8900		S	WG	ZF		M E A I
B737 /M	A210		01/	05/	11/		
ZHHH—ZBAA							

CCA1331	9500		ZF	WG	QU		M E A I
B737 /M	A240		00/	07/	12/		
ZBAA—ZHHH							

在武汉模拟机场中，河口 12 号进场航线（ZF12A）与河口 11 离场航线（ZF11D）的夹角大于 135°，因此河口进离场航空器在通口（WG）处的冲突可以用此种方法来解决。管制员应先指示 DLH721 保持 2 100 m，指示 CCA1331 下降到 2 400 m 保持，到 08 分两机已经各自过通口（WG）导航台 2 min，此时可指挥两架飞机穿越彼此高度层。

5. 两架航空器在两个导航设备（导航设备之间距离不小于 50 km）外侧逆向飞行时

如果能够保证在飞越导航设备时，彼此已经上升或者下降到符合垂直间隔规定的高度层，可以在飞越导航设备前相互穿越，如图 2.22 所示。

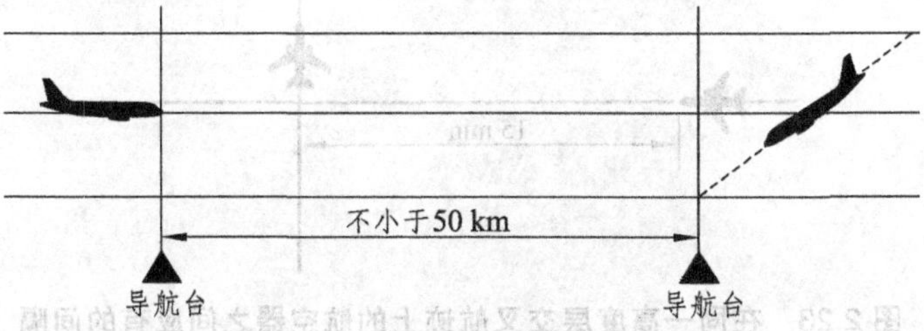

图 2.22　逆向飞行两台外侧穿越

说明：① 虽然 DOC-4444 没有类似的规定，但本条中国民航已使用多年。

② 该条规定在使用时应注意，在两机建立高度差时，二者均在两导航台的外侧，即二者均未过台。

③ 该规定是基于在陆基导航方式下，导航台均存在一定的顶空盲区，且高度越高该顶空盲区越大，因此为了对飞行中的航空器进行有效的隔离，通常要求两导航台的间距大于 4 倍的飞行高度。通常情况下，区域管制的飞行高度上线为 12 000 m，因此导航台间距要求达到 50 km；而在进近管制范围内，其管制上限为 6 000 m，因此导航台的间距只要达到 24 km 即可。但此种做法从管制规则的角度看缺乏保障，因此各一线单位在实际运行过程中，需要经过安全性验证并报民航局备案方可使用。

例 6　在武汉模拟机场中，有如下管制动态：

UAL897	8900		QU	SG	XS	M E A I
B737　/M	A210		12	07	02	
ZSSS—ZHHH						

CES5321	9200		QU	SH	KG	M E A I
B737　/M	A240		09	05	03	
ZGGG—ZHHH						

在上述飞行动态中，当 CES5321 在 05 分过 SH 后，管制员如安排该机先进近，则可指挥该机穿越 UAL897 的飞行高度，但必须在 UAL897 过 SG 且 CES5321 到达 QU 之前完成穿越。QU 与 SG 之间的间隔为 41 km，两机可以在 QU 与 SG 两台的外侧完成高度的穿越。但正如前面所述，在实际管制工作中此种作法的安全性需进行进一步的验证。

6. 航空器在航路阶段以及在进场和离场飞行阶段时

同高度、航迹交叉飞行的两架航空器，在相互穿越对方航路中心线或者航线时，应当有 15 min 的纵向间隔，如图 2.23 所示。

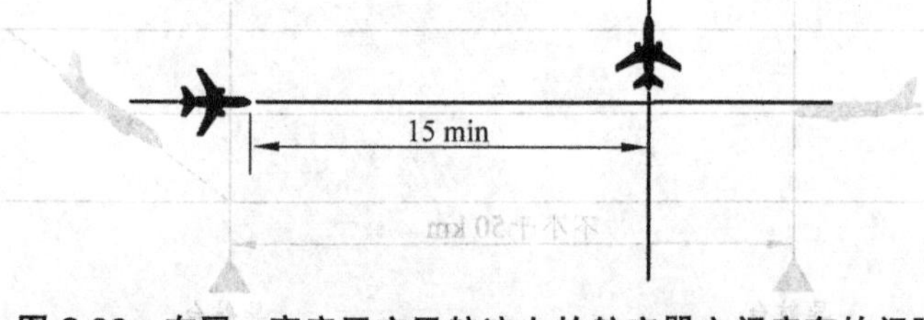

图 2.23　在同一高度层交叉航迹上的航空器之间应有的间隔

如果可以利用导航设备经常测定位置和速度，应当有 10 min 的纵向间隔，如图 2.24 所示。

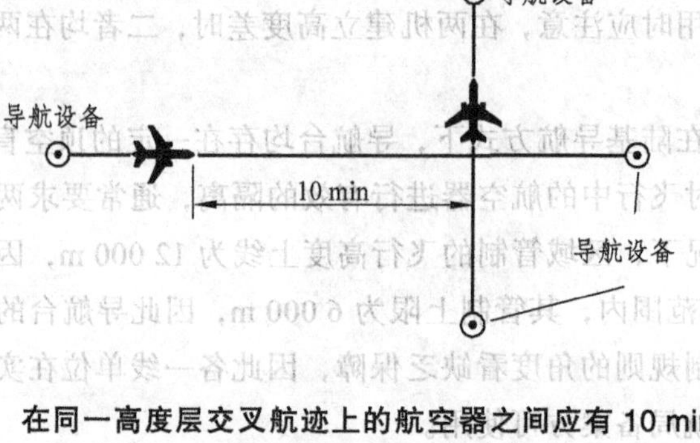

图 2.24　在同一高度层交叉航迹上的航空器之间应有 10 min 间隔

说明：① 按照 DOC-4444 的规定，本条属于纵向间隔的范畴。

② 按 DOC-4444 的要求，航迹交叉必须符合规定的角度范围（见定义）。

7. 航空器在改变高度的过程中穿越其他航空器飞行航迹和高度时

在航空器改变高度穿越过程中直至两机建立高度差时，应满足 15 min 穿越间隔，如图 2.25 和图 2.26 所示。

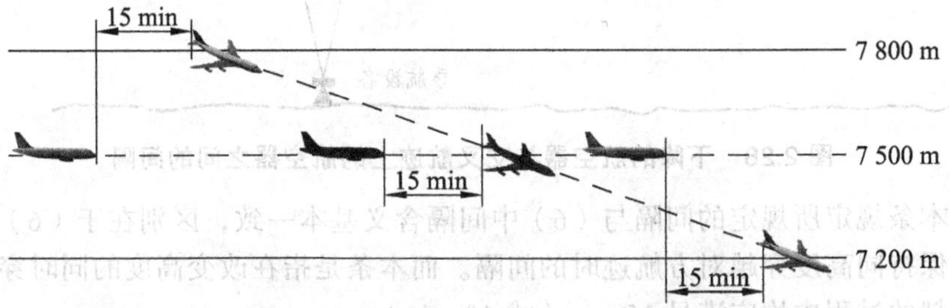

图 2.25　下降的航空器与交叉航迹上的航空器之间的间隔

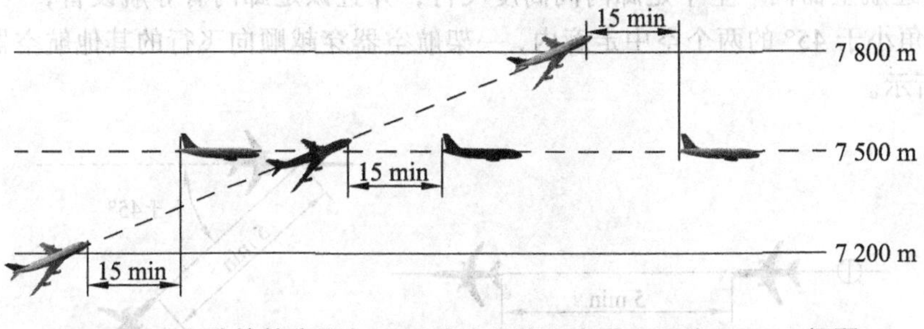

图 2.26　上升的航空器与交叉航迹上的航空器之间的 15 min 间隔

在改变高度穿越过程中，如果可以利用导航设备经常测定位置和速度，则穿越间隔可缩小为 10 min，如图 2.27 和图 2.28 所示。

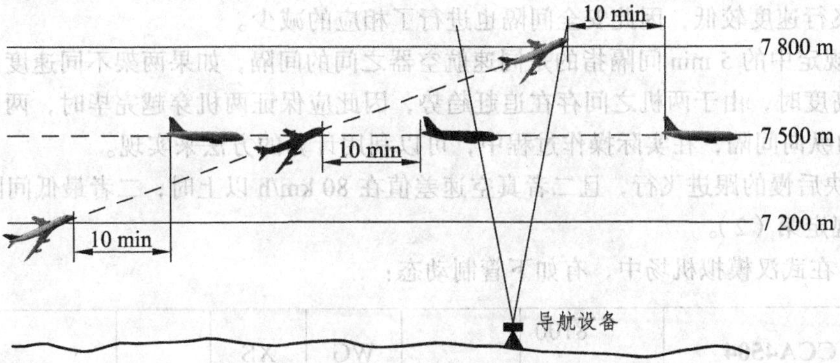

图 2.27　上升的航空器与交叉航迹上的航空器之间 10 min 间隔

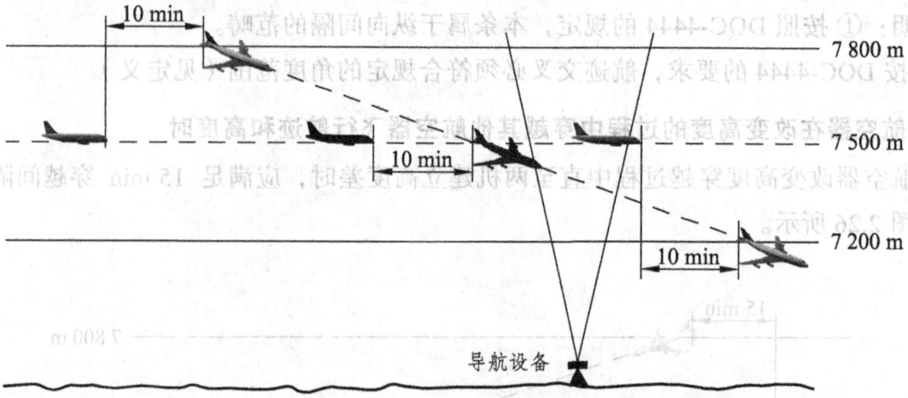

图 2.28 下降的航空器与交叉航迹上的航空器之间的间隔

说明：本条规定所规定的间隔与（6）中间隔含义基本一致，区别在于（6）中的间隔是指航空器在保持同高度穿越对方航迹时的间隔。而本条是指在改变高度的同时穿越航迹，要求在整个穿越的过程中均应满足 15 min（或 10 min）。

8. 在塔台和进近管制空域内顺向飞行且符合下列条件的航空器，其最低间隔为 5 min

（1）同速航空器同一空中走廊内同高度飞行，并且该走廊内有导航设备；

（2）夹角小于 45° 的两个空中走廊内，一架航空器穿越顺向飞行的其他航空器的高度层，如图 2.29 所示。

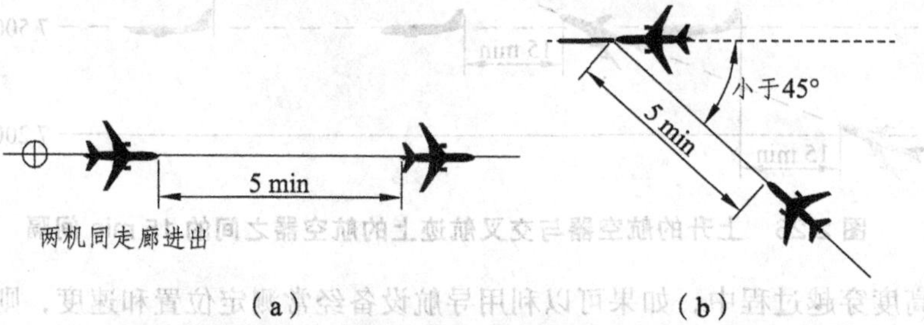

图 2.29 同走廊或夹角小于 45°走廊进出 5 min 间隔

说明：① 该规定是在航空器航路飞行间隔的基础上减小而来的。由于航空器在进离场飞行阶段的飞行速度较低，因此安全间隔也进行了相应的减少。

② 该规定中的 5 min 间隔指的是同速航空器之间的间隔，如果两架不同速度的航空器在进行穿越高度时，由于两机之间存在追赶趋势，因此应保证两机穿越完毕时，两者之间仍存在 5 min 的纵向间隔，在实际操作过程中，可以利用计算的方法来实现。

③ 前快后慢的跟进飞行，且二者真空速差值在 80 km/h 以上时，二者最低间隔为 3 min，参考间隔规定第（2）。

例 7 在武汉模拟机场中，有如下管制动态：

CCA4504	8100		WG	XS			M
B737 /M	0450		07/07	14/			E A
ZHHH /ZSCN							I

CCA1807	7500		WG	XS	M E A I
B737　/M	A240		12/12	19/	
ZHHH / ZSOF					

二者为同速飞机且同一走廊飞行，二者与区调的协议移交高度均为 4 500 m，但出走廊后为不同航路飞行，因此不需要考虑航路间隔。只需要控制二者在进近管制空域内满足纵向 5 min 的间隔，即可指挥两机上升到 4 500 m 的协议移交高度。

例 8　在武汉模拟机场中，有如下管制动态：

CSZ9803	3600		QU	SH	TM		M E A I
YN7　/M	A300		25/	20/	00/		
ZUGH/ ZHHH							

CSC8881	9500		QU	SH	TM	M E A I
TU54　/H	0420		/	23/	10/	
ZUUU/ ZHHH						

如上述的飞行动态，管制员要发指令使 CSC8881 下降高度到 2 700 m 保持，由于两机在穿越高度过程中间隔不断缩小，因此管制员应计算出两机在穿越完毕时仍然有 5 min 纵向间隔的最后时刻。

方法 1：

从 10′开始，间隔每缩短 1 min，CSC8881 所需时间为：

$$\frac{23-10}{10-3}=\frac{13}{7}\quad(\text{min})$$

到距离缩短为 5 min，CSC8881 所需时间为：

$$13/7\times(10-5)=9\quad(\text{min})$$

故应在 10′ + 9 = 19′前两机穿越完毕。

方法 2：

从 00′开始，距离每被缩短 1 min，CSZ9803 所需时间为：

$$\frac{20-00}{10-3}=\frac{20}{7}\quad(\text{min})$$

从最初的 10 min 间隔缩短为 5 min，需要在原来基础之上再缩短 5 min。

到距离被缩短为 5 min，B3475 所需时间为：

$$\frac{20}{7}\times5=14.3\quad(\text{min})$$

故应在 00′ + 14.3 = 14.3′ = 14′之前两机穿越完毕。（计算不能采用纯数学的四舍五入，应根据参数的实际意义选择稳妥的步骤）

显然，在实际操作时我们应该使快机在 14 min 之前穿越完慢机的高度。管制员的指令应为：CSC8881 在 14 分之前下降到修正海压高度 2 700 m 保持。

实际管制中，为了避免这样一种比较复杂的计算，我们可以考虑采取调速的方法，如 CSC8881 机长报告能通过调速在 25 分及以后过 B 台，只要确保在 25 分以前两机已穿越完毕，则完全符合安全的要求。

例 9　在武汉模拟机场中，有如下管制动态：

CDG1807	3600		QU	SH	TM	M E
YN7　/M	A300		/	23/	02/02	A I
ZUGH/ ZHHH						

CHH7433	9500		QU	SH	TM	M E
TU54　/H	0420		15/	10/	00/00	A I
ZUUU/ ZHHH						

如上述的飞行动态，二者为前快后慢跟进飞行，且前机飞行速度比后机大 80 km/h，二者穿越间隔需满足 3 min。管制员要发指令使 B2644 下降高度到 2 700 m 保持，由于两机在通过 TM 导航台时间间隔只有 2 min，但飞行过程中二者间隔不断增大，管制员需在两者间隔增大到 3 min 时发布穿越高度的指令，因此管制员应计算出两机满足 3 min 纵向间隔的最早时刻。（注意：计算不能采用纯数学的四舍五入，应根据参数的实际意义选择稳妥的步骤）

方法 1：以快机为基准。

当 00 分 CHH7433 过 TM 时，二者之间纵向间隔为 2 min；当 10 分 CHH7433 过 SH 时，二者间隔 13 min，间隔共增大 13 − 2 = 11（min），因此间隔每增大 1 min，CHH7433 所需时间为：(13 − 2)/(00 − 10) = 11/10

当 00 分时，二者间隔为 2 min，只需要再增大 1 min，二者即可满足 3 min 间隔，因此到增大到 3 min 间隔的时刻为：00 + 11/10 = 2，即在 02 分二者间隔即满足 3 min。

方法 2：以慢机为基准。

当 02 分 CDG1807 过 TM 时，二者之间纵向间隔为 2 min，当 23 分 CDG1807 过 SH 时，二者间隔 13 min，间隔共增大 13 − 2 = 11（min），因此间隔每增大 1 min，CDG1807 所需时间为：(23 − 02)/(13 − 2) = 21/11

当 02 分时，二者间隔为 2 min，只需要再增大 1 min，二者即可满足 3 min 间隔，因此到增大到 3 min 间隔的时刻为：02 + 11/21 = 3，即在 03 分二者间隔即满足 3 min。

显然，在 03 分发布穿越指令安全性更高。

9. 无空中走廊时，在同巡航高度仪表飞行进入 C 类空域的航空器的纵向间隔

不论其航向如何，到达导航设备上空的时间间隔不得少于 10 min，如图 2.30 所示。

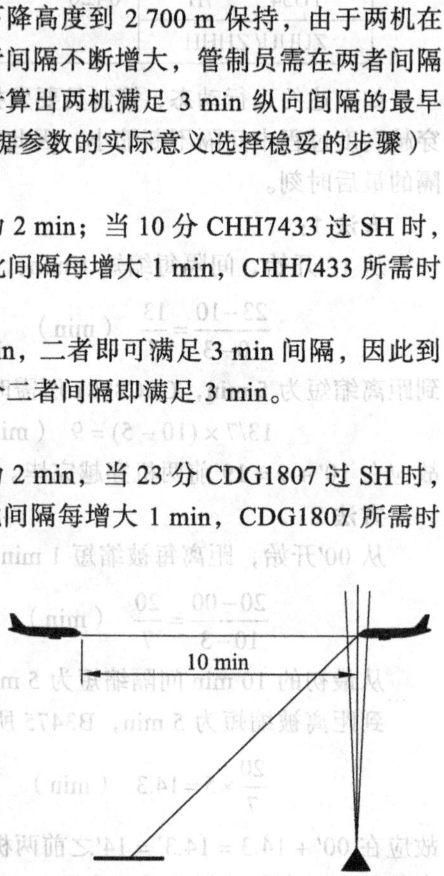

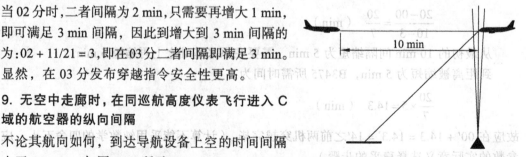

图 2.30　C 类空域无走廊 10 min 间隔

例 10 在武汉模拟机场中，有如下管制动态：

GIA205	9500		QU	SH	KG		M E A I
B737 /M	0510		12/	08/	03/02		
ZGGG/ ZHHH							

SCEHA	3000		QU	SH	TM		M E A I
TB20 /L	A240		26/	19/	00/00		
ZUGH/ ZHHH							

在上述管制场景中，综合考虑航空器机型及预计到场时间等因素，最佳着陆次序为GIA205在前，SCEHA在后。由于GIA205进入管制区时间晚于SCEHA，该机在下降高度时需要穿越SCEHA的高度。同时二者进入走廊后为汇聚飞行（向SH导航台汇聚），且SH导航台的时间差为11 min，满足穿越条件，因此可以直接指令GIA205下降高度。

10. 无空中走廊时，在同高度仪表飞行进入进近（终端）管制空域的航空器时

不论其航向如何，其到达导航设备上空的时间间隔不得少于10 min，如图2.31所示。

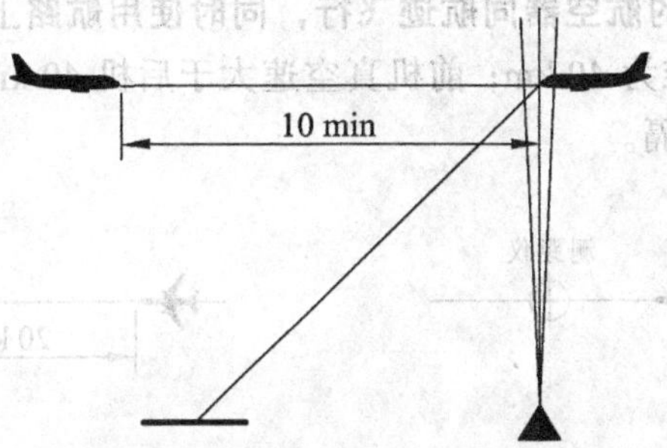

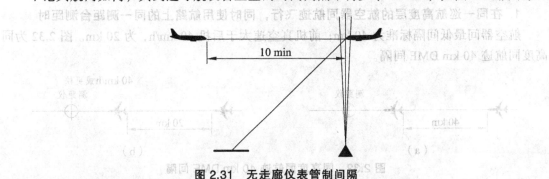

图 2.31 无走廊仪表管制间隔

例 11 在武汉模拟机场中，有如下管制动态：

GIA205	9500		QU	SH	KG		M E A I
B737 /M	0510		12/	08/	03/02		
ZGGG/ ZHHH							

SCEHA	3000		QU	SH	TM		M E A I
TB20 /L	A240		26/	19/	00/00		
ZUGH/ ZHHH							

在上述管制场景中，综合考虑航空器机型及预计到场时间等因素，最佳着陆次序为GIA205在前，SCEHA在后。由于GIA205进入管制区时间晚于SCEHA，该机在下降高度时

需要穿越 SCEHA 的高度，同时二者进入走廊后为汇聚飞行（向 SH 导航台汇聚），且 SH 导航台的时间差为 11 min，满足穿越条件，因此可以直接指令 GIA205 下降高度。

（三）以距离为基准的纵向间隔

说明：（1）目前中国民航在确定以距离为基准的纵向间隔时是以地面 DME 测距台为标准的，而 ICAO DOC4444 中在确定距离间隔标准时参照两个方面：一为 DME 距离，二是基于 GNSS（Global Navigation Satellite System 全球卫星系统）。

（2）在飞行间隔规定、《空中交通管制规则》中所规定的基于距离的航空器之间的纵向间隔适用于航空器处于航路阶段以及在进场和离场飞行阶段，即区域管制与进近管制均可使用。

（3）DME 间隔的使用条件。但在使用 DME 距离时，应注意一定的先决条件：

① 机载和地面测距设备经过校验符合规定标准，并正式批准使用，且航空器位于其测距有效范围之内；

② 有关的航空器之间以及航空器与空中交通管制员或者飞行指挥员之间已建立同频双向联络；

③ 使用测距台实施飞行间隔的两架航空器应当同时使用经过核准的同一测距台测距；

④ 一架航空器能够使用测距台，另一架航空器不能使用测距台定位时，不得使用测距台配备纵向间隔。

1. 在同一巡航高度层的航空器同航迹飞行，同时使用航路上的同一测距台测距时

航空器间最低间隔标准为 40 km；前机真空速大于后机 40 km/h，为 20 km。图 2.32 为同高度同航迹 40 km DME 间隔。

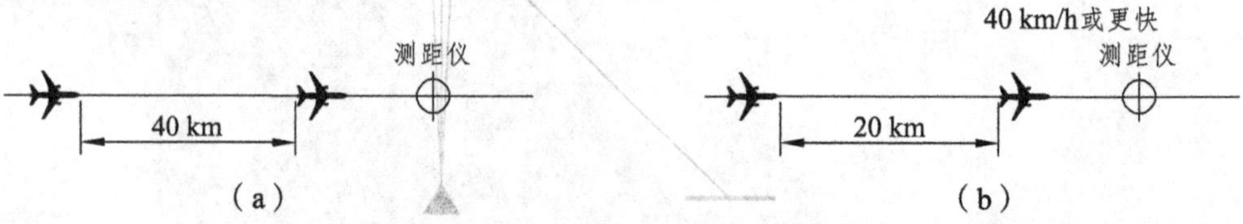

图 2.32 同高度同航迹 40 km DME 间隔

2. 航空器同时使用航路上的同一测距台测距，并且用同一时间的测距台读数建立间隔时

当无垂直间隔时，其中一架航空器保持其高度层，另一架航空器在同航迹上升或者下降，改变高度穿越被占用的高度层时，航空器之间的距离间隔不少于 20 km，如图 2.33 和图 2.34 所示。

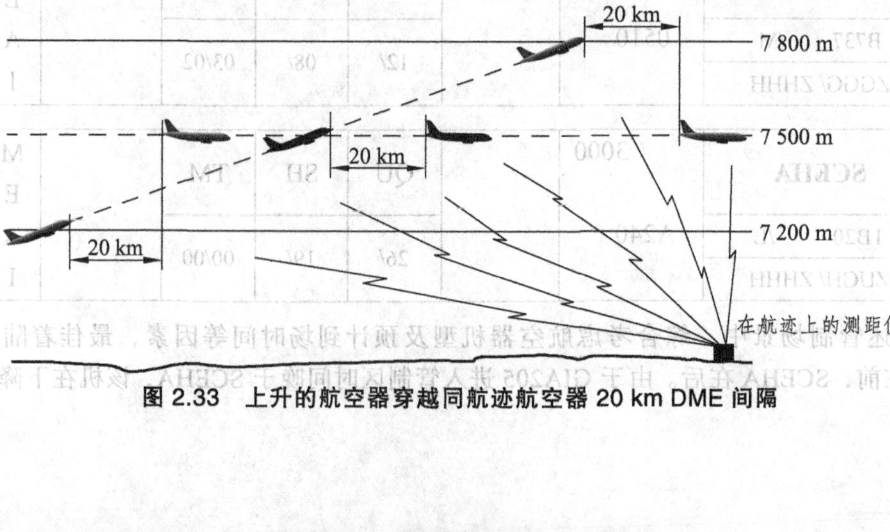

图 2.33 上升的航空器穿越同航迹航空器 20 km DME 间隔

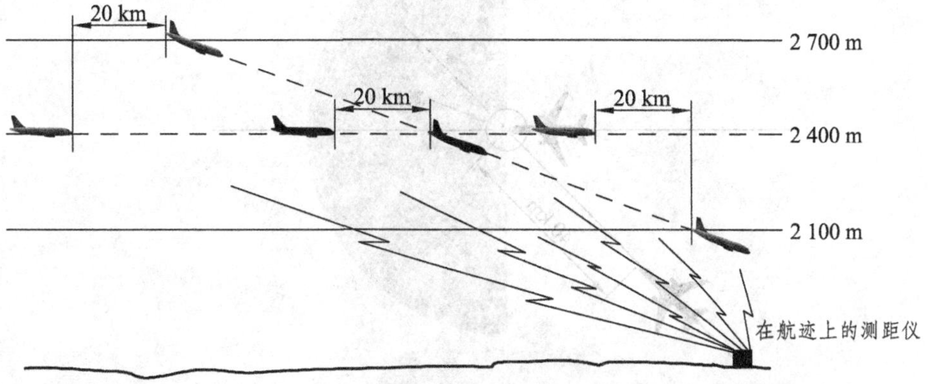

图 2.34 下降的航空器穿越同航迹航空器 20 km DME 间隔

例 12 在武汉模拟机场中，有如下管制动态：

B3475	3600 0360		QU	SG	XS		M E A I
YN7 /M			17/	11/	02		
ZSOF/ ZHHH							

B2644	9500 0480		QU	SG	XS		M E A I
TU54 /H			11	05/	00/		
ZSSS/ ZHHH							

两架飞机跟进从浠水（XS）走廊进场，前机高度高于后机高度，二者过 XS 时间间隔为 2 min，不满足顺向飞行时间间隔的穿越条件，但浠水（XS）导航台为 VOR/DME 台，因此让两机分别报告距离浠水（XS）导航台的 DME 距离。只要两机报告的 DME 距离相差 20 km，管制员即可指示 B2644 下降穿越 B3475 的高度。

3. 同高度、航迹交叉飞行的两架航空器，并且航迹差小于 90°时

同时使用位于航迹交叉点的测距台测距，纵向间隔为 40 km；当前行航空器保持的真空速比后随航空器快 40 km/h（含）以上时，纵向间隔为 20 km。图 2.35 为在同一高层交叉航迹上的航空器之间 40 km DME 间隔，图 2.36 为在同一高度层上交叉航迹上的航空器之间 200 km DME 间隔。

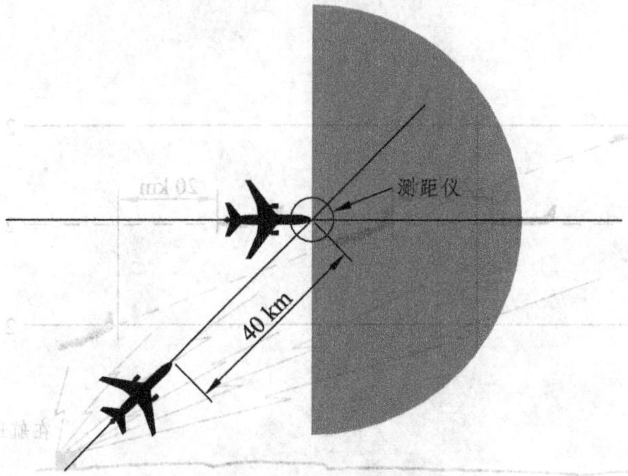

图 2.35 在同一高度层交叉航迹上的航空器之间 40 km DME 间隔

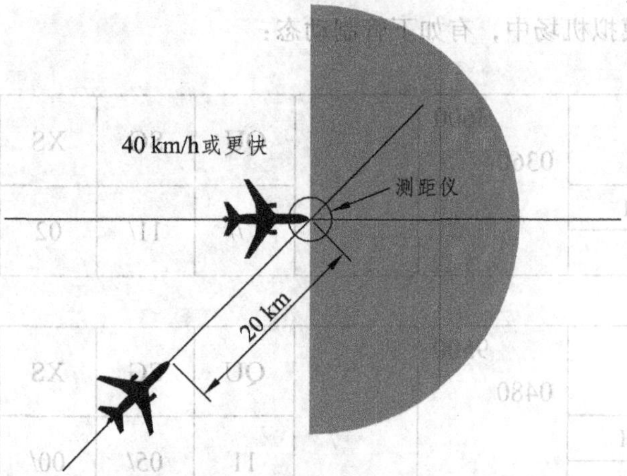

图 2.36 在同一高度层交叉航迹上的航空器之间 20 km DME 间隔

4. 逆向飞行的航空器同时使用航路上的同一测距台测距定位时

只有两架航空器已相遇过且相距最少 20 km 时，方可相互穿越或者占用同一高度层。

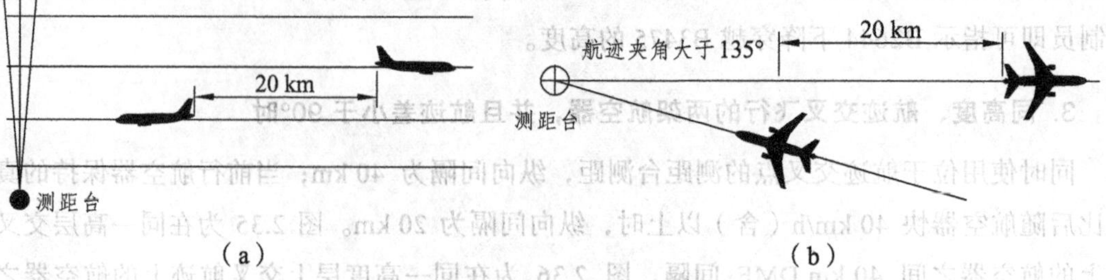

图 2.37 逆向飞行 20 km DME 间隔

例 13 在武汉模拟机场中，有如下管制动态：

UAL897	8900		S	WG	XS		M E A I
B737　/M	A210		01	05	11		
ZHHH— ZSSS							

CES5321	9200		XS	SG	QU		M E A I
B737　/M	A240		06	11	16		
ZSOF— ZHHH							

由于 XS11D 与 XS11A 的航线夹角为 150°，在这两条航线上飞行的航空器可以视为逆向飞行，且 XS DME 台位于两条航线的交叉点上，因此在解决以上飞行冲突时，管制员可先指示 UAL897 上升到修正海压 2 100 m 保持，指示 CES5321 下降到修正海压 2 400 m 保持，然后询问两机相对于 XS 导航台的 DME 距离，当 CES5321 的 XS 背台 DME 距离减去 UAL897 的 XS DME 距离不小于 20 km 时，管制员可指示两机互相穿越彼此高度。

（四）飞行中等待航空器的间隔

（1）除非根据空域划设的规定表明航空器的等待区域之间存在横向间隔，否则管制员应当为在相邻等待航线上飞行等待的航空器之间配备垂直间隔。

（2）管制员应当为进场、离场或者航路上飞行的航空器与在等待航线上飞行等待的航空器之间配备垂直间隔，除非进场、离场或者航路上飞行的航空器与等待航线之间存在不小于 5 min 飞行时间的距离，或者空中交通管制单位经过评估后在运行手册中规定的距离，如图 2.38 所示。

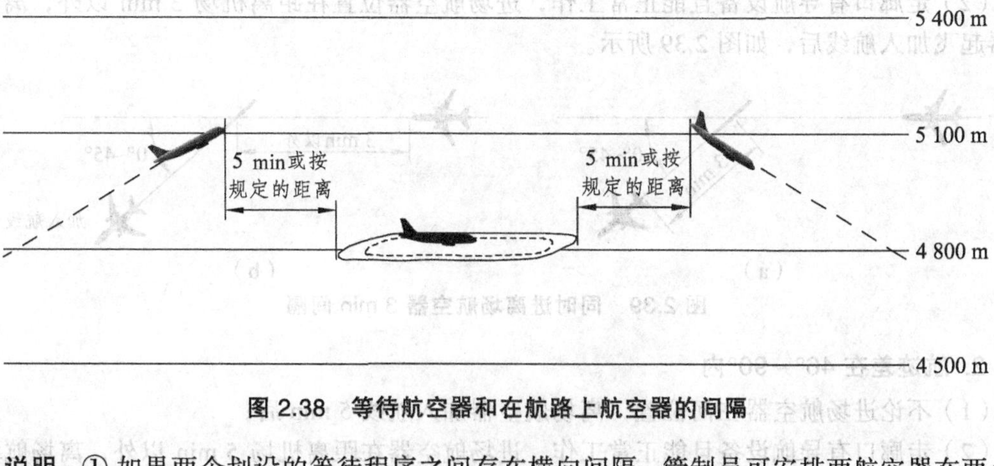

图 2.38　等待航空器和在航路上航空器的间隔

说明：① 如果两个划设的等待程序之间存在横向间隔，管制员可安排两航空器在两个等待程序中同高度等待，否则只能安排不同高度等待。

② 航路飞行的航空器与等待航空器之间的间隔为 5 min，该 5 min 规定是指航路飞行的航空器距离等待程序的保护区有 5 min 间隔，而不是距离等待定位点 5 min，因此该规定在实际应用中可操作性较差，各运行单位可根据本管制区的特点，在经过论证后制定适应本区域的间隔。

例 14 在武汉模拟机场中，有如下管制动态：

CXA8524	8900		QU	WG	ZF		M E A I
B737 /M	0480		23	17	11		
ZBAA— ZHHH							

B3460	9200		QU	WG	ZF		M E A I
Y7 /M	0420		26	18	10		
ZHCC—ZHHH							

在上述动态中，根据到场时间和机型等条件知 CXA8524 应该在 B3460 前进近，但由于二者为前机低高度后机高高度，在指挥过程中可指挥 B3460 在走廊口（ZF）上空进行等待，使 CXA8524 先进场，但此时应注意当 B3460 过 ZF10 分进入等待，CXA8524 在 16 分已过 ZF 5 min，但此时该机距离等待程序的保护区不满足 5 min 间隔，以此在 16 分不能指挥 CXA8524 下降穿越 B3456 的高度，只有在 17 分 CXA8524 过 WG 后，方可指挥两机穿越高度。

（五）同时有进离场飞行时的间隔

在塔台和进近管制空域内仪表飞行时，同时进、离场的航空器相互穿越或占用对方高度层的最低间隔标准应当符合如下规定。

1. 航迹差在 0°～45°内

（1）不论进场航空器在何位置，离场航空器加入航线 3 min 后；

（2）走廊口有导航设备且能正常工作，进场航空器位置在距离机场 3 min 以外，离场航空器起飞加入航线后，如图 2.39 所示。

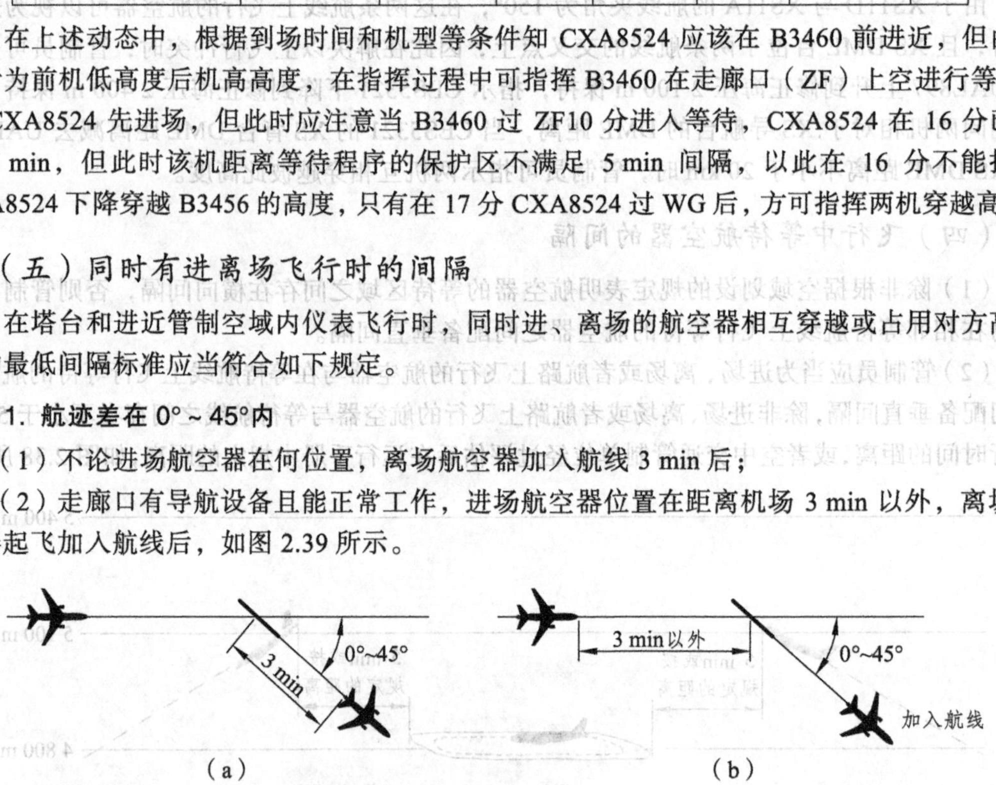

图 2.39 同时进离场航空器 3 min 间隔

2. 航迹差在 46°～90°内

（1）不论进场航空器在何位置，离场航空器加入航线 5 min 后；

（2）走廊口有导航设备且能正常工作，进场航空器在距离机场 5 min 以外，离场航空器起飞加入航线后，如图 2.40 所示。

3. 航迹差在 91°～135°内

（1）离场航空器加入航线 10 min 后；

（2）走廊口有导航设备且能正常工作，进离场航空器距离机场均在 30 km 以外。图 2.41 所示为同时进离场航空器 10 min 间隔。

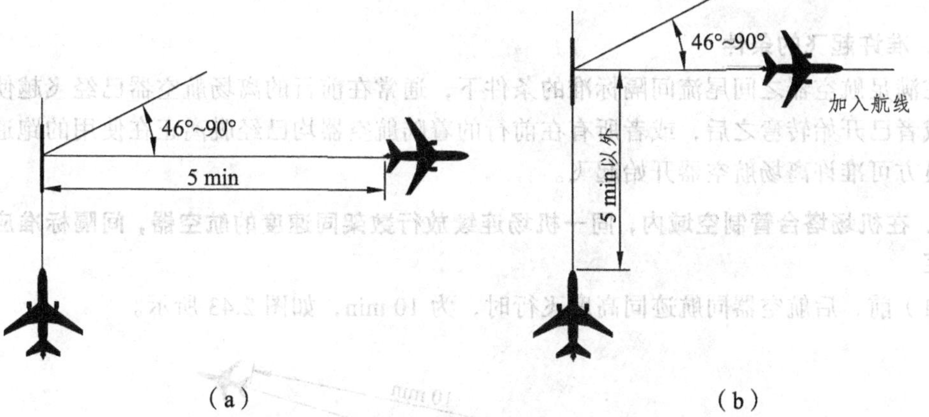

图 2.40　同时进离场航空器 5 min 间隔

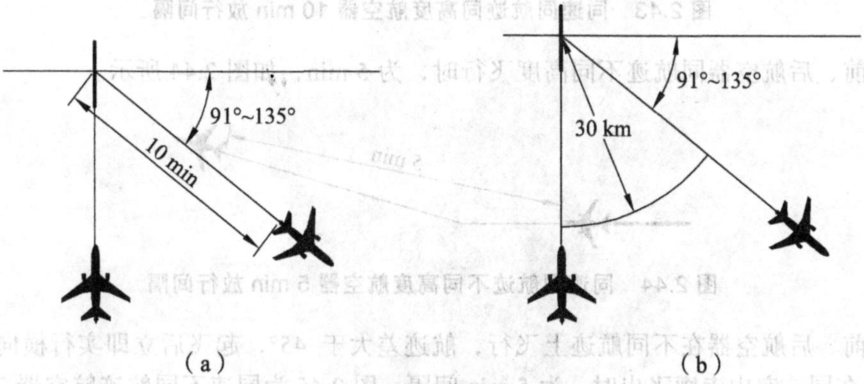

图 2.41　同时进离场航空器 10 min 间隔

4. 航迹差在 136°～180°内，证实航空器已彼此飞越后

由于是交叉飞行，很难使用目视证实的方法，此时可充分利用本场的 DME 台来进行证实，如图 2.42 所示。

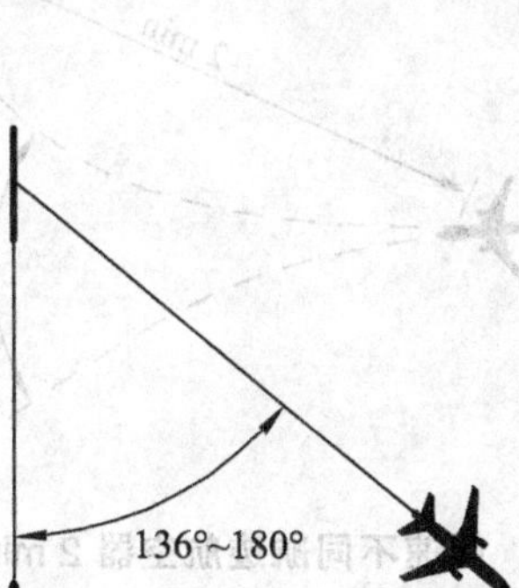

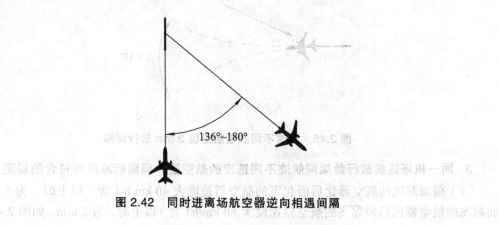

图 2.42　同时进离场航空器逆向相遇间隔

六、航空器离场放行间隔

1. 准许起飞的条件

在满足航空器之间尾流间隔标准的条件下，通常在前行的离场航空器已经飞越使用跑道末端或者已开始转弯之后，或者所有在前行的着陆航空器均已经脱离正在使用的跑道之后，管制员方可准许离场航空器开始起飞。

2. 在机场塔台管制空域内，同一机场连续放行数架同速度的航空器，间隔标准应当符合的规定

（1）前、后航空器同航迹同高度飞行时，为 10 min，如图 2.43 所示。

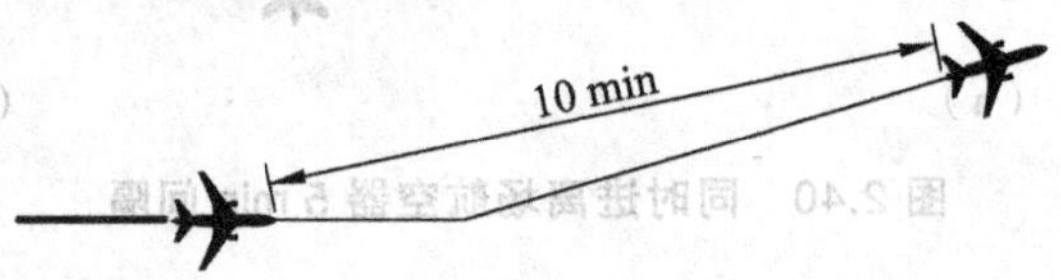

图 2.43　同速同航迹同高度航空器 10 min 放行间隔

（2）前、后航空器同航迹不同高度飞行时，为 5 min，如图 2.44 所示。

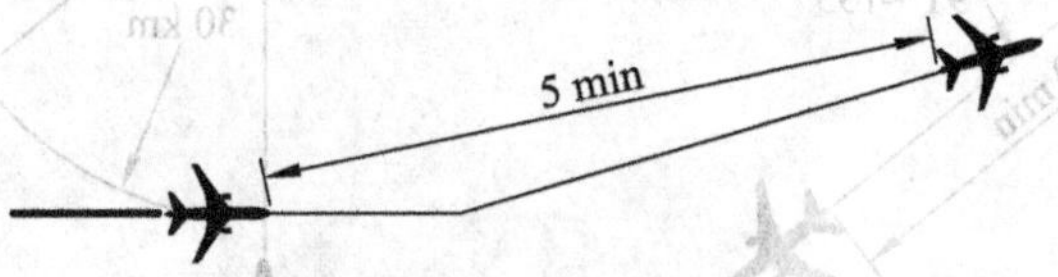

图 2.44　同速同航迹不同高度航空器 5 min 放行间隔

（3）前、后航空器在不同航迹上飞行，航迹差大于 45°，起飞后立即实行横向间隔，为 2 min，但在同一空中走廊飞出时，为 5 min 间隔。图 2.45 为同速不同航迹航空器 2 min 放行间隔。

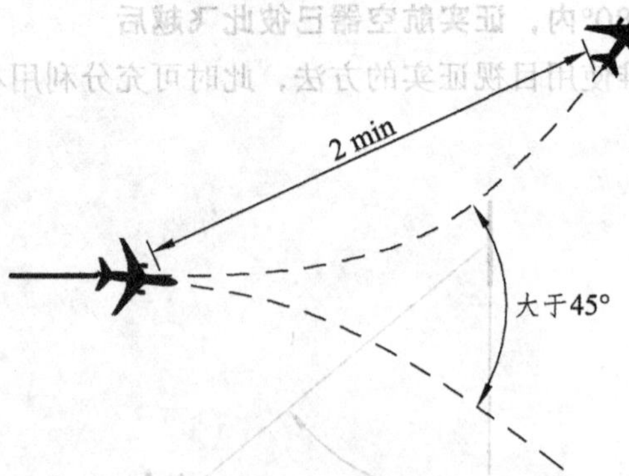

图 2.45　同速不同航迹航空器 2 min 放行间隔

3. 同一机场连续放行数架同航迹不同速度的航空器，间隔标准应当符合的规定

（1）前面起飞的航空器比后面起飞的航空器速度大 40 km/h（含）以上时，为 5 min；前面起飞的航空器比后面起飞的航空器速度大 80 km/h（含）以上时，为 2 min，如图 2.46 所示。

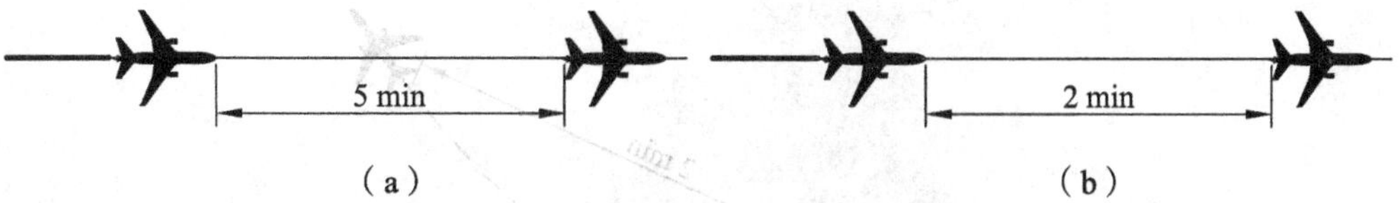

图 2.46　前快后慢航空器放行间隔

（2）速度小的航空器在前，速度大的航空器在后，速度大的航空器穿越前行速度小的航空器的高度层并到达速度小的航空器的上一个高度层时，应当有 5 min 的纵向间隔；如机场区域内具备目视气象条件，慢速航空器起飞后立即实行 30°（含）以上侧向间隔（离开快速航空器起飞、上升航迹），则可按尾流间隔放行快速航空器起飞。待快速航空器的高度超越慢速航空器的高度后，慢速航空器再加入航线。图 2.47 为前慢后快航空器放行间隔。

（3）速度小的航空器在前，速度大的航空器在后，如果同高度飞行，应当保证在到达着陆机场上空或者转入另一航线或者改变高度层以前，后航空器与前航空器之间应当有 10 min 的纵向间隔。图 2.48 为前慢后快航空器之间的间隔。

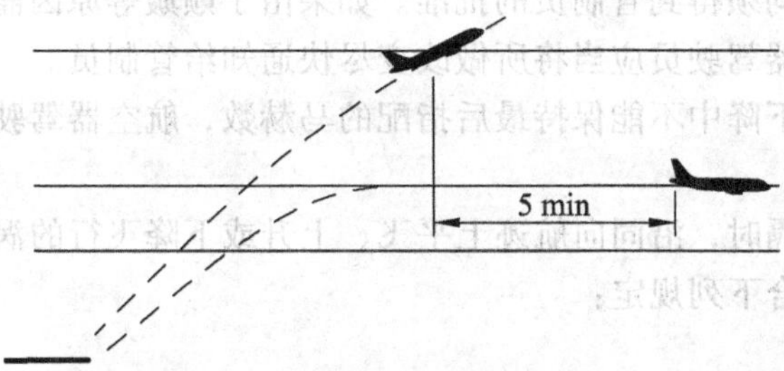

图 2.47　前慢后快航空器放行间隔

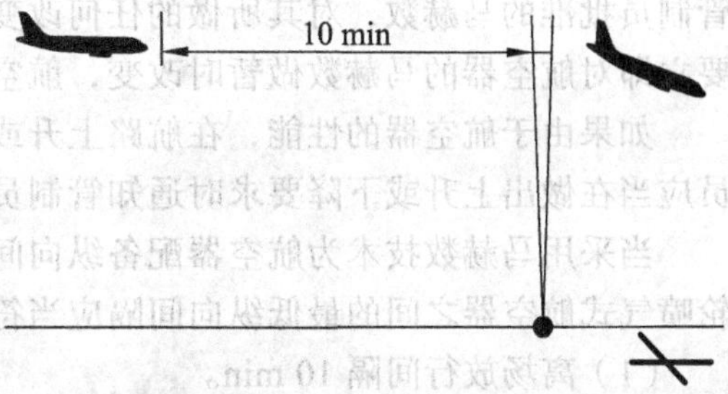

图 2.48　前慢后快航空器之间的间隔

4. 同一机场连续放行数架不同航迹、不同速度的航空器，间隔标准应当符合的规定

（1）速度大的航空器在前，速度小的航空器在后，航迹差大于 45°，并在起飞后立即实行横向间隔，其离场放行间隔为 1 min，如图 2.49 所示。

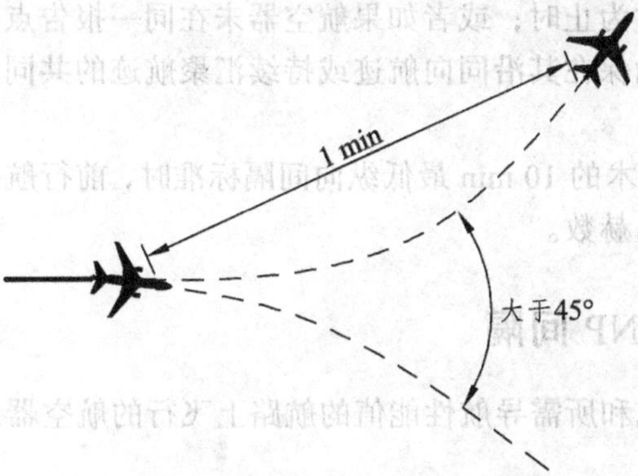

图 2.49　前快后慢航空器立即实行侧向间隔时的放行间隔

（2）速度小的航空器在前、速度大的航空器在后，航迹差大于 45°，并在起飞后立即实行横向间隔，其离场放行间隔为 2 min，如图 2.50 所示。

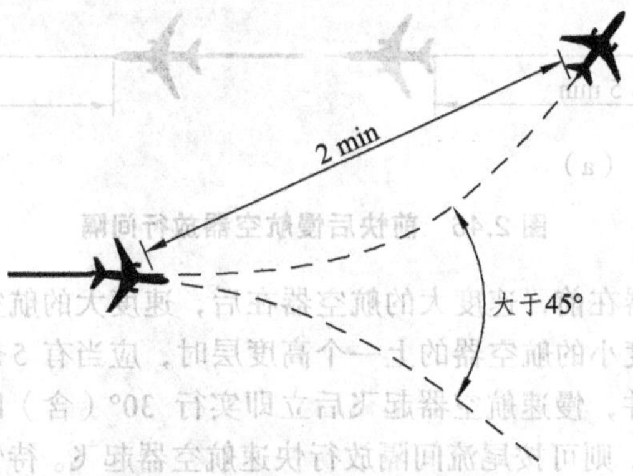

图 2.50 前慢后快航空器立即实行侧向间隔时的放行间隔

七、马赫数间隔

在使用马赫数技术采用基于时间的纵向间隔标准的航路上，涡轮喷气式航空器应当遵守管制员批准的马赫数，对其所做的任何改变均须得到管制员的批准。如果由于颠簸等原因需要立即对航空器的马赫数做暂时改变，航空器驾驶员应当将所做改变尽快通知给管制员。

如果由于航空器的性能，在航路上升或下降中不能保持最后指配的马赫数，航空器驾驶员应当在做出上升或下降要求时通知管制员。

当采用马赫数技术为航空器配备纵向间隔时，沿同向航迹上平飞、上升或下降飞行的涡轮喷气式航空器之间的最低纵向间隔应当符合下列规定：

（1）离场放行间隔 10 min。

（2）如果前行航空器较后随航空器快 0.02 个马赫，离场放行间隔为 9 min；如果前行航空器较后随航空器快 0.03 个马赫，离场放行间隔为 8 min；如果前行航空器较后随航空器快 0.04 个马赫，离场放行间隔为 7 min；如果前行航空器较后随航空器快 0.05 个马赫，离场放行间隔为 6 min；如果前行航空器较后随航空器快 0.06 个马赫，离场放行间隔为 5 min。

（3）有关航空器已在同一报告点上空做出报告，并沿同向航迹或持续汇聚航迹飞行，直到配备另一种间隔形式时为止时；或者如果航空器未在同一报告点上空做出报告，并且可以通过雷达或其他方式，确保在其沿同向航迹或持续汇聚航迹的共同点飞行时，继续保持适当的时间间隔；

（4）当采用马赫数技术的 10 min 最低纵向间隔标准时，前行航空器必须保持相当于或大于后随航空器所保持的马赫数。

八、RNAV 与 RNP 间隔

在规定使用区域导航和所需导航性能值的航路上飞行的航空器之间的纵向间隔，应当符合下列规定：

（1）当规定的航路所需导航性能值为 10，管制员与飞行员之间具备直接的话音或者管制员飞行员数据（CPDLC）通信联系，航空器的位置报告频率不低于每 24 min 一次，在同一航迹上巡航、上升或下降的航空器之间最低间隔标准为 100 km。当航空器未能在预计的时间报告其位置时，管制员应当在 3 min 之内采取措施与该航空器建立通信联系。如果在航空器预计报告位置时间的 8 min 内仍未能够建立通信联系，管制员则应当采取措施为航空器配备其他间隔。

（2）如果管制员能够通过自动相关监视设施观察到航空器的位置，当规定的航路所需导航性能值为 10，航空器的自动相关监视位置报告频率不低于每 27 min 一次，在同一航迹上巡航、上升或下降的航空器之间最低间隔标准为 100 km。

（3）如果管制员能够通过自动相关监视设施观察到航空器的位置，当规定的航路所需导航性能值为 4，航空器的自动相关监视位置报告频率不低于每 32 min 一次，在同一航迹上巡航、上升或下降的航空器之间最低间隔标准为 100 km。

（4）如果管制员能够通过自动相关监视设施观察到航空器的位置，当规定的航路所需导航性能值为 4，航空器的自动相关监视位置报告频率不低于每 14 min 一次，在同一航迹上巡航、上升或下降的航空器之间最低间隔标准为 60 km。

复习思考题

1. 简述目视飞行条件下航空器与地面障碍物之间的垂直间隔标准。
2. 简述仪表飞行条件下航空器与地面障碍物之间的垂直间隔标准。
3. 简述航空器之间的尾流间隔标准。
4. 在武汉模拟机训练中存在如下飞行动态，请计算两机的预计相遇时间，同时请分别使用中英文为两机通报活动，并相遇无影响报告。

DLH721	3600		QU	WG	ZF		M
B737 /M	A300						E
/ ZHHH			/	10/	04/		A I
CCA1333	9500		S	WG	ZF		M
YUN7 /H	0420						E
/ ZHHH			00	05/	13/		A I

5. 简述 DME 间隔的适用条件。

第三章 进近管制

第一节 进近管制工作的组织与运行

飞行任务所经历的各个阶段，航空器始终处于地面的有效监控。对应于跨区域特征非常明显的空中行为，限于甚高频、高频通信以及雷达、ADS相关监视的有效作用范围，地面监控责任只能采取接力的方式进行传递。针对不同空域及航路出现的不同的飞行特征和繁忙程度，其负责单位将在方式方法、责任分工上产生较大差异，分别对应有塔台、进近、区域管制，尤其一些地面保障设施条件较差的地区只能采取程序的方法，于是分别对应有塔台程序管制、进近程序管制和区域程序管制，其中进近管制服务和进近管制室的概念如下：

① 进近管制服务（approach control service）：对进近管制区内进场或离场受管制的飞行提供空中交通管制服务。

② 进近管制室（approach control office）：在进近管制空域内，为受管制的进离场航空器提供空中交通服务而设置的单位。

一、进近管制范围

我国一般规定，管制空域分为A、B、C、D四类，其中C类空域为进近管制空域，通常是指在一个或几个机场附近的航路汇合处划设的便于进场和离场航空器飞行的管制空域。进近管制空域构成中低空管制空域与塔台管制空域之间的过渡，其垂直范围通常在6 000 m（含）以下最低飞行高度层以上；水平范围通常为半径50 km或延伸至走廊口以内的除机场塔台管制范围以外的空间，如图3.1所示。鉴于实际管制需要，某些进近管制室与相邻塔台、区域管制单位协议以一些特殊的方式进行移交，如高度移交等，因此进近管制具体范围应该以各机场使用细则或协议规定为准。

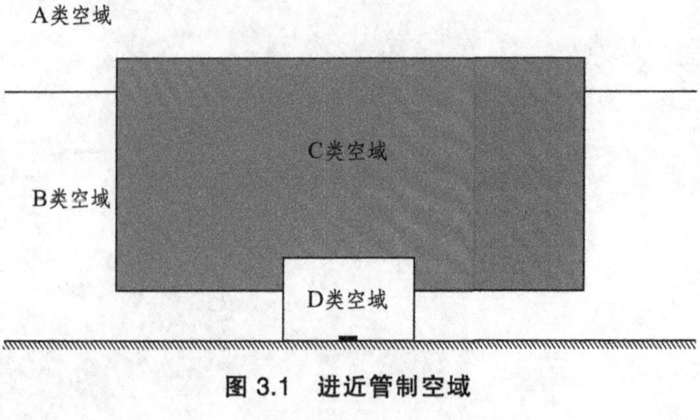

图3.1 进近管制空域

为加速和规范以仪表飞行为主体的航空器的进离场，我国绝大部分机场附近都以空中走廊形式划设航空器的进离场路径。空中走廊中心线由无线电导航设施确定宽度一定的过渡空域，航路飞行的飞机可以通过这样的过渡航路下降高度进场着陆，起飞的飞机以此爬升高度进入航路。走廊宽度 10 km，最小不少于 8 km，严格按照 DOC8168 及仪表程序设计规范，定义航路位置点限制高度及满足不同进近阶段超障要求，具体形式在标准终端进港航路 STAR 和标准仪表离场图 SID 中对外进行公布。同时，为便于与其他管制单位之间的协调，定义有不同类型飞机进出走廊口高度，正常情况双方按此高度进行移交。航空器的进离场应优先选择标准仪表进场（STAR）及标准仪表离场（SID）线路进行，这为程序管制通常采用的推测定位提供了重要的参考。不同的使用跑道对应有不同的 STAR 和 SID，这也就要求进近管制员在发布进场程序和离场程序时，以空中交通管制许可（ATC Clearance）等方式指定唯一飞行路线。例如：

CES5307，XS-11 arrival ILS approach，R/W 36.

CCA981，cleared to QU via ZF，WG. ILS approach，R/W 36.

与本书配套使用的程序管制模拟机采用虚拟的武汉机场，进近管制范围包括走廊口 XS、ZF、TM、KG 以内，除塔台管制区以外，高度从地面到 5 400 m 的空域。机场过渡高度为 3 000 m，过渡高度层为 3 600 m，图 3.2 和图 3.3 分别为武汉模拟机场标准仪表离场图和进场图。

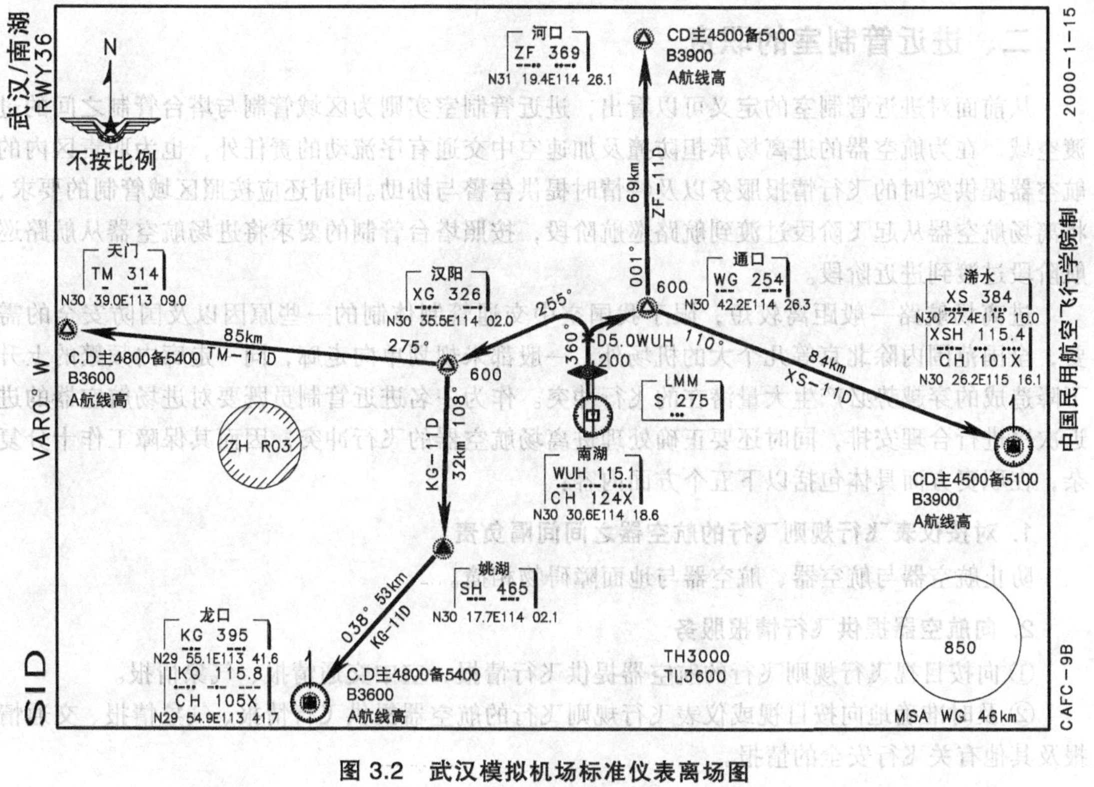

图 3.2　武汉模拟机场标准仪表离场图

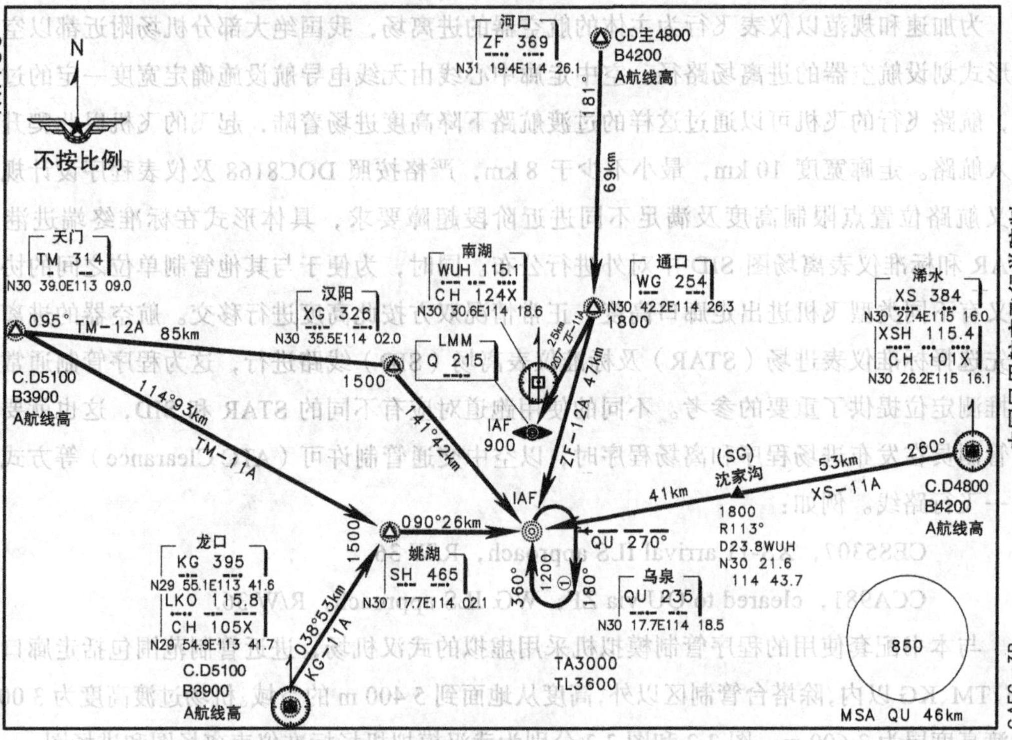

图 3.3　武汉模拟机场标准仪表进场图

二、进近管制室的职责

从前面对进近管制室的定义可以看出，进近管制室实则为区域管制与塔台管制之间的过渡空域。在为航空器的进离场承担防撞及加速空中交通有序流动的责任外，也为职责区内的航空器提供实时的飞行情报服务以及特情时提供告警与协助。同时还应按照区域管制的要求，将离场航空器从起飞阶段过渡到航路巡航阶段，按照塔台管制的要求将进场航空器从航路巡航阶段过渡到进近阶段。

进离场航路一般距离较短，限于我国空中交通管制体制的一些原因以及国防安全的需要，全国范围内除北京等几个大的机场外，一般都未规划单向走廊，同一走廊内频繁的上升下降造成的穿越势必产生大量潜在的飞行冲突。作为一名进近管制员既要对进场航空器的进近次序进行合理安排，同时还要正确处理进离场航空器的飞行冲突，因而其保障工作十分复杂，在职责方面具体包括以下五个方面内容：

1. 对按仪表飞行规则飞行的航空器之间间隔负责

防止航空器与航空器、航空器与地面障碍物相撞。

2. 向航空器提供飞行情报服务

① 向按目视飞行规则飞行的航空器提供飞行情报、空中交通情报、气象情报。

② 及时准确地向按目视或仪表飞行规则飞行的航空器提供飞行情报、气象情报、交通情报及其他有关飞行安全的情报。

3. 控制空中交通流量，加速运行，保证空中交通畅通

① 积极与其他单位取得协调，控制空中交通量以最佳的时机和方式流入和通过相应的区域，确保单位时间内所容纳飞机架次不超过扇区最大负荷。

② 为塔台安排落地间隔和次序。

③ 为区域管制安排放行间隔和进入区域的航空器之间的间隔。

4. 对航空器的飞行进行监视

了解、检查航空器的位置，防止航空器偏离规定航线误入禁区，及时纠正航空器的放行错误。

5. 正确执行本管制单位的协调移交协议及相关规定

① 按照管制协调、移交的协议，正确实施与区域管制、塔台管制及有关部门的协调和移交。

② 正确实施与有关业务单位的通报、协调。

③ 熟知、正确使用《应急工作检查单》，迅速通报、处理，积极协助机组处理不正常情况和紧急情况。

④ 正确执行《交接班检查单》制度。

三、进近管制工作的组织和运行

《中国民用航空空中交通管理规则》（CCAR-93TM-R2）规定，全年起降架次超过 36 000 架次或空域环境复杂的机场，应当考虑设置进近管制室。不能设置进近管制室的或在进近管制室设立前，可以在机场管制塔台设立进近管制席位。为适应交通量的增长和提高空中交通服务效率，空中交通管制单位可以根据空域结构、路网构成、交通量、活动分布、飞行剖面、设备能力及人员素质等情况，将其管制责任范围分为若干工作席位或扇区。

（一）进近管制室管制席位设置及职责

1. 管制席位

管制席位的席位管制员主要负责对所辖区域内受管制航空器提供空中交通管制服务。根据飞行流量的不同，为缓解主班管制员的工作压力，对于年起降超过 60 000 架次的机场，应当分别设置进场管制席和离场管制席，由这两个席位分别承担进离场航空器的管制工作。

2. 监控席位

总局空管局以文件的形式（〔1997〕173 号文件），要求在空中交通管制岗位实行“双岗制”，增加值班力量，在对空指挥时能有多名管制员同时监控空中动态，并相互监督、提醒，相互弥补，以达到减少空管原因造成不安全事件的目的。

3. 通报协调席

通报协调席负责席位间或与其他管制区之间关于飞行动态和管制信息的协调工作。根据实际情况不同，在实际工作中，可以根据协调工作量的不同，考虑为单个席位设置专用协调席，也可在两个管制席位之间设置公共协调席。

4. 主任席

主任席负责进近管制室与其他单位的协调，并监控管制室的运行状况。

5. 飞行计划编辑席

飞行计划编辑席负责审核批准编辑飞行计划。

6. 军方协调席

军方协调席负责本管制室与军航管制部门之间的协调工作。

管制员必须在指定的工作席位和规定的值班时间实施工作，除非带班（主任）管制员同意，一般不得擅离岗位。当管制席位上的设备或航空器报告导航设备有故障或不能正常服务时，应立即报告带班（主任）管制员和相应的设备维修单位或人员。进近管制员在遇到有紧急情况发生时，应立即通报带班（主任）管制员，同时按照应急工作程序实施工作。

（二）进近管制的工作程序

（1）航空器预计进入进近管制空域前 30 min，了解天气情况，取得最近的天气实况，检查通信、导航设备，校对飞行预报和计划，填写飞行进程单，安排进、离场次序；

（2）进场航空器预计进入进近管制空域前 20 min 开始守听，按时开放导航设备，向塔台管制室取得航空器着陆程序和使用跑道；

（3）本管制区内离场航空器开车前 10 min 开机守听，将离场程序通知塔台管制室；

（4）收到进、离场航空器进入进近管制空域（空中走廊）的位置报告后，指示其按照程序飞行，通知空中有关飞行活动；

（5）通知进、离场航空器分别转换频率与塔台管制室或区域管制室联络，按照规定进行管制移交；

（6）当塔台管制室管制员通知最低等待高度层空出后，安排进场等待的该层以上的航空器逐层下降，航空器脱离第二等待高度层时，通知航空器驾驶员转换至塔台管制室频率联络；

（7）接到航空器驾驶员报告已与区域管制室或者塔台管制室建立联络，并且飞离进近管制空域时，准许航空器脱离联络。

四、交接班的组织与实施

空中交通管制是一项高强度的脑力活动，为保证管制精确到位，我国明确规定，塔台、进近、区域管制室值班空中交通管制员连续值勤的时间不得超过 6 h；直接从事雷达管制的管制员，其连续工作时间不得超过 2 h，两次工作的时间间隔不得少于 30 min。

伴随航空运输业的飞速发展，实施积极有效的空中交通战略管理已不能单纯由个人来完成，它属于团队或班组的集体行为。班组是这一复杂大系统的基本单位，一个好的班组能有效降低人为因素对空管安全的影响，提高系统的安全性。因此，加强空管团队班组建设已成为当前空管安全研究的一个重要方向。目前国内就班组的编排没有固定的模式，可以根据工作繁忙程度及人员富余情况灵活处理。假设某进近管制室实行四个班组制，各班的工作时间通常规定为：每日中午是工作的起始时刻，上下午班，第二日是上午班和夜班，然后休息两日。每班值班期间由带班（主任）管制员负责填写值班日志。

鉴于历史的教训，交接班期间往往是管制事故的多发期，因此要求接交双方必须对已知的或认为相关的交通情况有正确的辨识。

（一）交班人员应通报的内容并在工作日志上登记

（1）设备的开/关、使用情况，包括工作状态、故障情况，在用跑道。

（2）本席位、相邻席位、管制报告室的有关限制和规定，炮射活动、空军活动等需要下一班人员注意的情况。

（3）现时天气实况、演变趋势。

（4）有关放行许可、流量控制、起降时刻、禁航、高度限制、协调和移交中的特殊要求。

（5）本班在工作中出现的重要情况及处理经过。

（二）交班人员应移交的内容

（1）正在管制的空中航空器的位置、飞行状态。

（2）已经发布的管制指令，及进一步的管制要求。

（3）已经同意接受的、已经协调过的航空器的动态。

（三）交接班注意事项

（1）确实明白上述（一）中各项内容后进入管制席位。

（2）掌握上述（二）中各项内容后，开始实施管制工作。

在接班人员进入管制席位实施工作后，交班人员应与其重叠工作 5～10 min，未经接班者同意交班者一般不得离开岗位。除非移交的管制席位没有活动，否则交班人员应在冲突或特殊情况排除后才能离开。

第二节 空中交通管制放行许可

空中交通管制许可要求飞机在管制的空域里按指定的状态飞行，通过这种方式，空中交通管制中心履行其职责来保持飞机间的间隔。空中交通管制许可并不授权飞机偏离规则或最低安全高度，也不能引导飞机进入不安全飞行状态，从持续有效时间来看，大致分为指令和在一个时间段或航段上连续有效的空中交通管制放行许可。通常指令是为调配飞行冲突或单纯上升下降短期的战术行为，空中交通管制放行许可属于一种中长期计划。由于程序管制条件下，飞行必须严格按照空地双方所共知的航路进行，管制员对动态的了解类似于点状采集，因此，空中交通管制放行许可，尤其一些带限制指令的空中交通管制放行许可，广泛应用于程序管制的过程。

一、放行许可的概念

航空器在正常运行过程中，飞行员没有任何自主行为，飞机任何飞行状态的改变必须得到地面管制员的许可，故飞机的整个飞行过程是由多个管制许可连接而成的。每一个管制许可针对航空器的某一个动作，如图 3.4 所示的飞机飞行过程，是由推出开车许可、滑行许可、起飞许可、上升下降许可、进近许可、落地许可等诸多个管制许可构成的。而放行许可针对的是航空器放行这一环节，即航空器已经满足了此次飞行所要求的各项必备条件，管制员允许该航空器按照规定的条件运行。国际民航组织 DOC4444 对空中交通管制放行许可的定义是：批准航空器按照空中交通管制单位所规定的条件运行的许可。

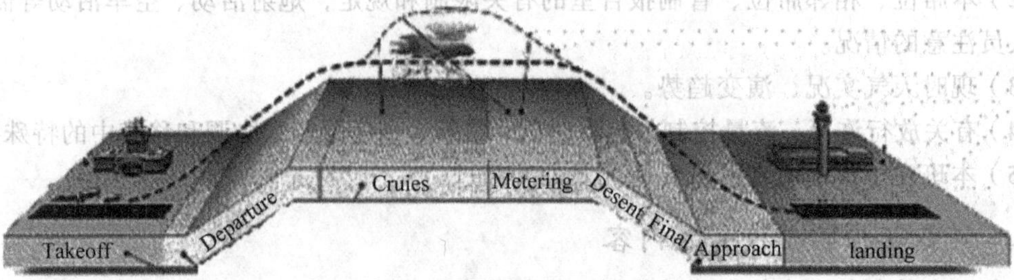

图 3.4 航空器的飞行过程示意图

二、放行许可的意义

（1）仅就已知的空中交通而言，空中交通管制单位发出的空中交通管制放行许可，构成了某一架航空器继续向前飞行的依据。放行许可根据影响飞行安全的已知交通情况进行发布，这种交通情况不仅包括实施管制的空中和机动区上的航空器，而且还包括使用中机动区上的任何交通车辆和其他非永久性设立的障碍物。

（2）空中交通管制放行许可的目的旨在指定航空器按照空中交通管制（指机场管制、进近管制和区域管制）批准的离场航线、航路、飞行高度层执行航空器的飞行，避免空中交通冲突的产生，加速空中交通流量，保证空中交通有秩序高速地运行。

（3）放行许可是完全为了加速和隔离空中交通的，并不构成任何依据，也不可作为违反任何为加强飞行安全或其他目的的有关规则的理由。

（4）当空中交通管制员发出指令，除非飞机处于紧急情况，或者已经收到另一个更改过的飞行许可，或者按照飞行许可飞行是违法的，则飞机不能偏离空中交通管制的许可。飞行员要考虑按照指令飞行是否会违反规则（如目视飞行被引导进入云中）或超过其能力和飞机的性能限制。如果认为飞行许可对飞行不安全或不合适，飞行员就有责任采取任何必要的手段避开危险的情况或避免违反规则，并且应尽快申请修订的飞行许可。如果在特殊情况下有必要修改飞行许可，飞行员必须尽可能快地通知空中交通管制员。例如在正常飞行过程中如果由于管制员的安排错误而造成两航空器对头或交叉相遇时，没有规定的高度差而造成机载 TCAS 告警，此时飞行员需立即按照驾驶舱内的 TCAS 语音提示操作飞机，此时不需要得到管制员的许可，只是在改变过程中通知地面管制员，而地面管制员此时也不做任何指示，直到 ACAS 告警结束。

（5）管制员发给的放行许可仅就交通和机场情况而言，并不减轻驾驶员对可能违反适用规章所必须承担的任何责任。

三、放行许可的内容

（一）放行许可的内容

（1）航空器呼号；

（2）管制许可的界限；

（3）标准离场程序（SID）或过渡航线；

（4）飞行航路；

（5）高度；

（6）其他的必要事项（如应答机编码等）。

例 1 ① 南方航空公司 3403，可以经 BH03 标准离场程序和飞行计划航线飞往成都，飞行高度层 9 000 m，应答机编码 A2101。

Southern air 3403 cleared to Chengdu via BH03 departure，flight planned route，FL90 Squawk A2101.

② 南方航空公司 301，可以从广州飞至“R”点，经由 LQ01 标准离场程序和石龙导航台，飞行高度层 3 000 m，应答机编码 A3101。

Southern air 301，Cleared to “R” point via LQ01 departure and LQ NDB，FL30，Squawk A3101.

③ 程序模拟训练中，进近管制室要求塔台转发的放行许可如下：

TWR：武汉进近，武汉塔台，国航 981 目的地成都，请求放行。

WUHAN APP，WUHAN TWR，CCA981 destination CHENGDU，request ATC Clearance.

APP：武汉塔台，武汉进近，国航 981 可以经由飞行计划航路前往成都，TM11 号标准离场，巡航高度一万零一百米，到达航路进一步请求上升高度。（起始爬升高度 450 m）

WUHAN TWR，WUHAN APP，CCA981 is cleared to CHENGDU via flight planned route，TM11 departure，cruising level ten thousand two hundred meters，request level change on route.

（二）管制许可界限

管制许可界限必须以规定的有关报告点的名称或机场或管制空域的边界来说明。

与即将对该航空器实施管制的单位已事先协调，则放行许可的界限必须为目的地机场；如果这些都不可能，许可界限则为某一适当的中途点，同时必须加速协调，以便到目的地机场的放行许可可以尽快签发。

如果放行一架航空器至相邻管制区域内的一个中途点，则有关的区域管制中心将负责尽速签发到目的地机场的修订放行许可。

如果目的地机场是在管制区域之外，负责航空器的最后一个管制区域的区域管制中心，必须签发飞至该管制区界限的放行许可。

管制许可界限，可以是一个定位点，也可以是目的地机场，常用用语如下：

① 可以飞至（机场）。

cleared to〔airport〕

② 可以飞至（走位点）。

cleared to〔fix〕

③ 可以飞至（VOR/DME）的（度数）径向线上〔数值〕公里（或英里）处。

cleared to〔VOR/DME〕〔Specified〕radial〔number〕KMS（or miles）Fix.

例 2 可以飞至 CAN/VOR020 径向线上 19 km 处的定位点。

Cleared to CAN/VOR 020 radial 19 kms fix。

④ 可以从〔定位点〕飞到〔定位点〕。

CLEARED FROM 〔fix〕TO（fix）

（三）飞行航路

当认为需要时，在每次放行许可中均必须详细说明飞行航路。如果某一条航路或其中一段与飞行计划中所填报一致，并且有充分的航路说明可使航空器肯定地沿该航路飞行时，用语“许可沿飞行计划的航路飞行”可以用来说明任一航路或其中的一段。如有关空中交通服务当局规定了标准的离场或进场航路并已在《航行资料汇编》中予以公布，则可使用用语“许可经……（代号）离场”或“许可经……（代号）进场”。

当发给重新放行许可时，不许使用用语“许可沿飞行计划的航路飞行”。

1. 标准离场程序 SID 或过渡航线

发布放行许可时，应指明航空器标准离场航线或过渡航线，根据需要指明过渡高度。

① 用语：离场航线〔SID 的名称〕。

〔SID name〕DEPARTURE.

② 用语：离场航线〔SID 的名称〕过渡航线〔过渡航线的名称〕。

〔SID name〕DEPARTURE〔Transition name〕TRANSITION.

2. 飞行航路要根据飞行计划中航空器的要求，指明下述任一航线或由其组成的航路

① 航路、喷气机航线。

- 用语：（航路名称）（airway designator）。

例 3 G－471.

- 用语：〔喷气机航线名程〕（Jet route designator）。

例 4 J101.

- 用语：请在（定位点）的〔方向〕〔数值〕公里/海里处，穿过/加入〔航路/喷气机航线的名称〕。

CROSS/JOIN〔airway/jet route designator〕at〔number〕KM/MILES〔direction 〕of〔fix〕

② 径向线、方位、航向、直飞或弧线航迹。

- 用语：〔VOR〕〔度数〕径向线。

  〔VOR〕〔Specified〕RADIAL

例 5 广州 VOR0l5 径向线。

CAN zero one five radial.

- 用语：〔NDB〕背/向台方位/航向。

  〔Specified〕BEARING FROM/COURSE TO/HEADING

例 6 高要导航台背台方位 091。

Zero nine one bearing from BH NDB.

高要导航台向台方位 271。

Two Seven five Course to TZ NDB。

向 BH 导航台方位 271°

271 Course to BH

• 用语：定位点和定位点。

〔fix〕AND〔fix〕。

• 用语：直飞。

〔DIRECT〕。

• 用语：〔VOR/DME〕〔以罗盘的 8 个主要方位点表示的方向〕〔数值〕公里/海里的弧线航迹。

〔number〕KMS（Miles）are〔direction from VOR/DME in terms of a 8 principle points of compass〕OF〔VOR〕。

③ 无线电设施一定半径内的飞行。

• 用语：〔无线电设施〕〔指定方向〕象限半径〔数值〕公里/海里以内。

〔Specified〕QVADRANT OF〔navaid〕WITHIN〔number〕KM/MILE RADIUS.

例 7 平洲 VOR/DME 西北象限半径 30 公里以内。

Northeast quadrant of pingzhou VOR/DME within 30 KMS radius.

• 用语：〔无线电设施〕半径。

〔数值〕公里/海里以内〔无线电设施的方向〕NDB 背/向台方位/航向（度数〕或 VOR 的径向线。

〔direction from navaid〕OF〔navaid〕BETWEEN〔Specified number〕AND〔Specified number〕WITHIN〔number〕KM/MILE RADIUS BEARING FROM/COURSES TO〔NDB〕or VOR RADIALS

例 8 英德 NDB 东，向台航向 255°与 315°之间，半径 40 km 以内。

East of VB NDB between 255 and 315 degrees courses to VB NDB within 40 KMS radius.

英德 VOR 东，在径向线 075 度与 135 度之间半径 40 公里以内。

East of YIN VOR between 075 and l35 radials within 40KMS radius.

④ 飞行计划航线。

申报的飞行计划（FPL 中的飞行航线），其后并无变更，而准许离场起飞的航空器的飞行航线与飞行计划中的航线相同时，为使通话简略，可以使用“飞行计划航线”一词。此时，应在放行许可中，指明该航空器加入飞行计划航线的方法和位置报告点。

• 用语：经由飞行计划航线。

VIA FLIGHT PLANNED ROUTE.

例 9 经由 VB1D 离场程序至飞行计划航线。

Via VB1D flight planned route.

⑤ 发给部分飞行航线的许可时，在管制许可界限以远，拟准许与飞行计划中所列不同的航线时，应通知所拟准许的预定航线。

• 用语：追加许可，预定经由〔航路、航线、定位点〕。

Expect further clearance via〔airway，routes or fixes〕.

（四）高度的指定

（1）指定高度时，所指定的高度应为航路或直飞航线（包括在相邻管制单位的管辖区域内与管辖区域分界线相连接的最初的航路或直飞航线）的最低航路高度和最低通过高度以上的高度。

（2）指定高度时，应根据《中华人民共和国飞行基本规则》的要求，按飞行方向配备并符合管制规定中所规定的高度层。

（3）因空中交通情况、气象条件或航空器适航性能，不能按规定的高度飞行时，经与有关管制单位事先协调，可指定新的飞行高度。

（4）应按照下列顺序来指定高度：

① 飞行计划中申请的高度。

② 飞行计划中申请的全航线各航段的最低航路高度中最高者以上的高度，并与该飞行计划中申请的高度最接近。

③ 只能够对飞行计划中申请的航线中的部分航线指定最低航路高度以上的高度时，应通知航空器有关飞行航线其余部分的管制许可预计发布的时间、地点及高度。

- 用语：预定追加许可〔时间或定位点〕（飞至〔高度〕）

EXPECT FURTHER CLEARANCE（TO〔altitude〕）AT〔time or fix〕

（5）指定高度时，应使用下列各项的全部或部分用语：

① 保持高度。

- 用语：保持/巡航〔高度〕。

MAINTAIN/CRUISE〔altitude〕。

- 用语：保持〔高度〕至〔高度〕之间的高度.

MAINTAIN〔altitude〕THROUGH〔altitude〕。

- 用语：在〔时间〕之前通过〔定位点〕之前；通过〔定位点〕之后〔数值〕公里（分钟）；下次指示之前请保持〔高度〕。

MAINTAIN〔altitude〕UNTIL〔time〕, or PAST〔fix〕or〔number〕KMS（minutes）PAST〔fix〕or FURTHER A DVISED

② 开始上升/下降的定位点或时间。

- 用语：通过〔定位点〕后，在〔时间〕上升/下降并保持〔高度〕。

CLIMB/DESCEND AND MAINTAIN〔altitude〕AFTER PASSING〔fix〕or AT〔time〕

- 用语：通过〔定位点〕在〔VOR/DME〕〔指定的〕径向线上至少飞行〔数值〕公里（海里）/分钟后，上升/下降并保持〔高度〕。

CLIMB/DESCEND AND MAINTAIN〔altitude〕WHEN ESTABLISHED AT LEAST〔number〕KMS（MILES）/MINUTES PAST〔fix〕ON THE〔VOR/DME〕〔Specified〕RADIAL.

- 用语：由驾驶员自行决定上升/下降。

CLIMB/DESCEND AT PILOT'S DISCRETION。

注：高度指示中包含“由驾驶员自行决定（PILOT'S DISCRETION）”一词时，表示空中交通管制员给驾驶员自己选择他希望开始上升或下降的时机，使用他希望的上升率和下降率，而且驾驶员可以在任何一个中间高度层上作暂时的平飞，但是一旦离开该航空器原占用的高度后不得再返回该高度。

③ 指定通过定位点的高度。

- 用语：在〔高度〕通过〔定位点〕。

CROSS〔fix〕AT〔altitude〕。

- 用语：以或高于/低于〔高度〕通过〔定位点〕。

CROSS〔fix〕AT OR ABOVE/BELOW〔altitude〕。

- 用语：在〔时间或定位点〕,〔VOR/DME〕的〔方向〕〔数值〕公里（海里）处上升/下降至〔高度〕。

CLIMB/DESCEND TO〔altitude〕AT〔time or fix〕or A POINT〔number〕KMS〔MILES〕〔direction〕of VOR/DME〔navaid〕。

注：有关下降的管制许可中如包含有指定通过定位点高度时，关于下降的时机等则由驾驶员选定。

④ 上升航线定位点的通过高度。

指定的通过高度如与公布的 SID 中的通过高度不相同时，为了确认无误，应重复一遍。

- 用语：请在〔高度〕通过〔SID 中的定位点〕。重复一遍，请在〔高度〕通过〔定位点〕。

CROSS〔fix〕AT〔altitude〕, I SAY AGAIN，CROSS〔fix〕AT〔altitude〕.

（6）根据航路结构的要求，指示航空器从较低的最低航路高度向较高的最低航路高度上升时，应当如下操作：

① 如该定位点没有指定最低通过高度（MCA）时，应指示航空器在通过定位点之前或之后迅速上升到规定的、较高的最低航路高度；

② 如该定位点有指定的最低通过高度（MCA）时，应指示航空器在最低通过高度或以上通过定位点。

（7）飞行中的航空器在某一高度巡航飞行时，通常应比要求占用该高度的其他航空器有优先权。先行航空器通常应比后续航空器对于该高度层有优先权。

四、放行许可的发布方式

（一）语音式放行许可

语音式放行许可，即飞行员和管制员之间通过无线电陆空通话，完成放行许可的申请和发布工作。管制员在发布放行许可时必须用明确、简洁的数据，并须尽可能以标准方式表达。飞行机组必须向空中交通管制人员复述通过话音传输的空中交通管制放行许可和指令中涉及安全的部分。必须复述下述内容：

（1）空中交通管制航路放行许可；

（2）在跑道上进入、着陆、起飞、稍候、穿过和滑回的放行许可指令；

（3）正在使用的跑道、高度表拨正值、二次监视雷达（SSR）编码、高度层指令、航向与速度指令和管制员发布的或机场自动终端情报服务（ATIS 广播）包含的过渡高度层。

空中交通管制员必须聆听复述以确定航空器驾驶员已经正确认收放行许可或指令。当航空器驾驶员复述存在任何差异，空中交通管制员应当立即采取措施予以纠正，其流程如图 3.5 所示。

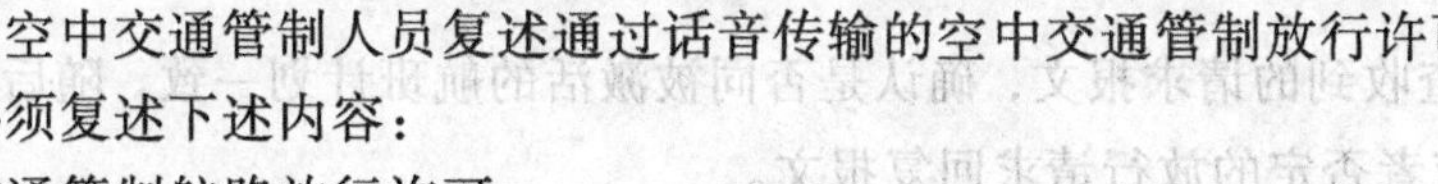

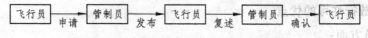

图 3.5 语音式放行许可的发布流程

例 10 飞行员：武汉塔台，CES5323 目的地北京，请求放行许可；

管制员：CES5323，可以放行到北京，飞行计划航路，河口 11 号离场，飞行高度层 9 500 m，应答机 3402，起始爬升修正海压 900 m，修正海压 1011，离地后联系进近 119.1。

飞行员：收到，可以放行到北京，飞行计划航路，河口 11 号离场，飞行高度层 9 500 m，应答机 3402，起始爬升高度 900 m，起飞后联系进近 119.1，CES5323。

管制员：CES5323 正确。

此种放行许可的发布方式存在着明显的弊端：管制员的工作量大，在比较繁忙的机场，每天早晨存在着大量的出港航班，管制员必须分别向这些航空器发布放行许可。此时放行许可发布席位的工作负荷较重，容易引发管制员“错、忘、漏”行为的发生。

（二）数字化放行许可

该种放行许可的发布是基于管制员-驾驶员数据链通信（CPDLC）来完成空中交通管制放行许可的申请与发布的。除非另有规定，管制员-驾驶员数据链通信（CPDLC）电文不要求航空器驾驶员用话音予以复述。

数字化起飞前放行技术（PDC）主要解决人工话音预放行服务中出现的机场话音通信频道拥挤、话音歧义性等问题。使用该系统能够大幅降低管制员、飞行员的工作强度和工作压力，减少管制中人为因素的影响及安全隐患，提高管制员的管制效率和安全性。

1. 数字化放行许可的流程

PDC 服务流程以传统放行许可流程为基础，飞行员通过数据链发送起飞许可请求，PDC 系统接到请求后根据放行许可规则判断是否允许起飞，管制员操作生成相应的起飞前放行报文，取代传统的语音方式对飞机进行放行。在服务应用中，需要的飞行标志、应答机编码、离场航线、飞行高度层和机型等信息均可直接从系统中获得，管制员可在放行许可操作中附加上如离场频率等当地机场信息。

前提：已收到正确的领航报，系统根据领航报信息激活航班计划。

① 预计起飞前 10 ~ 15 min，飞行员通过机载设备发出放行请求报文，包含与传统话音放行相同的信息。

② 系统检查收到的请求报文，确认是否同被激活的航班计划一致。随后，系统会对飞机发出一个肯定或者否定的放行请求回复报文。

③ 管制员利用系统终端发出放行许可报文，经由 ACARS 数据链网络自动发给飞行员。飞行员能够检查并打印收到的许可信息。

④ 飞行员在确认放行许可信息无误后发送对放行许可的确认报文。

⑤ 系统检查收到的确认报文后，向飞机发出一个肯定或者否定的放行确认回复报文，并通知管制员终端放行确认报文是否正确。

2. 数字化放行许可的优点

（1）管制员方面：

① 提高了管制员的工作效率，从而提高了航班放行的整体速度。PDC 的使用不但大幅节

省了放行单个航班的时间，而且使管制员可以同时对几个航班进行放行，直接提高了管制员的放行效率。

② 最大程度避免了由于话音干扰造成的放行信息错误。使用 PDC 后，大多数的航班将通过数据链通信进行放行，大副减少了管制员通过语音向飞行员播报放行信息的几率，从而最大程度避免了由于低质量的话音而造成的放行信息理解错误。

③ 减轻放行管制员的工作量。PDC 能够自动校验飞行员的确认信息，直接减轻了放行管制员的工作量；PDC 能够自动打印放行单，省去了管制员手工抄写的工作；PDC 能够替管制员自动填写部分放行信息，进一步减轻了管制员的工作量。

（2）飞行员方面：

① 节约飞行员起飞前准备的时间。使用 PDC 飞行员只需简单的几个按键就能够得到放行信息。在查看信息后，只需一次按键就能完成向管制员的放行信息复述工作，从而大副节约了飞行员起飞前准备的时间。

② 减轻飞行员的工作量。飞行员在接收到管制员的放行信息后可通过机载打印机进行放行信息的打印，节省了飞行员抄录放行信息的时间和工作。

3. 使用过程

① 飞行员使用机载设备请求放行许可时，飞机的标牌信息会从 Flight Plan 移动到 DCL Request，如图 3.6 所示。

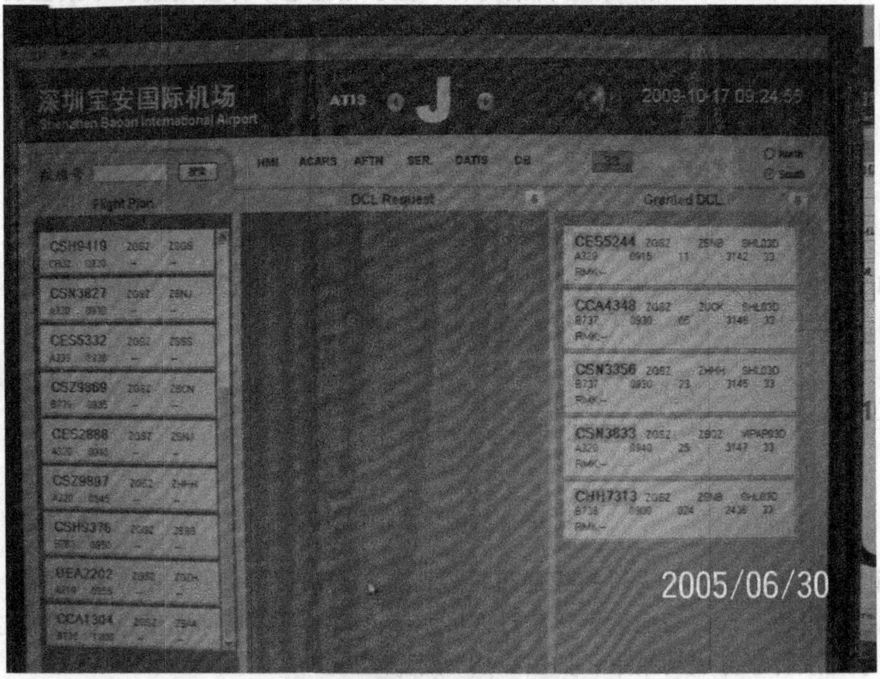

图 3.6 数字化放行许可一

② 在航班放行对话框中管制员通过下拉菜单选择或键盘输入，将航班放行所需的必要信息填入相应位置。包括确定起飞跑道、选择下一频率信息、对应的 SID 标号、初始爬升高度、航班的 SSR 代码、检查 ATIS 代码、巡航高度，如图 3.7 所示。

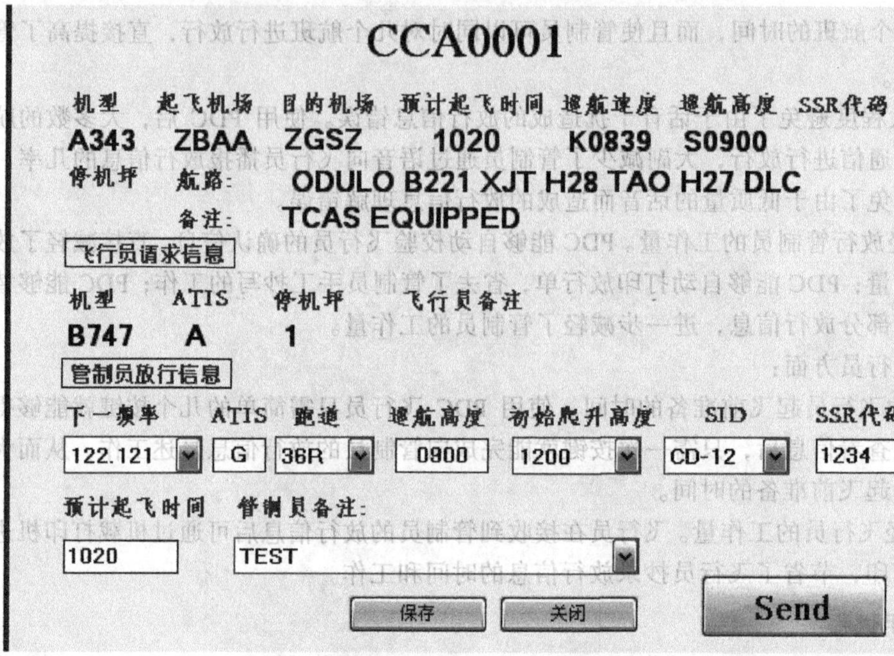

图 3.7 数字化放行许可二

③ 收到机载设备发送的正确逻辑报文后，位于相应电子标签的航班号颜色被标记为紫色，如图 3.8 所示。

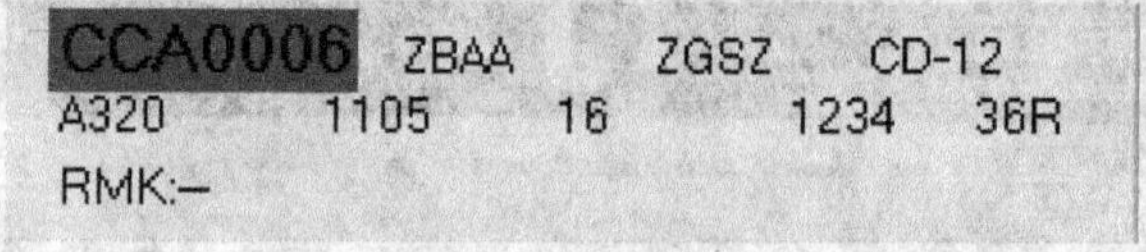

图 3.8 数字化放行许可三

④ 如果此航班的服务超时，对应的电子标签航班号标记为黄色，数字化放行许可服务结束，管制员此时需使用话音方式继续完成放行服务，如图 3.9 所示。

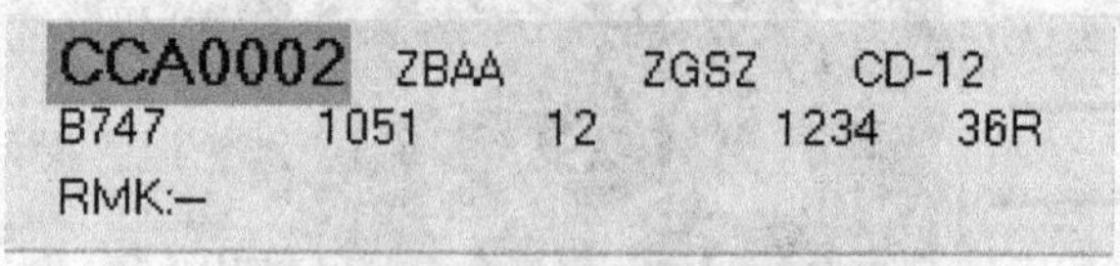

图 3.9 数字化放行许可四

⑤ 管制员发出放行许可后，机组通过机载设备发回确认报文后，相应电子标签的航班号颜色被标记为绿色，此时表明数字化放行许可系统已确认飞行员回复信息与管制员放行信息一致，数字化放行服务成功结束，如图 3.10 所示。

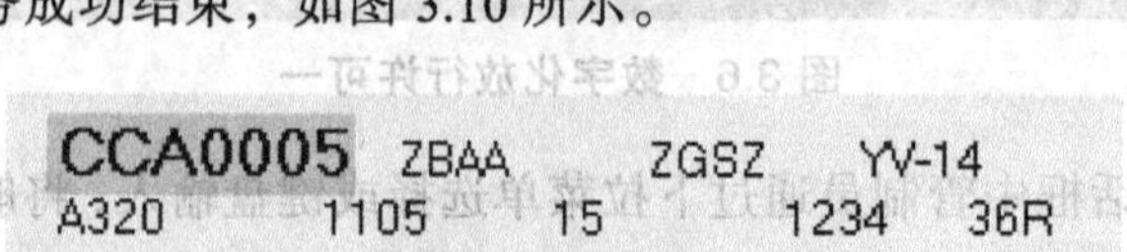

图 3.10 数字化放行许可五

五、放行许可的发布流程

进近管制员根据区域管制中心的放行许可安排进近的放行，根据区域管制中心的放行结合塔台和进近的管制服务条件发布放行许可。进近管制员根据上述两条向空中交通管制的放行发布席通报放行许可内容，然后由空中交通管制的放行发布席向出港航空器传递放行许可内容。进近的空中交通管制的放行许可应不迟于航空器预计起飞前 15 min 传递给空中交通管制的放行许可发布席。由地面管制席代理发布放行许可时，地面管制员应在航空器建立起始联络时或请求开车前，向进近管制室通报出港航空器的动态，并索要放行许可。

在实际工作中，为简化工作程序，减少管制协调量，正常情况下塔台与进近管制之间签订管制协议。在放行航空器时，塔台管制员按照协议放行，无需向进近管制申请放行许可。但在飞行较为繁忙或存在流量控制现象时，塔台管制员在向飞机发布飞行许可之前，必须要争得进近管制室的许可。同时在飞行流量比较大的机场，地面等待放行的飞机较多，如果由塔台管制员发布放行许可，会造成塔台管制频率的拥挤，干扰塔台管制员的工作，此时可考虑设置放行许可发布席位（delivery），由该席位专门负责向地面飞机发布放行许可，这样可大大减少塔台管制频率的拥挤程度。如我国的北京、广州、上海以及成都等机场均设置有放行许可发布席位。

六、放行许可的变更

放行许可的变更有两种方法：一是发给新的全部许可，二是说明需要变更的部分。

（一）变更飞行航线（包括许可界限点）

1. 说明变更部分的现行航线和变更后的航线

• 用语：将〔被变更的现行航线〕改为〔变更后的航线〕。

CHANGE〔portion of route〕TO read〔amended route〕

例 11 变更石龙、梅县、厦门为石龙、汕头、厦门。

Change LQ，Meixian，Xiamen to read LQ，Shantou，Xiamen.

2. 说明变更部分，同时说明其他部分不变

• 用语：准许〔变更航线〕，其他部分不变。

CLEARED〔amend route〕，REST OF ROUTE UNCHANGED.

例 12 准许由现在位置直飞英德，其他部分不变。

Cleared via Present position direct VB，rest of route unchanged.

3. 说明包括变更部分在内的全部航线，指定的高度虽未变更，亦应再加说明

• 用语：准许〔包含变更部分的全部航线〕，保持〔高度〕。

CLEARED〔Whole route including amend route〕MAINTAIN〔altitude〕.

（二）变更飞行高度

1. 变更最后指定的高度

（1）通知高度限制没有变更。

（2）通知必要的高度限制的变更，其余的高度限制没有变更。

（3）说明全部高度限制无效，根据需要发布新的高度限制。

例 13 ① 高度限制不变，保持高度层 8 400 m。

Maintain FL84，altitude restrictions unchanged.

② 上升到飞行高度层 10 200 m 保持，飞越英德，其余限制没有改变。

Climb and maintain FL102，cross VB at FLI00，rest of restrictions unchanged.

③ 上升并保持飞行高度层 10 200 m，高度限制取消。

Climb and maintain FL102. Altitude restrictions are cancelled.

2. 变更通过定位点的高度限制

（1）通知变更的高度限制，其他限制没有变更。

（2）说明全部高度限制无效，发布新的高度限制。

（3）说明包括变更的高度限制在内的全部高度限制。

例 14 ① 保持飞行高度层 6 000 m 飞越平洲，其他限制不变。

Cross XK at 6000，rest of restrictions unchanged.

② 保持飞行高度层 9 000 m，飞越高要，其他高度限制取消。

Cross BH at 9000，other altitude restrictions are cancelled.

（三）不准许变更高度的措施

不能立即准许上升或下降时，应尽可能通知该航空器预计允许上升或下降的时间或向其他管制单位提出改变高度的要求。

- 用语：预计在飞行〔数值〕公里/分钟，通过〔定位点〕后，发给上升/下降许可。

EXPECT CLIMB/DESCENT CLEARANCE IN〔number〕KMS/MINUTES. or PAST〔fix〕

- 用语：在〔时间或定位点〕向〔管制单位〕要求改变高度。

REQUEST ALTITUDE CHANGE FROM〔facility identification〕AT〔time or fix〕.

七、在目视气象条件下自行保持间隔飞行的放行许可

1. 空中交通管制单位所提供的垂直间隔和侧向间隔，对于允许在保持目视气象条件下自行保持间隔飞行的任何指定航段不适用

按此许可放行的飞行，应保证在许可有效期间不得与其他飞行飞得过近以致有发生碰撞的危险。

按目视飞行规则飞行的航空器必须随时保持目视气象条件这是显然的，因此，向按目视飞行规则飞行的航空器发给持续在目视气象条件下自行保持间隔飞行的许可，除表明在许可的期间内不需由空中交通管制提供间隔外无其他目的。

2. 保持目视气象条件飞行

（1）航空器提出关于某一部分飞行的要求时，在附有条件的前提下可以准许其保持目视气象条件（VMC）飞行。

- 用语：通过〔时间〕〔定位点〕之前，保持 VMC。

MAINTAIN VMC UNTIL〔time〕，or PAST〔fix〕.

• 用语：到达〔高度〕之前从〔高度〕至〔度〕之间请保持 VMC 上升/下降。

CLIMB/DESCEND UNTIL〔altitude〕or BETWEEN〔altitude〕AND〔altitude〕in VMC.

• 用语：在〔高度〕以上/以下，保持 VMC 上升/下降。

CLIMB/DESCEND IN VMC ABOVE/BELOW〔altitude〕.

（2）按照前条准许航空器保持 VMC 的飞行时，如不可能保持或有此顾虑时，应发给其替代的管制许可。

• 用语：如不可能，〔代替程序〕，并报告。

IF NOT POSSIBLE，〔alternate procedure〕AND ADVISE

（3）因航空器的要求而准许其保持 VMC 上升或下降，在该航空器与其他有关航空器之间未配备规定的管制间隔时，应向其提供有关航空器的交通情报。

交通情报应包括有关航空器的下列事项：

① 飞行方向；

② 航空器机型（需要迫切提供交通情报时，可以省略）；

③ 指定高度；

④ 预计到达或预计通过最近的定位点的时间。

• 用语：活动通报：向〔方向〕飞行的〔航空器机型〕〔高度〕，预计到达/飞越〔定位点〕〔时间〕。

TRAFFIC，〔direction〕– BOUND〔type of aircraft〕〔altitude〕ESTIMATED/OV ER〔fix〕〔time〕.

（4）如有关空中交通管制当局有此认可，并经航空器的要求，一个区域管制中心可以在昼间，允许一架受管制的并在目视气象条件下飞行的航空器自行保持间隔飞行，并保持目视气象条件。当一架受管制的飞行按这种条件放行时，必须适用下述各条：

① 放行许可必须是对某一指定的爬升或下降的航段而言并根据地区航行协议的规定而受到进一步的限制；

② 如果有不能在目视气象条件下飞行的可能性存在时，必须按仪表飞行规则飞行，并提供另外一种替换的指示，以便按放行许可的规定不能保持目视气象条件时遵照执行；

③ 按仪表飞行规则飞行的驾驶员，当观察到气象条件开始变坏并认为将不能在目视气象条件下飞行时，必须在进入仪表气象条件飞行前报告空中交通管制，并且必须按照已经给出的替换另外一种指示进行。

第三节 离场管制

离场飞行阶段是将航空器从起飞阶段过渡到航路巡航阶段的飞行过程。一般开始于塔台管制员将飞机移交给进近管制员，而结束于进近管制员将飞机移交给区域管制员。

雷达引导的离场非常简单，只需要飞行员保持离场管制员指示的航向，同时根据当地助航设备监控自己的位置。在其他条件下，离场大多数是实施详细的标准仪表离场（SID）。任何包含标准仪表离场的许可都应采用该机场所公布的仪表飞行离场程序。

进离场程序是为了减轻复杂的许可、减少频繁的交通拥挤、控制机场周围的交通流量而设置的，它有助于减少燃油消耗并提供噪音减少程度。我国一般机场都公布有标准仪表离场、标准终端进场图以及机场剖面下降程序，这在程序管制条件下，为执行不同任务的航空器及不同型别的航空器在同一机场的起降提供了优化的办法。

一、离场程序

早在航空器准备好地面滑行时，就应该有计划地由塔台管制室的地面管制席位对其发布放行许可。通过前面机场管制的学习，我们了解到，塔台管制员在飞行前准备阶段，应及时向进近管制单位（区域管制中心）通知跑道开放情况并索要离场程序，有关单位如有必要对该次飞行进行限制，应提前通过塔台进行转发。当然不排除双方协议的另行情况，如塔台放飞飞机以前必须得到诸如进近管制单位的许可等，在程序模拟机上机训练中我们做这样的要求。

空中交通管制的放行许可应规定起飞方向和起飞后的转弯，沿预定航向飞行前的应飞航迹，在继续上升到指定高度层前应保持的高度，改变高度层的时间、地点或上升率以及符合飞行安全的其他任何必须的机动飞行，尤其在 IFR 条件下，离场程序的实施是保证获得离地高度和超障余度的唯一方法。

在某些机场，由于受超障以及空军空域的限制，往往会设置多条离场程序，在这种情况下为了避免飞行员起飞后飞错离场程序，在按协议高度移交后，进近管制单位应再次向机长明确离场程序。

（一）目视离场

VFR 气象条件，如机长请求作 VFR 条件的爬升以便尽快离场，管制员可以发出这样的 VFR 爬升指令："爬升 VFR……"或者"在 600 m 到 3 000 m 之间，VFR 爬升"。在爬升过程中，驾驶员有责任保证离地高度和超障余度。航空器可以利用起落航线各个边直接入航、左转入航、右转入航、加入 3 边入航、通场入航。

（二）仪表离场

1. 标准仪表离场

一般情况，航空器都是按照机场公布的标准仪表离场程序离场，如图 3.11 所示。如果是采用目视或其他机动飞行离场，如雷达引导离场，必须在管制许可中说明。

标准仪表离场程序（SID）用于起飞后向飞机提供从机场过渡到航路结构的方式。在必须超障时，有的 SID 规定了一个爬升梯度，必须保证所飞机型达到其性能要求。同时应该注意，有些 SID 要求飞机保持某个爬升梯度直到过某一点或某一高度，因此，计算的连续爬升性能必须延续有效到此 SID 要求的高度或报告点。国外经常遇到，如一种标准仪表离场结束于一喷气型航路，大多数轻型飞机是很难实施这种程序的，这是因为喷气型航路的最低航路高度一般在 5 400 m 以上，这对于轻型飞机是达不到的。总之，如果飞机的爬升性能不允许其实施这样的机动，就不能使用该标准仪表离场程序。杜绝任何超出飞机限制的标准仪表离场。

程序模拟机使用的模拟武汉机场，分别对应于 36SID、18SID、03SID、21SID 程序。主使用 36SID，包括 KG11D、XS11D、ZF11D、TM11D 四条过渡航路，其中 WG、XG 限制高度为 600 m。KG 出走廊高度时 C、D 类飞机为 4 800 m，XS 出走廊高度时 C、D 类飞机为 4 500 m，ZF 出走廊高度时 C、D 类飞机为 4 500 m，TM 出走廊高度时 C、D 类飞机为 4 800 m。

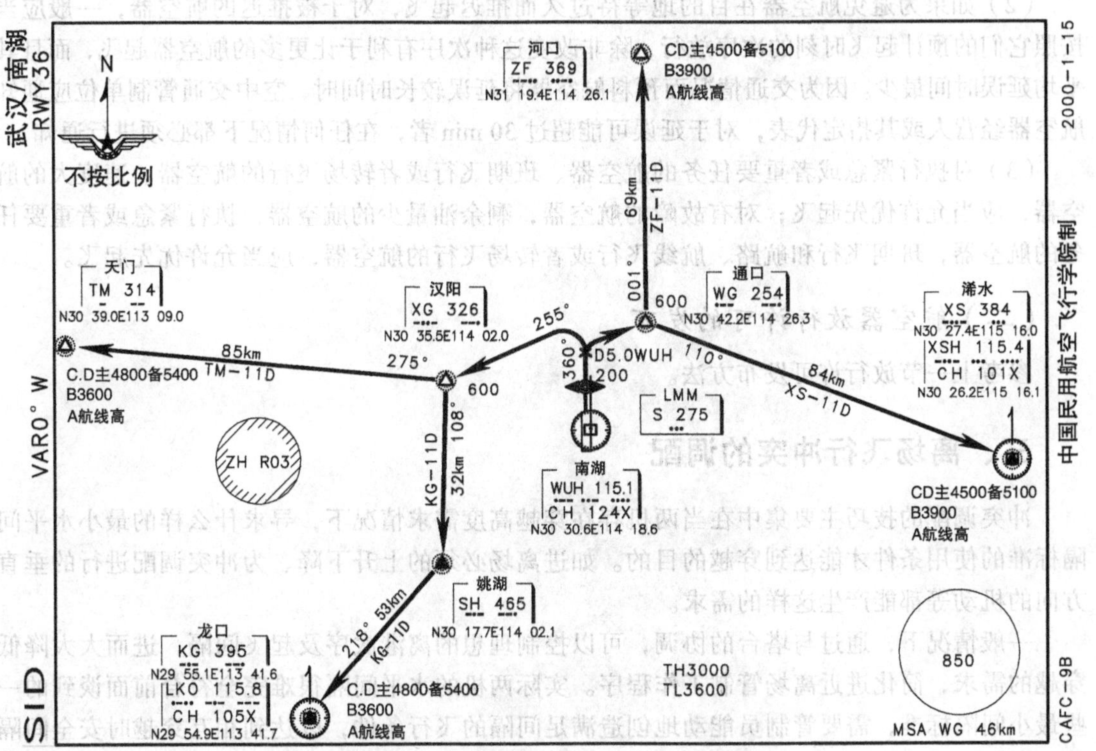

图 3.11 武汉模拟机场标准仪表离场图（SID）

2. 机动离场

在实际工作中，如果本场所划设的标准仪表离场程序与标准进场程序之间存在飞行冲突，管制员为简化进离场飞行冲突，可以在起飞前对航空器发布机动离场的放行许可，在该放行许可中，应对航空器规定航空器起飞后所作的机动飞行，如起飞后的应飞航向，起飞后的转弯方向，以及起飞后在继续上升高度前应保持的高度。例如，在武汉模拟机场中，KG-11D 与 KG-11A 之间的飞行冲突，可以指示龙口离场的航空器在过 XG 之前完成对进场飞机的穿越。如果在穿越时由于进场飞机的高度偏高，穿越较为困难时，可以指示离场航空器保持一边方向上升到一定高度后，再指示飞机加入 KG-11D。此时在飞机起飞前的放行许可应按照如下方式发布：

CES5323，可以放行到广州，飞行计划航路龙口 11 号离场，飞行高度层 9 800 m，应答机 3402，起始爬升高度 900 m，起飞后保持跑道方向上升至修正海压 2 400 m，修正海压 1010，左转入航，加入 KG11D，离地后联系进近 119.1。

二、离场航空器的放行

（一）离场放行原则

（1）在适应空中交通有秩序流通的情况下，应尽可能允许作远程飞行的航空器少作转弯或其他机动动作，并不受约束地上升到巡航高度。航空器不向逆风方向起飞，可以加快航空器的离场，但应受顺风量不大于 3 m/s 的限制。航空器机长有责任决定采用不逆风起飞或等待向有利方向作正常起飞。

（2）如果为避免航空器在目的地等待过久而推迟起飞，对于被推迟的航空器，一般应当按照它们的预计起飞时刻的次序放行，除非改变这种次序有利于让更多的航空器起飞，而且其平均延误时间最少。因为交通情况而预料航空器将延误较长时间时，空中交通管制单位应通知航空器经营人或其指定代表，对于延误可能超过 30 min 者，在任何情况下都必须进行通知。

（3）对执行紧急或者重要任务的航空器、班期飞行或者转场飞行的航空器、速度大的航空器，应当允许优先起飞；对有故障的航空器，剩余油量少的航空器，执行紧急或者重要任务的航空器，班期飞行和航路、航线飞行或者转场飞行的航空器，应当允许优先起飞。

（二）航空器放行许可的发布

参考上一节放行许可发布方法。

三、离场飞行冲突的调配

冲突调配的技巧主要集中在当两机存在穿越高度需求情况下，寻求什么样的最小水平间隔标准的使用条件才能达到穿越的目的。如进离场必须的上升下降、为冲突调配进行的垂直方向的机动等都能产生这样的需求。

一般情况下，通过与塔台的协调，可以控制理想的离港次序及起飞间隔，进而大大降低穿越的需求，简化进近离场管制工作程序。实际两机的水平间隔很难完全符合前面谈到的一些最小间隔标准，需要管制员能动地创造满足间隔的飞行条件，以达到相互穿越时安全间隔的要求。以下根据模拟武汉空域情况，阐述离场两机间间隔的调配方法，仅供模拟机上机训练及教学参考。

在放行航空器时，为了尽可能避免离场飞行冲突的产生，管制员可以将航空器的起飞顺序进行适当的调整，尽可能将飞行冲突解决在地面。

例 15 在武汉模拟机场中，存在以下管制场景：

B3478	3900		S	WG	XS		M E A I
YN7 /M			10/	15/	26/		
ZHHH10:10—ZSSS							
DLH752	9500		S	WG	ZF		M E A I
TU54 /H			13/	16/	22/		
ZHHH10:13—ZBAA							

在上述管制场景中，如果按照预计起飞时间先放行 B3478，后放行 DLH752，由于 B3478 的走廊高度为 3 900 m，而 DLH752 的走廊高度为 4 500 m。两机过 WG 后以 WG NDB 台做为分散飞行，且航线交叉角度大于 30°，因此 DLH752 穿越 B3478 高度的时机为任何一架飞

机飞出 WG NDB 导航台 50 km。由于 B3478 先起飞，且该机为慢机，当 B3478 距离 WG50 km 时，DLH752 已经过 ZF，且高度达不到协议移交高度 4 500 m。为避免此种情况的出现，管制员可以交换两机的起飞顺序，这样 DLH752 起飞后，管制员可直接指挥该机上升到标准气压高度 4 500 m，而 B3478 起飞后可直接上升到标准气压高度 3 900 m，两机之间不存在穿越高度的问题，将飞行冲突化解在地面阶段。

四、离场管制工作程序

（1）航空器预计起飞前 30 min 了解天气情况，取得最近的天气实况，检查通信、导航和监视设备，校对飞行预报和计划，填写飞行进程单，安排离场次序。

（2）离场航空器开车前 10 min 开机守听，与塔台管制室协调，将离场程序通知塔台。

（3）收到离场航空器进入进近管制空域的位置报告后，指示其按照程序飞行，发布保持或上升高度的指令，检查航空器的位置，调配飞行冲突，通知空中有关飞行活动。

（4）在航空器飞离进近管制空域 5 min 前，与区域管制的有关席位协调，通知离场航空器转换频率与区域管制中心联络，按照规定进行管制移交。

（5）接到机长报告已与区域建立联络，并且飞离进近管制空域时，准许航空器脱离联络。

第四节　进场管制

随着飞机逐渐接近其目的地机场，进近管制单位将协助完成对其高度和速度的控制，以便进近着陆。为引导航空器从航路下降，通常空中交通管制员会指示飞机遵循某一标准终端进场（STAR）程序。在雷达服务经批准为进近管制服务的机场，雷达也可以结合公布的仪表进近程序用于将飞机引导到最后进近航道或引导到起落航线做目视飞行。此外，进近管制雷达还用于监视雷达进近（SRE）和精密雷达进近（PAR），以及用于监控非雷达管制进近。

一、仪表进场程序

标准终端进场航路用于向飞机提供一种从航路结构中脱离并将飞机引导到目的地机场的标准方法。程序开始于一个以上的航路定位点，终止于一种仪表进近或目视进近程序或由雷达引导到最后进近航道，通常对于一普通的进场航路，就可能有几种过渡程序。STAR 程序的制定大大简化了发布进场许可的环节。

（1）如果航空器执行标准仪表进场程序，当航空器到达起始进近定位点之后，航空器的标准仪表进场阶段结束，转而进入仪表进近阶段。

（2）而在实际工作中，如果航空器执行标准仪表进场程序，在进场过程中，如果气象条件较好，驾驶员在进场过程中能够建立地面目视参考，可以在进场阶段的任何一点要求执行目视进近，此时航空器的仪表进场阶段结束，而目视进近阶段开始。

（3）在航空器进场过程中，管制员为调整航空器之间的间隔，在配备有雷达的终端区，管制员可以在航空器仪表进场过程中的任何一点，直接利用雷达对航空器进行引导，此时航空器的标准仪表进场阶段结束，转而进入雷达引导进场阶段。

（4）标准终端进场航路增加了剖面下降程序，国外主要是为涡喷飞机和涡桨飞机等高性能飞机减少低高度飞行时间而设计的，国内更多考虑的是该点以前航段部分的超障要求。该程序允许飞机从巡航高度（进走廊高度）不间断地下降到下滑道的切入高度，或者也可以下降到某一特定高度，如仪表进近的起始进近或中间进近航段的高度。

（5）某些机场由于受超障以及空军空域的限制，往往会设置多条离场程序，在这时，为了避免飞行员过交界点后飞错程序，在按协议高度移交后，进近管制单位应再次向机长明确进场程序。在图 3.12 中公布了模拟机场中 36 号跑道所使用的标准仪表进场程序（STAR）

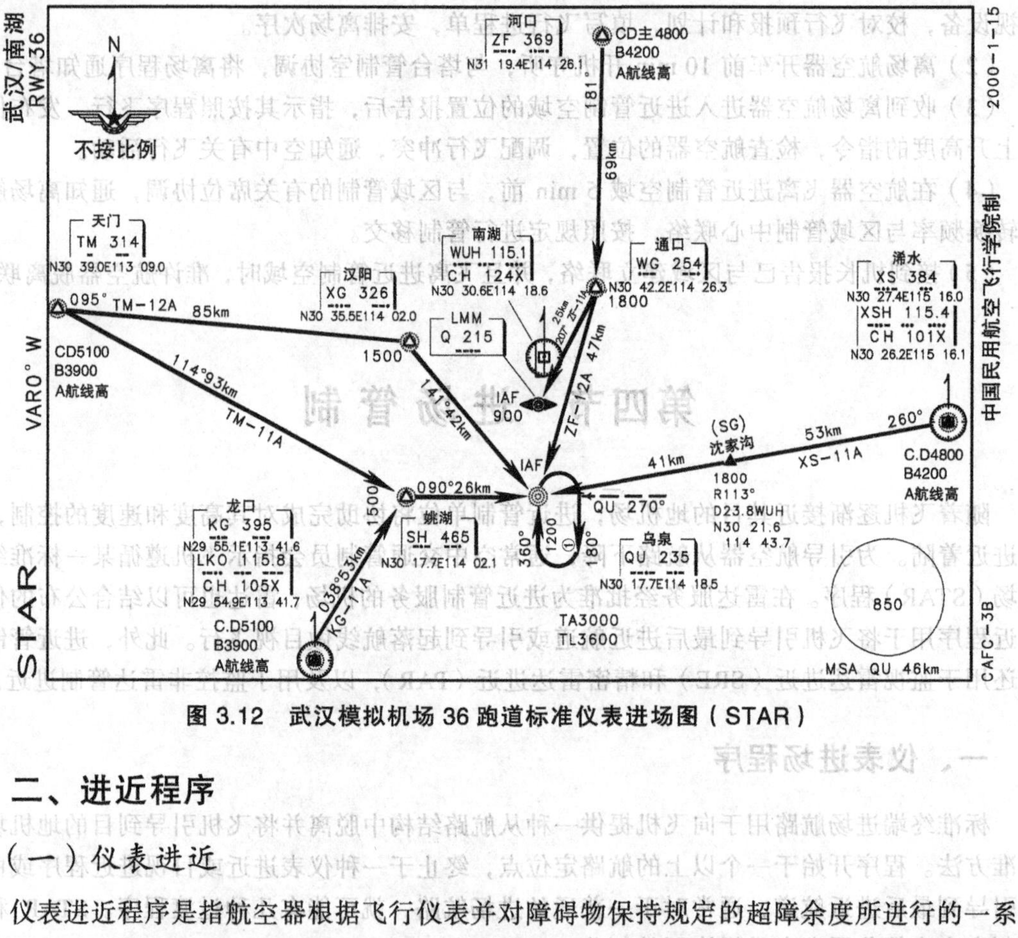

图 3.12 武汉模拟机场 36 跑道标准仪表进场图（STAR）

二、进近程序

（一）仪表进近

仪表进近程序是指航空器根据飞行仪表并对障碍物保持规定的超障余度所进行的一系列预定的机动飞行。这种飞行程序是从规定的进场航路或起始进近定位点开始，到能够完成目视着陆的一点为止，并且包括复飞程序。很重要的一点“目视着陆”，仪表进近并不是只看仪表不看地面的进近，任何进近程序最后都要且必须建立目视参考（不考虑Ⅲ类 ILS）。

仪表进近程序主要分为四种：直线进近、直角进近、反向进近和推测进近。

有些进近程序不允许直接进近着陆，这时就要求做一个程序转弯或其他反向程序。这些转弯一般都要求在某定位点 10 ft 范围内完成，从而使飞机在中间进近或最后进近阶段建立进港飞行。程序转弯时，飞机最大指示空速为 250 n mile/h，除非公布有等待航线或修正角程序，否则开始转弯的点和转弯类别以及转弯率都是可以任选的。但是，必须保证飞机在规定的反向程序的空域里完成转弯。模拟武汉机场 36ILS 进近从 ZF12A、TM12A 和 XS11A 方向进场的航空器均采取反向的方法。但此时应该注意，反向连接程序仍是航空器标准仪表进场的一部分，而不是仪表进近程序的组成部分。例如，使用 XS11A 进场的航空器，其进近时间应该为该机二次过乌泉的时间。

为了避免机组在进近过程中飞错进近程序，如果管制员在指挥过程中看出某一机长不熟悉仪表进近程序时，必须指明：起始进近高度、开始作程序转弯的位置点、作程序转弯的高度以及最后进近航迹（如果允许作直线进近，仅需指明最后一项）。认为必要时，还须指明复飞程序。如果驾驶员在完成整个进近程序之前已经能够看到地形，除非航空器提出目视进近的申请并得到许可外，仍须执行原定的全部进近程序。

武汉模拟机场中，36 跑道盲降进近程序共有 2 种：一种是以乌泉（QU）为起始进近定位点（IAF）的直线进近程序；第二种是以 Q 台为起始进近定位点（IAF）的反向程序，如图 3.13 所示。

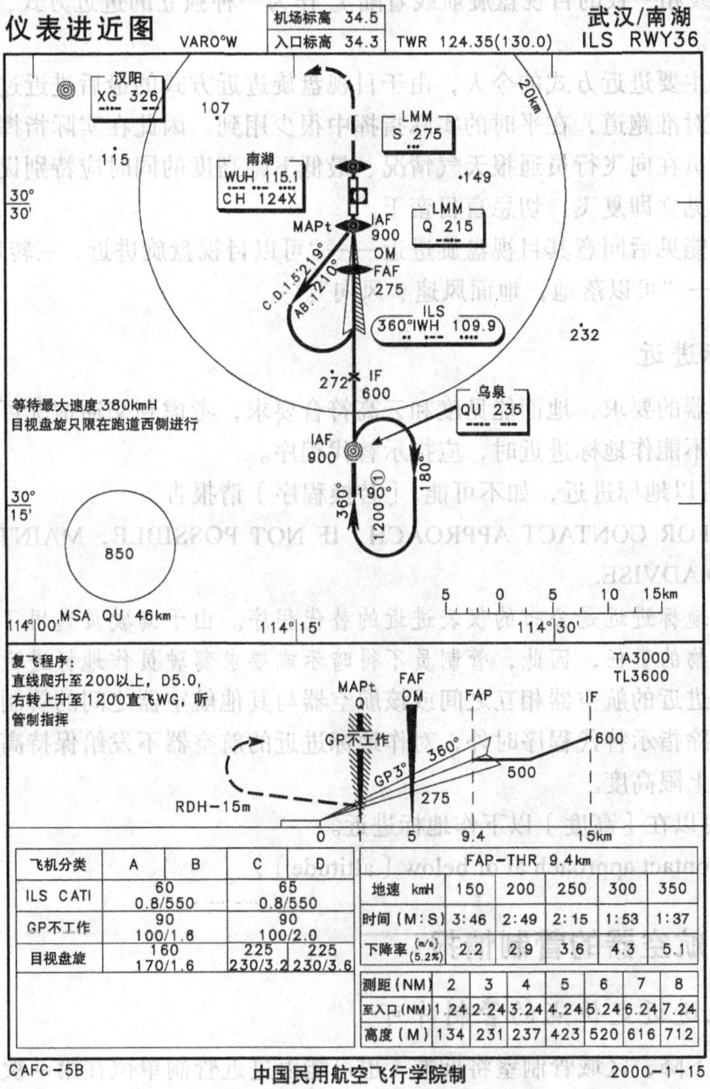

飞机分类	A	B	C	D
ILS CATI	60 0.8/550		65 0.8/550	
GP不工作	90 100/1.6		90 100/2.0	
目视盘旋	160 170/1.6		225 230/3.2	225 230/3.6

FAP-THR 9.4km					
地速 kmH	150	200	250	300	350
时间（M：S）	3:46	2:49	2:15	1:53	1:37
下降率 (m/s) (5.2%)	2.2	2.9	3.6	4.3	5.1

测距（NM）	2	3	4	5	6	7	8
至入口（NM）	1.24	2.24	3.24	4.24	5.24	6.24	7.24
高度（M）	134	231	237	423	520	616	712

图 3.13　武汉模拟机场 36 跑道标准仪表进近图

（二）目视进近

如果驾驶员能够保持目视参考地形，并且符合下列条件时，可以批准 IFR 飞行作目视进近：

报告的云底高不低于为该类航空器规定的起始进近高度；或驾驶员报告在起始进近高度或执行仪表进近程序期间，气象条件允许且驾驶员有理由确信可以完成目视进近和着陆。

在批准进行目视进近的航空器同其他进场、离场的航空器之间，必须提供安全间隔。对于连续进行的目视进近，在后随航空器的机组报告看到前行航空器之前，必须保持雷达或仪表飞行间隔。移交给塔台管制的位置点或时刻应选择恰当，以便能够及时发出着陆许可或其他指令。

（三）盘旋进近

目视盘旋进近是紧接最后进近的仪表飞行之后，在着陆前围绕机场所进行的目视机动飞行（沿与起落航线相一致的目视盘旋航线着陆）。作为一种独立的进近方式，它广泛用在各机场的进近程序中。

在盲降成为主要进近方式的今天，由于目视盘旋进近方式的最后进近过程要靠机组目视飞行和人工驾驶对准跑道，在平时的实际指挥中很少用到。因此在实际指挥过程中应注意双方的沟通，管制员在向飞行员通报天气情况、最低下降高度的同时应特别提醒机组始终保持能见，一旦不能见立即复飞，切忌盲目蛮干。

飞机在报告能见后同意其目视盘旋进近——“可以目视盘旋进近，三转弯叫”。三转弯后发出落地许可——“可以落地，地面风速、风向”。

（四）地标进近

（1）经航空器的要求，地面能见度和云高符合要求，考虑到交通情况可准许地标进近。因气象条件认为不能作地标进近时，应指示替代程序。

- 用语：可以地标进近，如不可能，〔替换程序〕请报告。

CLEARED FOR CONTACT APPROACH, IF NOT POSSIBLE, MAINTAIN〔alternative procedure〕AND ADVISE.

注：原则上地标进近是公布的仪表进近的替代程序。由于驾驶员选用了地标进近就要负上避让地面障碍物的责任，因此，管制员不得暗示或要求驾驶员作地标进近。

（2）作地标进近的航空器相互之间或该航空器与其他航空器之间的管制间隔，应按照规定的标准配备。除指示替代程序时外，对作地标进近的航空器不发给保持高度的指示。如有必要时，应指示上限高度。

- 用语：可以在〔高度〕以下作地标进近。

cleared for contact approach at or below〔altitude〕.

三、进场航空器的管制情报

（一）飞至进近定位点的管制许可

从航路开始下降，区域管制室将批准（也可能由进近管制单位在第一次与航空器联系时发出）飞机飞往机场或某个与进场航路相关的远定位点。完成移交后，飞机将根据上一个航段许可继续飞往机场或附近某导航定位点。管制许可应包括以下事项：

（1）进近定位点的名称；

（2）到进近管制点等飞行航线（可使用公布的标准进场航线）；

- 用语：可以经由（标准进场航线的名称和编号）进场航线。

  VIA（STAR name and number）ARRIVAL.

（3）高度。进入终端区后，ATC应及时发出一个下降许可，此下降许可可能包括通过某高度的限制，飞行员由此首先决定出用于下降的距离，然后估计要执行此限制高度使用的下降率。由于间隔和飞机高度层配备的需要，ATC可能会重新指定分配高度，正常情况下，上升下降高度一般不会出现反复情况。

（4）其他必要的事项。

例16　可以经由VB2A标准进场航线飞至竹料，下降并保持飞行高度层5 700 m。

Cleared to Zhuliao via VB2A arrival，descend and maintain 5 700 m.

进场过程中，为了安排飞机的活动顺序和调配间隔，管制员常常要求高性能飞机调整空速。进行速度调整能有效减少终端区域雷达引导的次数。但限于程序管制的性质，调速一般不明确目标速度，而通过一些带限制条件性指令的发布完成，或者通过“早点调速”、“晚点调速”的弹性方法进行。

区域管制室向进近管制室移交与进场航空器的通信联络及管制业务时，应在完成管制协调的基础上，在该航空器到达管制移交点之前进行，以便进近管制室有充裕的时间对该航空器发出追加的管制许可。

（二）进场情报

进近管制室与进场航空器建立最初的无线电通信联系后，必要时，应对航空器位置进行核实，并迅速通知该航空器下列情报（如有关内容已包括在ATIS情报中而航空器也报告收到了ATIS情报时，则可省略之）：

（1）进场方式。

（2）仪表或目视飞行的进近程序。

① 如不能立即发给进近许可，而机场规定有多种仪表进近程序，并能确定由管制许可界限点开始的进近程序时，通知预计准许使用的仪表进近程序；

- 用语：预计作〔类别〕进近

  EXPECT〔type〕APPROACH

② 如系由雷达引导飞向最后进近航迹或起落航线时应通知航空器；

- 用语：EXPECT VECTOR TO THE FINAL APPROACH COURSE/TRAFFIC PATTERN.

③ 预计有延误时，发给进近等待的指示。

（3）使用跑道；

（4）风向风速值；

（5）如气象报告的云高低于目视进近最低下降高度中的最高值时，或气象报告的能见度小于目视进近最低气象条件的飞行能见度中的最高值时，通知云高和能见度值；

（6）高度表拨正值。

（7）进近许可（如确信无延误或与空域内其他航空器无影响）。

当机场气象状态处于上述第5款所述的情况下，考虑到空中交通情况、管制业务量和通信量，在可能范围内，应将其后的气象变化通知进场航空器。但如 ATIS 情报中包括了这项气象变化，而航空器也报告收到了 ATIS 情报时，则可省略。

管制单位接到进场航空器报告目的地机场的气象状态低于着陆最低气象条件时，根据该航空器的要求，应指示其进行等待或发给飞往备降机场的管制许可并调整进近的顺序。在航空器油量不足，严重机械故障和天气原因不能飞住任何机场的情况下，机长决定在低于着陆最低气象条件的机场着陆时，管制员应采取必要的措施予以协助，并通知有关保障部门做好应急准备。

机场的着陆最低气象条件，系由仪表进近程序的种类、航空器的型别和驾驶员的资格而定。

在武汉模拟机场中，从天门（TM）进场的飞机，管制员与飞行员建立联系之后，管制员应对飞行员发布进场情报：

CXN4307，预计使用天门（TM）12号进场程序，盲降进近跑道36，通播A有效。

（三）进近许可

只有得到 ATC 发布的进近许可，航空器才能采取公布的程序以小于 30° 的切入角加入最后进近航道（雷达引导时，应保持 ATC 最后给定的航向切入），除此以外的任何情况，都将视为调配两机间隔的一种机动行为。如有雷达引导时，除非得到进近许可，否则即便飞机快要穿过五边，也必须保持以前给定的航向。

这里应该注意，在航空器进场之前管制员对航空器所发布的进场情报中，包含了预计进近方式，但这只是说明开放的进近方式，在航空器开始按照公布的仪表进近程序转向进近阶段之前，管制员应该对飞行员明确是否能够按照公布的程序开始进近。因此进场情报中所包含的进近方式与进近许可不能等同为一个概念。

（1）发给进近许可时，可根据空中交通情况指定公布的仪表进近程序或让航空器自选公布的仪表进近程序。使用雷达时可以引导航空器飞至所指定的仪表进近程序的最后进近航迹或起落航线。

- 用语：可以作〔仪表进近程序的种类〕进近
  CLEARED FOR〔type〕APPROACH.

例 17 ① 可以作 NDB 进近。
Cleared for NDB approach.

② 可以作 21 号跑道 ILS 进近。
Cleared for ILS runway 21 approach.

③ 可以作 03 号跑道 DME/ILS 进近。
Cleared for DME/ILS runway 03 approach.

注：按照公布的仪表进近程序进近时，进近许可包括了复飞许可。不指定仪表进近种类，让航空器自选进近程序时，使用这条用语：

- 用语：可以进近。
  CLEARED FOR APPROACH.
- 用语：复飞。

EXECUTE MISSED APPROACH.

（2）对于不是在公布的航线上飞行的航空器的进近许可，应在该航空器到达公布的航线上或按照仪表进近程序开始进近的定位点之后发给。但如指示了在到达按照仪表程序开始进近的定位点之前应该保持的高度时，则可以在到达该定位点之前发给进近许可。

（3）对于进行仪表进近的航空器，为配备管制间隔而有必要使其遵守指定的高度时，应在发给进近许可时指定必要的高度。但如该机所使用的仪表进近程序中规定了要遵守的最高高度、最低高度或指定高度以资配备管制间隔时，则不需发给高度指示。

例 18　到达平洲前，保持 1 200 m。

Maintain l200M until XK.

（4）为了确切掌握进场航空器的位置，管制单位可以要求进行进近中的航空器报告位置及高度。

- 用语：请报告开始/结束基线/程序转弯。

report starting/completing base/procedure turn.

- 用语：看到跑道报告。

REPORT RUNWAY IN SIGHT.

（5）武汉模拟机场进场航空器进入 WG、SG、SH、XG 后，由于航空器之间的着陆次序已经确定，无法再进行更改，因此进近管制员应根据当时交通情况，及时下发进近许可或等待指令。在未获得许可之前，提前到达的航空器只能保持高度在 QU 上空加入等待。模拟训练中进近许可可以按以下格式发布：

- 国航 981，下降到修正海压 900 m 保持，可以盲降进近，跑道 36，过乌泉报。

CCA981，descend to and maintain 900m，cleared for ILS approach，runway 36 report QU.

（6）在武汉模拟机场中，由于所有方向进场的航空器都是以乌泉（QU）作为起始进近定位点，因此当前机 900 m 过乌泉开始进近以后，后机只能暂时保持 1 200 m，等前机过 600 m 后，后机才能下降到 900 m 开始进近，故管制员可以要求进近中的航空器报告其高度。

例如，CES5321 13 分过乌泉开始进近后的用语如下：

管制员：东方 5321 继续进近过 600 m 报。

（CES5321 continue approach report passing 600 m）.

（四）等待指令

如当时交通状况显示航空器不能立即进近着陆，通常应在飞机预计到场时间前 5 min 发出等待许可。参考第八节空中等待航空器的管制。

四、进近顺序

（一）进近顺序的建立

执行不同任务或者不同机型的飞机同时进场时，应当根据具体情况妥善安排着陆顺序。通常情况下，执行紧急或者重要任务的飞机、班期飞行和转场飞行的飞机、有故障的飞机和剩余油量少的飞机，应当允许优先着陆。为提高进场流量，可以采取下列方法：

（1）建立一种便于最大数量的航空器到达而平均延误时间最短的进近程序。

（2）当前一架航空器处于下列状态时，可以准许后面航空器进行进近：

① 它已经报告可以完成其进近而不会遇到仪表气象条件；

② 已经与塔台管制建立联络，塔台管制员已看到它并且有合理的理由保证其能够完成正常着陆。

（3）如果进场航空器驾驶员为了等待天气好转或因其他原因而请求在空中等待时，应予准许。为便于其他等待的航空器进近着陆，可将该航空器放到邻近定位点等待或改航，也可放行该航空器到等待空域的最上层。

（4）在安排进近顺序时，对于被准许在航路上通过巡航减速来消磨进港延误时间的航空器，尽可能告知其应消磨的时间。

由于程序管制条件下，管制员不能对航空器发布调速指令，但管制员可以通过变相调速的方法，延迟飞机的到场时间，例如推迟飞机过某个导航台的时刻，即在进场航路上消磨时间。此时应该注意以下几点：

① 由于进近管制范围往往较小，因此管制员如需要飞行员延迟到场时间，应尽可能早通知机长，这样延迟量较大。

② 延迟量要合理，一般情况下，在某航空器距离一个导航台还有 5 min 飞行时间时，管制员可要求该航空器的驾驶员推迟 1 min 到达该导航台，这样不会给飞行员的操作带来大的困难。

③ 当需要较大的延迟量时，应事先征得飞行机组的同意。

例 19 在武汉模拟机场中，有以下飞行动态：

GIA205	3600		QU	SH	KG		M E A I
B737 /M	A300		13	10/	04/		
ZGGG/ ZHHH							

B2644	9500		QU	SH	TM		M E A I
B737 /H	0420		14	11	01/		
ZUUU/ ZHHH							

在以上飞行动态中，根据进程单上所反映出的时间，两架飞机的预计进近时间只相差 1 min，比要求的 2 min 进近间隔小 1 min，因此管制员可提前要求飞行员在 2644 的进场航路消磨 1 min，这样可以避免 B2644 到达 QU 后进入等待程序，造成不必要的延误。

C：B2644 能否推迟 1 min 到乌泉（或 B2644 能否将乌泉时间控制在 15 分或以后）；

C：B2644 can you lose 1 minitue before passing QU（B2644 can you pass QU at 15 or later）.

（5）在安排进近次序时，不仅仅需要考虑飞机的到场时间，更重要的要综合飞机的机型、预计到场时间以及任务性质等因素考虑。

（6）武汉模拟机场 36 跑道 ILS 进场航空器之间过 QU 时间间隔不同机型至少应该满足 2 min、4 min、6 min，但不意味必须要等到前一架航空器过 QU 之后间隔上述时间才能向以后航空器发出进近许可。显然，如果当时后一架航空器正好出航，在它完成脱离等待程序后再次过 QU 开始进近，可能比理想的时间晚 2 ~ 3 min，这种误差的累计将造成严重的低效率。因此，当有航空器等待情况下，我们有必要了解其大致所在位置，尤其强制性要求最低等待层上的飞机出航切台报告，以此为进近许可的提前下发提供可行的依据。例如：前机运七，9 00 m 预计 QU 进近时间 11 min，　　00 m，预计 QU 时间 12 分，JAL781 机型波音 737，高度 1

C：（尽可能提前下发）国航 981，保持高度 1500 m，乌泉上空等待，预计进近时间 15 分，出航报。

P：保持高度 1 500 m，乌泉上空等待，出航报，国航 981。

P：（11 分）武汉进近，国航 981，高度 1 500 m 乌泉上空等待，出航。

C：（由于实际前机过 QU 进近时间为 12 分）国航 981，继续乌泉上空等待，下次出航报。预计进近时间 16 分。

P：出航报，国航 981。

C：（15 分）武汉进近，国航 981，高度 1 500 m 乌泉上空等待，出航。

P：国航 981，继续下降高度至 900 m，可以盲降进近，跑道 36，预计进近时间 16 分，乌泉向台报。

C：（17 分左右）武汉进近，国航 981，高度 900 m 乌泉向台。

P：国航 981，继续进近，通过 600 m 报告。Break，break，JAL781，continue descend to 1500 meters，hold at QU，estimate approach time 19，report QU outbound.

注：此处乌泉向台（QU inbound）特指航空器过 QU 开始加入进近航道，可用于程序模拟机上机训练，其他环境应斟酌处理。

（二）进近排序的优化

进场航空器队列优化排序是提高系统容量的有效办法。着陆时间的优化是在着陆顺序确定以后进行的，首先将队列按照预达 QU 时间进行排序，然后考虑前快后慢的优化次序以加快运行。真正意义的优化算法必须对所有需要排序的飞机进行全排列，分别计算总成本并选出最优解。但这种循环排列算法的计算量随着飞机数量的线性增加成指数级上升，导致维数灾，传统上使用的优化算法如线性规划并不适合于实时应用环境，而且不能完全满足现实复杂的空管约束。如规则要求着陆时间是一个离散量而不是连续量等等。

目前比较典型的算法有：先到先服务（FCFS）算法、约束位置交换（CPS）算法、时间提前（Time-Advance）算法、延误交换、动态尾流间隔算法。如有兴趣可以参考相关文献。这里，我们提出一种比较符合实际管制习惯的预案制定方法。

以单位时间内着陆飞机架次最大为优化目标，队列中最后一架飞机到达跑道入口时刻记作 $T_{入口}$，追求一种方案，使 $Z=\min(T_{入口})$，为了避免巨大的 $n!$ 次的计算，往往只考虑局部优化或求得满意解。

允许按照管制预案队列次序高度由低到高对进港飞机提前作出调整，允许航路消磨时间及加入进近点等待程序以延迟实际进近时间。为保证前机有足够脱离跑道时间以及两机符合最小尾流间隔标准，应同时要求相邻两机离开进近点最小时间间隔不小于 $\Delta\tau_1$ 且相邻两机到达入口最小时间间隔不小于 $\Delta\tau_2$。一般情况下，有

$$\Delta\tau_1 = \Delta\tau_2 = \Delta\tau$$

按照我国民航空域分类及管制职责划分标准，进近管制范围一般从走廊口延伸至起始进近定位点附近（程序管制），飞机队列进入后，进近管制员从空闲状态进入工作状态的时刻是确定的，管制员处于工作状态的时间，即对进近管制员构成精神压力的持续时间，这里用释压时刻定量反映。

各符号含义如下：

释压时刻——队列中最后一架飞机离开进近点的时刻，记作 $T_{释压}$。

U^i——第 i 架飞机离开进近点时起至到达跑道入口时止的时间。

$U^{最后}$——队列中最后一架飞机离开进近点时起至到达跑道入口时止的时间。

$$T_{入口} = T_{释压} + U^{最后}$$

显然，$T_{释压}$越大，表示管制员工作负荷越大，即对其构成精神压力持续的时间越长，表现为单位时间内最大架次飞机进近，问题的优化目标简化为找到一种方案，满足 $Z = \min(T_{释压})$。

由于不同方案对 $T^{最后}$取值产生影响，故当 $T_{释压}\to\min$，不能保证 $T_{入口}\to\min$，但可以证明两者差值绝对值 $\Delta T_{优化}$不大于队列中最小机型对应 $\min(U^{最后})$与最大机型 $\max(U^{最后})$的差。而且相对于第一种优化目标，第二种更符合管制员的工作性质以及技术考核评定标准。

实际管制工作中，u^i 的取值被一种经验数据替代，针对快速、中速、慢速三种不同机型，从离开进近点时起至到达跑道入口时止的时间分别为 $u_{快}$，$u_{中}$和 $u_{慢}$（$u_{快} < u_{中} < u_{慢}$）。

设 P 方案能达到 $T_{释压}\to\min$，Q 方案能达到 $T_{入口}\to\min$，显然 $T_{释压}{}^{P} \leqslant T_{释压}{}^{Q}$，

$$\begin{aligned}\Delta T_{优化} &= (T_{释压}{}^{P} + u^{P}) - (T_{释压}{}^{Q} + u^{Q}) \\ &= (u^{P} - u^{Q}) + (T_{释压}{}^{P} - T_{释压}{}^{Q}) \\ &\leqslant u^{P} - u^{Q} \leqslant \max(U^{最后}) - \min(U^{最后}) \leqslant u_{慢} - u_{快}\end{aligned}$$

$$\frac{\Delta T_{优化}}{\min(T_{入口})} \leqslant \frac{(u_{慢} - u_{快})}{(\min(T_{释压}) + u_{快})}$$

假定当前时刻飞机队列按到达进近点时间先后次序排列（如时间相同则按机型由大到小排列），构成集合 W，记为

$$W = \left\{A_r \middle| (i=1,2,\cdots,n)\right\} \quad r \text{ 为飞机在队列中的序号，}$$

为达到优化目标，排序中各架飞机具有不同优先权 λ_{A_r}。e_r 代表第 r 架着陆飞机 A_r 对应预计进近时间；s_r 代表第 r 架着陆飞机对应机型，其中：$s_r = 1$ 表示慢速机；$s_r = 2$ 表示中速机，$s_r = 3$ 表示快速机。

显然下面结论成立：

$$W_A \cup W_B = W\text{，}\ W_A \cap W_B = \varPhi$$

$$\exists\, A_i \in W_A\text{，}\ \forall A_k \in W_A\text{，使 } \lambda_{A_i} \geqslant \lambda_{A_k}$$

$$\exists\, A_j \in W_A\text{，}\ \forall A_l \in W_B\text{，使 } \lambda_{A_j} \geqslant \lambda_{A_l}$$

则对 $\forall A_q \in W$，有 $\lambda_{A_i} \geqslant \lambda_{A_q}$

约定以 W 中最早到达飞机（第一架）作参考，将集合 W 分割成两个集合 W_A、W_B。其中 W_A 是与第一架飞机产生影响的飞机集合，W_B 是对第一架飞机进近不构成竞争的飞机集合，即飞机 $\lambda_{A_1}>\max(\lambda(W_B))$。如果能找到当前时刻 W_A 组内优先权最大的飞机，则该架飞机在全部飞机队列中应排在第一。

目标转化为 W_A 组内飞机的排序问题。首先我们讨论两架飞机的情况。

首先两机按到达进近点时间先后次序排列为（A_1、A_2），对于前机是快速机后机是慢速机情况，为达到 $Z=\min(T_{释压})$ 目标，显然不需要调整两机进近次序。同理，前后两架飞机如属同一类型，也没调整必要。因此下面只讨论前慢后快、前慢后中或者前中后快三种情况。

$\exists e_1<e_2$，$s_1<s_2$，显然 $u_1>u_2$，存在两种方案：

方案 1，先 A_1 后 A_2：$T_{释压}^{(1)}=e_1+\left[\Delta\tau+\left(u_1-u_2\right)\right]$

方案 2，先 A_2 后 A_1：$T_{释压}^{(2)}=e_2+\Delta\tau$

（先 A_i 后 A_j，$T_{释压}=\mathrm{e_i}+\left[\Delta\tau+\max\left(u_i-u_j,0\right)\right]$）

比较两种方案，$T_{释压}^{(1)}-T_{释压}^{(2)}=\left(e_1-e_2\right)+\left(u_1-u_2\right)$

当 u_1 一定时，对任意机型 A_2，(u_1-u_2) 值最大为 $(u_1-u_{快})$，记作 ω_1，称为 A_1 对应搜索范围。ω_r 表示第 r 架飞机对应搜索时间范围。表 1 列出了各型飞机的 S_r 和 W_z 比较。

表 1 各型飞机的 S_r 和 W_z 比较

第 r 架飞机机型	S_r	ω_r
慢速机	1	$u_{慢}-u_{快}$
中速机	2	$u_{中}-u_{快}$
快速机	3	0

当 $e_2\geqslant e_1+(u_1-u_2)=e_1+(u_1-u_{快})-(u_2-u_{快})=e_1+\omega_1-\omega_2$ 时，有 $T_{释压}^{(1)}\leqslant T_{释压}^{(2)}$，表示对进近次序不必做调整；

当 $e_2<e_1+(u_1-u_2)=e_1+(u_1-u_{快})-(u_2-u_{快})=e_1+\omega_1-\omega_2$ 时，有 $T_{释压}^{(1)}>T_{释压}^{(2)}$，表示 A_2 进近次序应在 A_1 之前。

结论说明在 $e_i<e_1+\omega_1-\omega_i$ 条件下将 W 分割成 W_A、W_B 是可行的，在组成 W_A 的两机当中机型较大者具有优先权。

$\forall\ e_3\in W_B$，有 $e_3\geqslant e_1+\omega_1-\omega_3$

$\forall\ e_2\in W_A$，有 $e_2<e_1+\omega_1-\omega_2\xrightarrow{e_1+\omega_1>e_2+\omega_2}e_3\geqslant e_2+\omega_2-\omega_3$

W_A 中优先权的选择对 W_B 无后效性。

当组成 W_A 的飞机数量 $n=k$ 时，如 $S_2=3$ 则对应 A_2 仍具有优先权，否则需再次判断组内是否存在 $e_i<e_2+\omega_2-\omega_i$ 元素，存在则将对应 A_i 设为优先。飞机按到达进近点时间先后次序排列为（A_1、A_2、A_3），讨论以下典型情况：

$$\begin{cases}e_3>e_2>e_1\\ \omega_1>\omega_2>\omega_3\\ e_2<e_1+\omega_1-\omega_2\\ e_3<e_1+\omega_1-\omega_3\end{cases}$$

选择典型方案 $\begin{cases} A_3A_2A_1,\ Z^{P_1}=e_3+\Delta\tau+\Delta\tau \\ A_2A_1A_3,\ Z^{P_2}=e_2+\Delta\tau+\Delta\tau+\omega_1-\omega_3 \\ A_2A_3A_1,\ Z^{P_3}=e_2+\Delta\tau+\omega_2-\omega_3+\Delta\tau \end{cases}$

由于 $e_1+\omega_1-\omega_3>e_3 \Rightarrow e_2+\omega_1-\omega_3>e_3 \Rightarrow Z^{P_2}>Z^{P_1}$

故 A_2 优先，充要条件为 $Z^{P_3}<Z^{P_1}$，即 $e_2+\omega_2-\omega_3<e_3$。

对于前机是快速机后机是慢速机情况，为达到 $Z=\min$（$T_{释压}$）目标，显然不需要调整两机进近次序。同理，前后两架飞机如属同一类型，也没调整必要。因此下面只讨论前慢后快、前慢后中或者前中后快三种情况。

按照以上原则确定优先某架飞机之后，将其加入 $\vec{W}_{优化}$ 向量组，表示已取得优化次序的飞机序列。剩下 $n-1$ 架飞机，执行初始化及对其原始进近点时间作出调整，以符合进近航段机型特征和 $\Delta\tau$ 限制。受前机进近时间 e^0 影响，后面 $n-1$ 架飞机最早进近时间不可能小于 $e^0+\Delta\tau$，即 $e_r=\max(T_{初始化},\ e_r)$。

$T_{初始化}$——进近条件初始化值，$T_{初始化}=e^0+\Delta\tau$

为满足跑道入口点 $\Delta\tau$ 的限制，还应有 $e_r=\max\left[e_r, T_{初始化}+(\omega-\omega_r)\right]$

对剩下 $n-1$ 架飞机按照 e_r 值由小到大重新排列（如 e_r 相同则按机型由大到小排列）构成集合 W，重复以上步骤 $n-2$ 次，可以得到最优解。

五、进场航空器的协调和移交

（一）进场航空器的协调

1. 区域管制室应将进场航空器的情报通知进近管制室的情况

区域管制室应将进场航空器的情报，在该航空器的预计飞越管制移交点前 5 分。

（1）航空器呼号；

（2）航空器机型（可省略）；

（3）进近管制点及预计飞越时间、预计飞行高度；

（4）管制业务移交的方法（时间、定位点或高度）。

• 用语：（航空器呼号），（航空器机型），（定位点）的预计飞越（时间），（高度），管制业务移交点（时间、定位点或高度）。

〔aircraft identification〕，〔type of aircraft〕，ESTIMATED OVER〔fix〕〔time〕，〔altitude〕，YOUR CONTROL AT〔time，fix or altitude〕.

2. 进近管制室应将关于进场航空器情报通知区域管制室的情况

（1）在等待定位点上空使用着的最高飞行高度；

（2）进场航空器之间平均间隔时间；

（3）航空器到达管制移交点的时间；

（4）已接管对该航空器的管制和该机场，如已撤销了仪表飞行程序时的撤销时间等。

• 用语：〔航空器呼号〕，〔管制移交点〕，〔到达时间〕，已接管了管制业务

〔aircraft identification〕，〔release point〕，〔time〕，MY CONTROL

（4）如要求区域管制室所发的预计到进近管制点的时间变更 10 min 以上时的变更时间。

（5）如航空器复飞与区域管制业务有关时，复飞情报。

（6）关于通信中断的航空器的情报。

3. 进近管制室应将关于进场航空器的情报预先通知机场管制塔台的情况

不迟于航空器飞越管制移交点前 3 分，模拟武汉机场大致对应飞机刚进入 WG、XG、SH、SG 一线。

（1）航空器呼号；

（2）航空器机型（可省略）；

（3）预计到达进近定位点或机场上空的时间和预定高度或实际高度；

（4）仪表进近的种类（必要时通知）。

4. 机场管制塔台应将有关进场航空器的内容通知进近管制室的情况

（1）看到了着陆航空器，并确信该航空器已着陆；

（2）着陆时间；

（3）撤销了仪表飞行程序时，撤销的时间；

（4）关于复飞或通信中断航空器的情报；

（5）使用跑道。

完成管制协调后，各管制单位对已通知出的情报有所变更时，应迅速通知对方单位。（关于预计到达时间的变更，区域管制与进近管制之间相差 5 分，进近管制与塔台管制之间相差 3 分，另行通知）。

（二）进场航空器的移交

（1）当飞机尚未进入下一个管制单位所辖范围，即便此时双方已建立第一次联系，相关 ATC 部门也不得改变其航行诸元。如为调配飞行冲突需要必须改变，首先应得到前一家管制部门的许可。但提前是进行诸如进场情报服务的通知是允许的。

例 20 CES5307, maintain FL, XS11 arrival, ILS approach, R/W 36, information A available, report over XS.

（2）进近向塔台的移交通常在机场附近某一位置报告点或协议高度进行。在向塔台管制员移交进场航空器时，进近管制员应根据与塔台管制之间的协议或塔台管制员的要求在两跟进航空器之间配备足够的安全间隔，在实际工作中，多数机场通常从各个方向进场程序会设置多个起始进近定位点，此时，进近管制员为了便于控制从不同方向进场着陆的航空器之间的间隔，通常将进场航空器移交给塔台的时机控制在航空器在五边截获盲降以后。

（3）如果某一机场只有一个起始进近定位点，此时进近管制员在控制进场航空器之间的间隔时，可通过控制两进航空器过该起始进近定位点的时间间隔来得到，因此当航空器过起始进近定位点后，即可将航空器移交给塔台管制员。

（4）模拟武汉机场 36ILS 仪表起始进近高度为 900 m，除非过 QU 已经加入进近航道的飞机与后续飞机存在足够间隔，对其后不产生任何影响，可以在机长报告 900 m 过 QU 开始进近时指示其联系塔台，否则通常应该指示“继续进近，过 600 m 报”，当确信飞机已到达 600 m 才能脱波。以上程序为指挥后续飞机下高度 900 m 提供参考依据，但该时刻不应完全作为下达进近许可的时机，参考后面等待航空器的管制。

六、进场管制工作程序

（1）航空器预计进入进近管制空域前 30 min，了解天气情况，取得最近的天气实况，检查通信、导航和监视设备，校对飞行预报和计划，填写飞行进程单，安排进场次序。

（2）航空器预计进入进近管制空域前 20 min 开始守听，按时开放导航设备，与机场管制塔台协调，取得航空器着陆程序和使用跑道，与区域管制协调进港动态。

（3）收到进场航空器进入进近管制空域（空中走廊）的位置报告后，指示其按照程序飞行（加入等待或下降高度），通知空中有关飞行活动和飞行情报，检查航空器位置，调配飞行冲突，安排落地次序，提供落地间隔。

（4）与塔台协调动态。

（5）发布进近许可。

（6）当塔台管制员通知最低等待高度空出后，安排进场等待的该层以上的航空器逐层下降，航空器脱离第 2 等待高度层时，通知机长转换频率与塔台管制室联络。

（7）接到机长报告已与塔台管制建立联络，并且飞离进近管制空域时，准许航空器脱离联络。

第五节　等待航空器的管制

因空中交通繁忙或跑道临时关闭以及有紧急着陆的其他航空器，不能许可航空器立即着陆时，管制员应当通知航空器并采取下列措施：

（1）调整航空器之间的间隔；

（2）扩大或缩小起落航线；

（3）安排目视等待，目视飞行的航空器应当在通常使用的目视位置报告点或目视确认的地点上空盘旋等待。但是，让两航空器在同一地点等待时，应向该航空器提供交通情报。

（4）仪表飞行的航空器，应当在等待空域内飞行等待。但每架航空器在等待空域内飞行和进入着陆的时间，通常不应当超过 30 min。

一、等待飞行程序

（1）等待和进入等待航线必须按照有关空中交通服务当局的规定并在《航行资料汇编》中公布的程序执行。如果等待航线的进入和等待程序尚未公布或某一航空器的机长不知道该程序，有关的空中交通服务单位必须说明应遵循的程序。航空器必须在指定的位置点等待，而且必须按照该点等待的规定为等待航空器提供与其他航空器之间的安全间隔。

（2）等待程序与直角航线程序相同，规定右等待为标准等待，左等待为非标准等待，等待定位点是电台（NDB/VOR）或 VOR/DME 定位点、VOR 交叉定位点。图 3.14 为等待程序结构示意图。

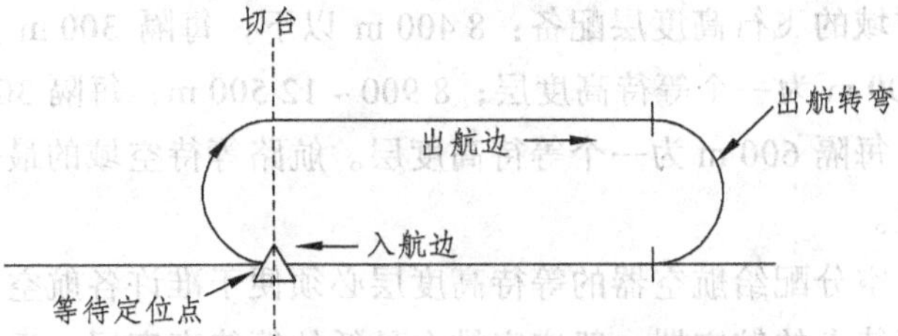

图 3.14　等待程序结构示意图

（3）航空器使用扇形指点标（Fan marker）或没有监视的设施上空进行等待时，进近管制室等应拟订好如该机收听不到该设施的信号时可飞行的航线，包括与其他航空器之间的管制间隔配备。

（4）航空器能够目视地面确定位置，并报告熟悉该地点的条件下，利用该地点作为等待定位点。

• 用语：在〔时间或其他条件〕之前，请在〔地点〕上空等待。

HOLD AT〔Location〕UNTIL〔time or other condition〕.

（5）等待程序的进入根据当时所飞航向与等待航线的相对位置关系有三种进入方法：① 第一扇区平行进入；② 第二扇区偏置进入；③ 第三扇区直接进入，如图 3.15 所示。

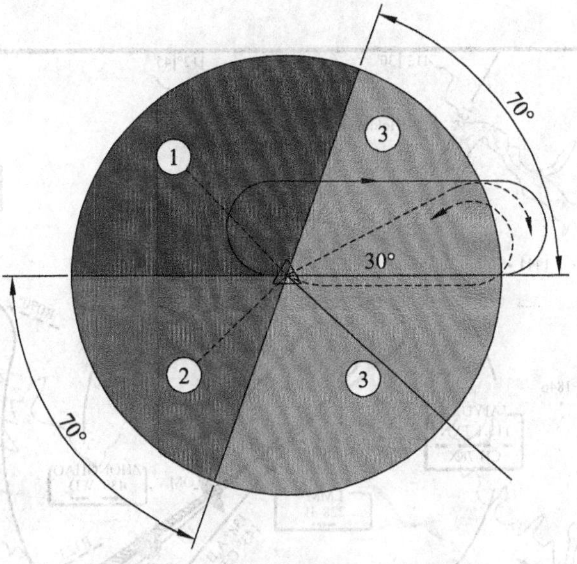

图 3.15　等待程序进入方法示意图

二、等待飞行高度

（1）等待空域通常划设在导航设备上空，飞行活动频繁的机场，可以划设在机场附近上空。机场等待空域的飞行高度层配备，从 600 m 开始，每隔 300 m 为一个高度层。最低等待高度层距离地面最高障碍物的真实高度不得小于 600 m，距离仪表进近程序起始高度不得小于 300 m。

（2）航路等待空域的飞行高度层配备：8 400 m 以下，每隔 300 m 为一个等待高度层；8 400 ~ 8 900 m 隔 500 m 为一个等待高度层；8 900 ~ 12 500 m，每隔 300 m 为一个等待高度层；12 500 m 以上，每隔 600 m 为一个等待高度层。航路等待空域的最低飞行高度层不得低于航线最低安全高度。

（3）在等待点上空分配给航空器的等待高度层必须便于准许各航空器按照适当的次序作进近。第一架到达等待点的航空器一般应安排在最低的等待高度层，后来的航空器由低到高逐层安排。

（4）如果因故急需着陆时，驾驶员应当立即报告塔台管制员，经过允许后，按照该机场优先着陆程序下降和进入着陆。

（5）等待实例。

在图 3.16 所示机场中，在起始进近定位点即本场 VOR/DME 上空设置有标准等待程序，该等待程序为左等待。最低等待高度为修正海压 2 100 m，静风出航时间为 1 min。在该机场中管制员在指挥过程中，如遇到大流量机场，航空器之间间隔不够时，可安排后续进场航空器在该等待程序中进行等待，由于该等待程序在起始进近定位点（IAF）上空，因此等前后机更近间隔满足之后，管制员便于安排后续航空器直接加入到公布的仪表进近程序中。

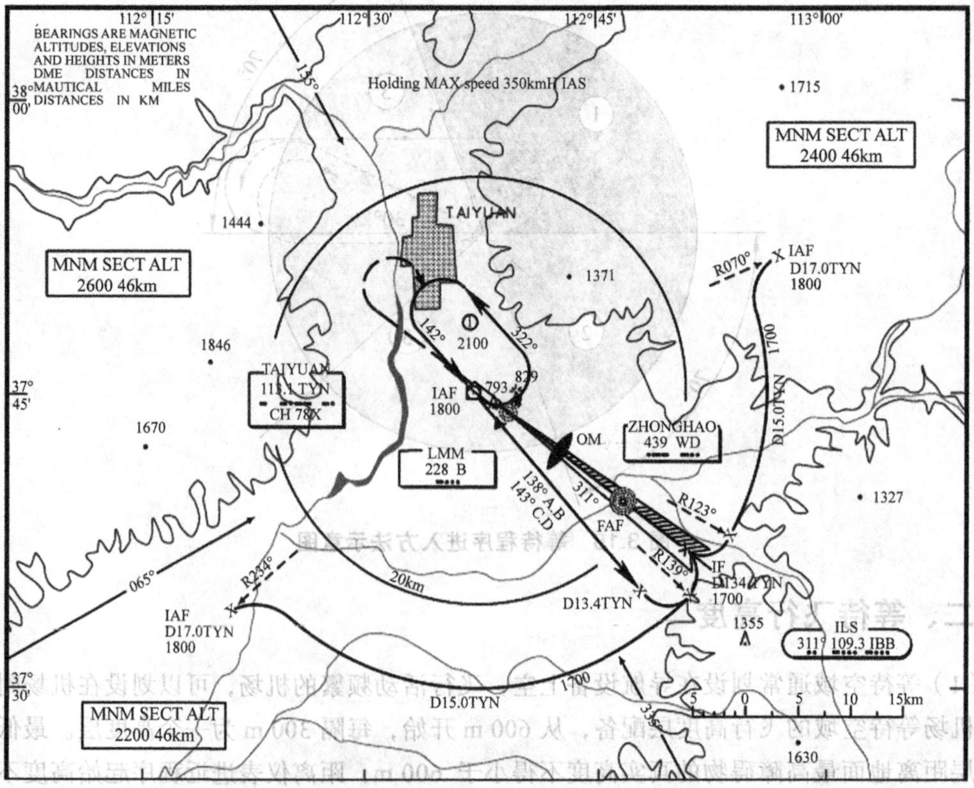

图 3.16 标准仪表进近图

三、等待飞行的有关规定

（1）进入等待程序和在等待程序上飞行的指示空速应等于或小于表中所列数值。等待过程中，不允许调速。

（2）所有转弯使用的坡度为25°或标准转弯率3°/s对应的坡度，以所需坡度小者为准。

（3）除非空中交通管制许可中包括转弯方向或等待图有规定，否则飞机进入等待航线后的所有转弯为右转弯。

（4）飞机出航航段的静风飞行时间，在飞行高度4 250 m或以下为1 min，在4 250 m以上为1.5 min，如果有DME可用，则出航航段的长度可用DME距离代替时间。

（5）出航计时是从正切等待点开始，如不能确定正切位置，则在完成转弯至出航航向即开始计时。

（6）为了准确地在规定航迹上飞行，等待程序飞行过程中，飞行员应根据风的情况对航向和时间进行修正，应充分利用DME弧和径向方位线掌握距离和位置。

（7）当得到脱离等待的指定时间后，飞行员应在规定的等待程序内调整航线，使飞机在指定时间离开等待点。

（8）如果飞行员不能遵照等待航线规定的程序飞行时，应立即报告空中交通管制员。航空器要求脱离所定的等待航线时，在空中交通情况许可的范围内应予准许。

（9）当航路飞行的航空器距离等待区的飞行时间在5 min之内时，等待飞行的航空器与航路飞行的航空器之间必须配备适当的垂直间隔。

（10）在等待空域内飞行的航空器，必须严格保持规定的高度层，按照规定的等待航线飞行。一个等待高度层，只允许有一架飞机进行等待。

四、等待指示

1. 指挥航空器进行等待时，应当在该航空器到达管制许可界限点或进近定位点5 min之前，向该航空器发出指示

（1）等待定位点；

（2）等待航线与等待点的方位关系；

（3）飞往等待定位点的航路或航线及所使用的导航设施的径向线、航向、方位；

（4）出航界限。等待航线的出航距离（使用测距设备）或以分钟为单位的出航飞行时间；

（5）等待航线的转弯方向（等待程序已公布的，可以省略）；

• 用语：请在〔定位点〕的〔方向〕，沿〔径向线、航向、方位、航路或航线〕出航〔数值〕分钟/公里（海里）左转弯/（右转弯）进行等待。

HOLD〔direction〕OF〔fix〕ON〔Specified radial，Course，bearing，airway or route〕〔number〕MINUTE/KM（MILE）LEG，LEFT（RIGHT）TURNS.

例21 在平洲DME定位点西边，沿径向线270°飞行10 km。

Hold west of Pou DME fix on 270 radial 10 km leg.

在竹料NDB东侧，航向210°左转弯进行等待。

Hold east of Zhuliao NDB on 210 degrees course left turns.

• 用语：在（定位点）（方向）等待。

HOLD〔direction〕0F〔fix〕

例 22 在竹料 NDB 东侧等待（Hold east of Zhuliao NDB）。

用语：可以飞到〔定位点〕，请在〔方向〕按公布的程序等待。

CLEARED TO〔fix〕HOLD〔direction〕，AS PUBLISHED.

2. 预计航空器的等待时间在 30 min 以上的，管制员应当迅速通知该航空器预计进近时间或预计更新管制许可的时间

等待时间未确定的，也应当通知该航空器。进场的预计更新管制许可时间应当在该航空器的等待定位点发出。预计还要进行等待的，应当通知该航空器尽可能准确地预计等待时间：

CCA981，maintaining 1500m，hold at QU as published，estimating approach time 10，report over QU.

3. 航空器进行等待后向其发出的更新的管制许可应当包括的事项

（1）新的管制许可界限点或进近许可；

（2）在新的管制界限点之前的全部飞行航线；

（3）高度；

（4）其他必要的事项。

4. 航空器使用指点标和在没有监视设施的地点上空等待时

管制单位应当拟定好如航空器收听不到该设施的信号时可飞行的航线，包括与其他航空器之间的管制间隔配备。

5. 在实际工作中，如在航图中已公布有标准的等待程序，此时管制员在给航空器发布等待指示时一般包括的信息

（1）等待位置，指等待定位点的名称；

（2）所应该保持的等待高度；

（3）预计等待时间或预计进近时间；

（4）等待原因（如有必要）。

例如：CCA1807 由于间隔原因保持高度 1800，乌泉（QU）上空等待，预计进近时间 18 分。

五、等待时间

1. 当进场航空器需要等待时的等待时间

当进场的航空器需要等待时，必须为它确定一个预计进近时刻，并尽快通知该航空器，最好在它从巡航高度层开始下降之前。如果航空器在低高度层飞行耗油大，应尽早将预计进近时刻发给航空器，以便驾驶员灵活选择消磨时间的方法。当修订的预计进近时刻与先前发出的相差 5 min 或以上时，必须立即将修订的预计进近时刻或预计追加管制许可的时间发给航空器。

- 用语 1：预计进近时间〔数值〕。
  EXPECT APPROACH AT〔time〕
- 用语 2：预计追加管制许可的时间〔数值〕。
  EXPECT FURTHER CLEARANCE AT〔time〕

- 用语 3：延误时间未定。

  DELAY NOT DETERMINED

这条用语是在不能预计延误时间时使用，以尽早通知预计的延误时间及延误的理由为宜。

2. 对于管制许可界限点以远的飞行的等待时间

对于管制许可界限点以远的飞行，预计其不需等待时，在该航空器到达管制许可界限点至少 5′之前，应发给该管制许可界限点以内的管制许可。根据需要通知进场航空器没有延误，在该航空器到达该管制许可界限点之前，应发出进近许可。

- 用语：预计没有延误

  no delay expected。

3. 如果进场航空器的等待定位点不是其进近等待点时的等待时间

应当发给航空器预计追加管制许可的时刻，预计在进近等待点还要进行等待时，还应通知该航空器尽可能准确地预计延迟时间。

4. 发给上述管制许可后或进行等待后追加的管制许可应包括的事项

（1）新的管制许可界限点或进近许可；

（2）在新的管制界限点之前的全部飞行航线，如与业已经许可的航线相同时，则应予以说明；

- 用语：经由最后许可的航线

  VIA LAST ROUTING CLEARED

（3）高度；

（4）其他必要事项（应该脱离等待定位点的指定时刻等）。

5. 预计进近时间的确定

航空器按照标准等待程序进行等待时，当接到管制员脱离等待的指示后，应该在等待程序中调整航线，在规定的时间脱离等待程序，即飞行员应按照公布的等待程序飞行直至再次到达等待定位点。等待程序的进入应根据当时所飞航向与等待航线的相对位置关系的确定，有三种进入方法：① 第一扇区平行进入；② 第二扇区偏置进入；③ 第三扇区直接进入。三种进入方法所需时间有所不同，其中第一与第二扇区自航空器到达等待定位点至完成第一圈等待共需要 7 min（4 250 m 以上等待时为 8 min），第三扇区需要 4 min。因此在计算预计进近时间时，管制员应充分考虑航空器的进入方法。

六、等待在武汉模拟机场中的应用

1. 等待程序

武汉模拟机场在四个走廊口河口（ZF）、浠水（XS）、天门（TM）以及龙口（KG）均设置有标准等待程序。同时在使用 36 跑道时，在汉阳（XG）、通口（WG）以及乌泉（QU）也设置有标准等待程序。由于走廊口的等待程序往往会与区域管制的航空器存在影响，如果安排航空器在走廊口等待，进近管制员需要与区域管制员进行协调，因此通常不安排航空器在走廊口等待。

同时以 36 跑道作为主用跑道时，乌泉（WG）是该跑道主用仪表进近程序的起始进近定位点，因此为便于安排航空器跟进进近，通常将有影响的航空器安排在乌泉进行等待。

2. 预计进近时间的确定

在武汉模拟机中，管制员一般常用的等待程序为乌泉（QU）上空的等待程序，航空器在从不同方向到达乌泉时，管制员应充分考虑航空器所处的等待扇区，以确定准确的进近时间。

在武汉机场36跑道所公布的主用进场程序中（不包含ZF11A），KG11A于TM11A到达乌泉等待程序时处于3扇区，进入方法为直接进入，所需要的等待时间均为4 min。TM12A处于2扇区，进入方法为偏置进入，第一圈为7 min，之后均为4 min。XS11A于ZF12A处于等待程序的1扇区，进入方法为平行进入，第一圈为7 min，之后均为4 min。例如，浠水（XS）进场的航空器，在到达乌泉（QU）等待时为平行进入，该机预计到达乌泉的时间为09分，需要在乌泉上空等待一圈，则该机的预计进近时间为16分。

3. 等待指示的发布

根据等待程序的规定，管制员如需要安排航空器等待，应在航空器到达预计等待定位点前5 min发出等待指示，同时在武汉模拟空域中，从四个走廊进场的航空器，在进入四个内口定位点（即WG、XG、SG、SH）后，无法互相穿越高度，即着陆次序已确定，如需要某架航空器等待应该及时发出。

4. 等待的脱离

在向航空器发布等待指示后，管制员应密切关注飞行动态，当前后机跟进间隔满足后，及时向等待中的航空器发布脱离等待的指示。通常情况下，在进近定位点上空的等待，其脱离方法为：管制员向等待中的航空器发布进近许可，此时飞行员应在等待程序中调整航线，当入航再次回到等待定位点后，即可按照公布的仪表进近程序执行进近。

5. 应用举例

在武汉模拟机场中，存在以下管制场景：

CXA8425	3600		QU	SG	ZS		M E A I
B747 /H	A180		10/	06/06	00/00		
ZSSS/ ZHHH							

CSC8902	3600		QU	SH	KG		M E A I
B737 /M	A120		13/13	10/10	06/04		
ZGGG/ ZHHH							

在上例中，管制员安排CSC8902先进近，由于该机的进近时间为13分，而CXA8425与其的跟进进近间隔为2 min，即15分才能进近。而该机预计过QU时间为10分，反向程序再次飞越QU时间为13分，与前机间隔不够，因此管制员需要安排该机在QU上空等待。这种情况下管制员应尽早判断出两机间隔不够，在CXA8425过SG后即发出等待指示，同时该机到达QU后处于等待程序的一扇区平行进入，预计进近时间为10 + 7 = 17 min。因此等待指

示应为：CXA8425 由于间隔原因保持高度 1800，乌泉上空等待，预计进近时间 17 分。当 15 分，前后机满足跟进间隔后，管制员应及时向 CXA8425 发布进近许可：CXA8425 下降到 900 m，可以盲降进近，过乌泉报告。

复习思考题

1. 简述离场管制工作程序。
2. 简述空中交通管制放行许可的内容。
3. 简述等待指示的内容。
4. 进场航空器的管制情报的内容有哪些？
5. 简述进场管制工作程序。
6. 试计算下述例子中，B2644 穿越 B3475 高度的最后时机。

B3475	3600		C	B	A		M E A I
YN7 /M							
/ ZHHH	A300		/	26/	04/		

B2644	9500		C	B	A		M E A I
TU54 /H							
/ ZHHH	0420		/	24/	13/		

第四章 区域管制

第一节 区域管制工作的组织与运行

空中交通管理是一项通用过程，包括空域和空中交通流量管理、各种形式的空中交通服务（如：咨询、飞行情报、告警服务、管制服务）。而在管制服务中，区域管制服务是极其重要的一个环节。航空器从起飞到着陆的整个飞行过程中，绝大部分时间都处于平飞状态。航空器从起飞后开始，经离场程序爬升到申请的巡航高度，到进入到进场下降状态前，整个过程称为航路飞行阶段或巡航阶段。为在该阶段飞行的航空器所提供的管制服务称为航路管制服务或区域管制服务，为航空器提供这种管制服务的单位称为区域管制室。为便于理解，同时便于模拟上机训练的实施，本章使用武汉区域模拟机空域为背景。

一、区域管制的特点

区域管制有其独特的特点：区域大，航线结构复杂，区域中飞行的航空器存在着频繁的上升和下降等，加之程序管制条件下，管制员全凭航空器驾驶员的报告和管制员进程单的记录、移动以及航空器的飞行动态进行推测来掌握航空器飞行动态的，这都给区域管制工作带来了很大的难度。

二、区域管制的范围

目前中国民航的空域按照高度划分为 A、B、C、D 四类，其中 D 类空域为塔台管制空域，C 类空域为进近管制空域，而 A、B 类空域中除掉 C 类和 D 类管制空域后剩余的部分为区域管制的范围。

（一）武汉模拟机场区域管制范围

1. 水平范围

DM—P56—P57—P58—P96—P51—P41—P89。

2. 垂直范围

地面以上（武汉塔台与进近管制空域除外）。

中文话呼：武汉管制。

英文话呼：WUHAN CONTROL

图 4.1 为武汉模拟机区域图。

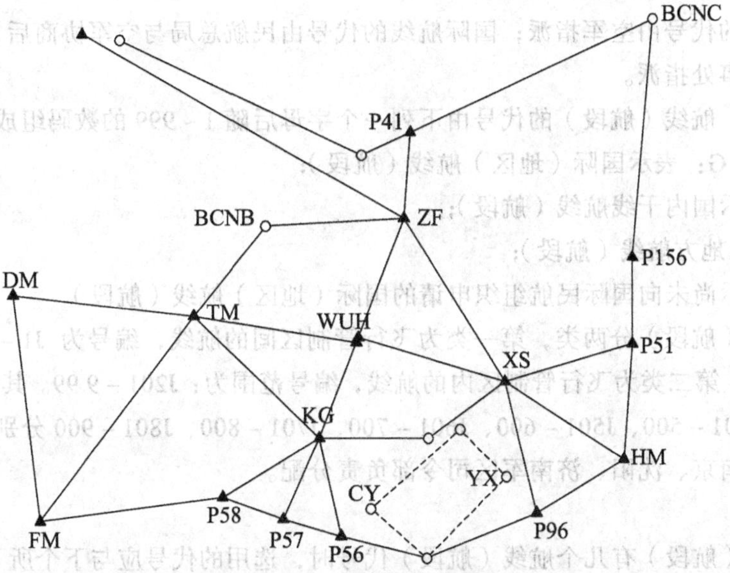

图 4.1 武汉模拟机区域图

（二）管辖权限

负责管辖在区域管制范围内飞行的所有民用航空器、涉及民航管制指挥航路/线的军航运输机/直升机、通用飞行、专业飞行、警务航空器、海关缉私航空器等的飞行活动，并向航空器提供空中交通管制服务、飞行情报服务和告警服务以及协助有关部门开展搜寻救援工作。

三、航路与航线

（一）航线

航线是指连接机场与机场、机场与航路、给定地理点之间的飞行路线。航线分为固定航线和临时航线。固定航线又分为：国际航线、地区航线，国内干线航线和地方航线。临时航线通常不得与航路、固定航线交叉或者通过飞行频繁的机场上空。航线中心线与航线附近空域之间的侧向安全间隔一般不得小于 10 km。

航线由空军划定，航线的走向由地面导航台、位置点的连线确定；航线上飞行的航空器与附近飞行的安全保护由空军负责。民航在航线上提供空中交通管制服务的垂直范围是指航线最低安全高度以上的第一可用飞行高度层（含）至飞行高度层 12 000 m（含）或给定的高度范围。

1. 航线的分类

（1）国际航线、地区航线：我国与外国或地区签订的航空运输协议中所指定的航空运输航线。

（2）国内干线航线：两个以上的省、自治区、直辖市之间的航线。

（3）地方航线：一个省、自治区内或相邻的省、自治区、直辖市之间的航线。

2. 航线（航段）的代号

国内航线的代号由空军指派；国际航线的代号由民航总局与空军协商后，由国际民航组织亚太地区办事处指派。

（1）组成。航线（航段）的代号由下列一个字母后随 1 ~ 999 的数码组成：

① A、B、G：表示国际（地区）航线（航段）；

② H：表示国内干线航线（航段）；

③ J：表示地方航线（航段）；

④ V：表示尚未向国际民航组织申请的国际（地区）航线（航段）。

地方航线（航段）分两类，第一类为飞行管制区间的航线，编号为 J1 – 200，由空军司令部负责分配；第二类为飞行管制区内的航线，编号范围为：J201 – 9 99。其中，J201 – 300、J301 – 400、J401 – 500、J501 – 600、J601 – 700、J701 – 800、J801 – 900 分别由北京、兰州、广州、成都、南京、沈阳、济南军区司令部负责分配。

（2）使用。

某一航线（航段）有几个航线（航段）代号时，选用的代号应与下个所飞航段的代号相一致；如果该航段的几个航段代号与下个所飞航段的代号不同时，选用航线（航段）代号的优先级通常按 A、B、G、H、J、V 顺序排列。

（二）航　路

航路是使航空器完成机场与机场、给定地理点之间的飞行路径。航路由沿航路的导航台或位置点连接而成，它是制定了有关飞行规则、宽度限制和主用高度、备用高度以及具备相应的通信导航设施和航行管制雷达的航线。航路分为国际航路和国内航路，如：L888 航路（欧亚航路）；A593 航路，（京—沪航路）等。

航路的中心线由上述导航台和位置点的连线确定，除特别规定外航路的高度范围为地面至 12 000 m（含）。民航在航路内提供空中交通管制服务的垂直范围是指航路最低安全高度以上的第一可用飞行高度层（含）至 12 000 m（含）

航路划设应将适当的导航容差区域（由 95% 概率的可容度所确定的区域）与导航台上空的倒圆锥容差区域相结合。航路的最小宽度由提供导航的导航台上空倒圆锥容差区的大小来确定。

目前，我国规定的航路宽度为 20 km（航路中心两侧各 10 km）。如果航路某一段受条件限制，可以减少宽度，但不得小于 8 km。未规定宽度的航线，在管制工作中可参照此规定，并结合实际情况，严格掌握。在航路方向改变时，则包括航路段边界线延长至相交点所包围的空域。同时，航路还应当确定上限和下限。

四、区域管制的职责

1. 监督航路上的飞行活动，及时向航空器发布空中飞行情报

充分利用通信、导航、雷达设备，准确、连续不断地掌握飞行动态，随时掌握空中航空

器的位置、航迹、高度，在超过航空器预计过台时间仍没有接到航空器报告的，应及时询问航空器的位置。同时，在指挥航空器改变高度时，应加强对航空器的监控，对于可能形成相互接近的飞行情报，应及时通报，使航空器保持规定的航路和高度飞行。

2. 掌握天气变化情况，及时向航空器通报有关天气情报

与气象观测部门保持紧密联系，及时取得现时的气象情况和天气的演变趋势。当遇到天气突变或从空中其他航空器处得到危险天气报告时，应及时通知空中其他航空器，并协助航空器绕飞危险天气。

3. 准确计算航行诸元，及时给予驾驶员管制指令

根据航空器报告和实际飞行情况，管制员应掌握其航行诸元和续航时间，尤其是当航线上有大的逆风或在绕飞危险天气时，应计算和考虑航空器的续航能力，及时建议驾驶员继续飞行、返航或就近机场着陆等。

4. 妥善安排航路上航空器之间的间隔，调配飞行冲突

随时掌握并推算空中交通状况，预计相对、追赶、交叉飞行的航空器之间将要发生冲突时，必须主动、及时地予以调整。

5. 协助驾驶员处置特殊情况

特殊情况的处置主要依靠空勤组根据实际情况采取相应的措施，管制员应根据时间情况对空中的航空器提出合理的建议和提示。同时，对处于特情的航空器应予以优先处置，及时了解机组意图，最大限度地对该航空器予以保障。

6. 与相关单位保持协调，通报本区域内飞行动态

区域管制室应加强与本单位塔台及进近管制室的协调，及时向本场管制塔台通报进港及有关飞越航空器预达走廊口及本场上空时间、高度及有关情况；同时要加强与周边管制室和军航管制室的协调，严格按照协议与相邻的区域管制室及航站管制室作好航空器的管制移交协调工作。

五、区域管制室席位设置及各席位职责

1. 带班主任席

（1）全面掌握工作情况、飞行情报、天气情况等有关工作信息；

（2）清楚了解上岗工作人员的身体精神状况，合理安排岗位值班力量；

（3）维持现场工作秩序，监控区域管制室各岗位对各项规章制度的执行情况，监控本管制区域内的空中交通状况，确保空中交通安全；

（4）处理与有关部门的协调，负责协调管制室各岗位工作。

2. 指挥席位管制员职责

（1）对空中动态的安全负责；

（2）为本管制扇区内相关航空器提供管制服务以及飞行情报服务和告警服务；

（3）合理调配航空器，使航空器之间具备安全间隔且符合规定的移交间隔标准；

（4）规范填写飞行进程单，及时修改航空器信息，按规定实施移交；

（5）注意阅读各类告警、提示信息，并采取相应措施。

3. 监控席位管制员职责

（1）对空中动态的安全负责；

（2）负责监控指挥席位管制员的对空指挥，帮助指挥席位管制员发现和解决冲突；

（3）监督指挥席位管制员的操作，发现违章违规现象及时指正；

（4）协助指挥席位管制员完成其职责范围内的其他工作。

4. 助理管制席位管制员职责

（1）负责监控指挥席位管制员的对空指挥，帮助指挥席位管制员发现和解决冲突；

（2）负责有关动态的移交、接收、协调、通报；

（3）通报席关闭时，接管通报席负责的全部工作；

（4）按章规范操作，及时注意各类告警、提示信息，并采取相应措施。

5. 流量管理席位管制员职责

（1）监控管制室内所有扇区管制席位的管制过程；

（2）协助指挥席位管制员提供管制服务；

（3）协助为飞行员提供情报服务及告警服务；

（4）提出流量管理方案；

（5）协助处理管制过程中出现的特殊情况。

6. 飞行编辑席职责

（1）根据民航总局运行中心的总调电报、民航总局运行中心流量管理室电报、地区空管局空管处的业务电报、地区空管局运行中心管调电报和传真/电话对当日动态或明日计划总览进行增删；

（2）根据地区空管局运行中心管调电报、传真/电话和相关单位的电报、传真，对当日或明日的通用航空计划进行增删和校正；

（3）根据地区空管局运行中心管调传真/电话、站调电话和相关军航单位电话对当日或明日军航动态进行增删和校正。

7. 飞行动态处理席职责

（1）检查并保证本席位各设备的正常工作和设置规范；

（2）负责当天飞行计划的核对及处理；

（3）负责当天飞行动态的通报及处理；

（4）负责拍发相关电报和正确处理接收的各种报文；

（5）统计与本区域有关的飞行架次及流量控制等数据；

（6）协助相关岗位的工作；

（7）妥善处理业务电话和私人电话；

（8）正确操作本席位的各种设备。

8. 通报席职责

（1）负责向外管制单位进行正常电话移交；

（2）负责接收外管制单位正常电话移交；

（3）负责抄收外相邻管制单位有关信息，并及时通报相应席位和带班主任；

（4）监控对应指挥扇区内的飞行动态，帮助席位发现冲突，但不对空中交通安全负责。

六、区域管制工作程序

（1）编制、审理各报告室申报的飞行预报和计划。其中，临时飞行任务的申请应当及时予以批复，并将已批准的飞行预报通知有关的管制部门和当地军航管制室。

（2）航空器预计在本区内起飞前或进入管制区域边界前 30 min 开始工作，校对军航和民用航空器的飞行预报。阅读航行通告，拟定管制方案，听取天气讲解，研究航路、备降机场的天气实况和预报。

（3）接到航空器起飞的通报后，按照飞行计划电报和各位置报告点的预计时间，填写飞行进程单，配备管制间隔，调配飞行冲突。

（4）航空器在本管制区内的机场起飞，应当在预计起飞前 10 min 开始守听；如果航空器在管制区域内的机场着陆（飞越），则应当在航空器预计进入管制区边界前 30 min 开始守听。

（5）已经接受管制移交的航空器，超过预计进入管制空域边界时间尚未建立联络，应当立即询问有关管制室，同时采取措施建立联络。

（6）按时开放并充分利用通信、导航和监视设备和利用航空器的位置报告，准确掌握航空器的位置。监督其保持规定的航路和间隔标准飞行，超过预计飞越位置报告点 5 min，尚未收到报告时，应当立即查问情况。

（7）航空器预计进入进近管制空域（或者塔台管制空域）前 10～15 min，与进近管制室（或塔台管制室）进行移交，取得进入条件后通知航空器，如进近管制室（或塔台管制室）与区域管制室不在一起时，由着陆机场对空台直接通知航空器。航空器进入进近管制区域（塔台管制区域）前，通知航空器转换频率与进近管制室（或塔台管制室）建立联络。

（8）航空器更改预计起飞时间，管制员应当按照更改后的预计起飞时间开始工作。

七、管制扇区

（一）扇区的划分

划设管制扇区的目的是充分合理地利用空域资源，有效地减轻管制人员的工作负荷，降低地空无线电通话密度，提高空中交通服务能力。

为适应交通量的增长和提高空中交通服务效率，空中交通管制单位可以根据本章的规定，将其管制责任范围分为若干工作席位或扇区。

目前我国管制扇区的划分方法主要有以下几种：

（1）平面几何象限划分。以主要机场或者主要导航设施（如 VOR/DME）为中心，根据空中交通流量分布特点，将整个区域采用几何划分的办法划设管制扇区，合理分配工作量。

（2）按照高度划分管制扇区。根据上升、下降和飞越的高度，选定区域内的高度界定值，在该值附近确定管制扇区的高度范围。

（3）按照航路、航线的繁忙程度、使用性质和飞行特点划分管制扇区。根据进离场航线的单向进出特点和航路飞行交叉冲突矛盾点的分布，选定比较繁忙的几条航路、航线，将这些航路、航线合理地分配至相应的管制扇区，使得管制员的注意力能够集中在这些主要的航路、航线上，做到工作负荷比较平均。

（二）扇区的开放与合并

划设管制扇区是为了在空中交通流量较大时，将飞行流量进行合理分流，从而缓解管制员的工作压力。而当空中交通流量较小时，为节约人力资源同时减少扇区间的协调与移交工作量，可以将管制扇区进行合并。目前，管制扇区的开放与合并方法主要有两种：① 根据固定的时间进行，例如某管制室扇区开放时间为：早上 8：00 开放 01、02 号扇区，晚上 22：00 将 01、02 扇区进行合并；② 根据飞行流量开放扇区，此时通常由各带班主任根据当时的飞行流量大小、冲突复杂程度、军航活动的特点、设备运行状况以及人力资源状况等情况灵活安排扇区合并或开放运作。

扇区的开放和关闭由新开放或被关闭扇区的协调员负责通知周边相关的管制部门。开放或被关闭的扇区的管制人员在扇区开放或关闭之前应主动与相关扇区协调交接相关事宜，双方要做到交清接明，不得遗漏。开放及合并扇区时，必须解决飞行冲突后才能进行管制移交。移交方必须逐个指明航空器目标，并有责任说明区域内航空器的潜在冲突。扇区关闭后，应将原来扇区工作频率的扬声器打开继续监听，防止遗漏航空器，并将内话转移到新席位。

八、区域管制工作流程

（一）班前准备

接班人员应调整好精神状态，按照预定接班时间提前到达管制室，以便从容地完成以下班前准备工作。

1. 岗前登记

各单位在实际运行过程中，岗前登记的方式有所不同，但应包含以下主要内容：

（1）接班人员应详细阅读交班班组已填写好的交班内容，包括空军活动、通用航空、流量限制、设备运行、重要飞行、气象及其他等项目，确认理解无误后依次在各项目打钩以示确认；

（2）注明接班人员的身体、精神、思想状况是否良好（选项为良好或不好），确定能否胜任工作；

（3）进入预定的工作岗位进行交接班事项。

2. 了解天气

接班人员在正式上岗前须详细了解并掌握区域内的天气情况，包括雷雨位置和范围及其运动趋势，航空器绕航情况，有无颠簸层、积冰层及其影响的飞行高度。获取天气情况的途径包括岗前准备系统中的气象项目，询问交班人员，以及查看综合信息处理和显示系统、气象综合信息服务系统中的相关内容。

3. 设备检查

每日早班接班班组应安排专人对各管制席位的设备进行检查（已开放的扇区除外），检查内容包括各管制席位的主用、备用频率及 121.5 应急频率是否使用正常，并详细填写设备检查单，将检查结果报告当班的带班主任。

4. 班前须知

管制员在饮用含酒精饮料之后的 8 h 内和处在麻醉剂或其他对执勤有影响的药物作用的情况下，不得参加执勤。

（二）班前与班后会

1. 时间安排

（1）班前准备会一般在班组人员到位后，交接班之前召开。

（2）班后讲评会一般在交接班结束后，在班组人员准备离开管制室时进行。

2. 班前准备会

（1）内容：值班班组交班的内容及注意事项，人员状况及值班安排，上级有关要求等。

（2）参加人员：准备值班的全体管制员。

详细记录有关内容。

3. 班后讲评会制度

（1）内容：本班次出现的有关问题及相关要求。

（2）参加人员：下班的全体管制员。

（3）详细记录相关内容。

（4）接班班组的领班主任了解接班的相关内容后，组织本班次有关人员开班前准备会。

（5）各班组要详细记录有关的内容，班前准备会和班后讲评会的内容必须详细记录在各组的小组讲评会记录本上。

（三）管制交接班

具体交接班制度及规定参见进近管制单位交接班。

第二节 高空缩小飞行间隔——RVSM

为充分利用空域资源，节省燃油，降低运营成本，国际上很早就开始了缩小垂直间隔（RVSM）的研究，大约在 20 世纪 40 年代末，全球陆续形成了飞行高度层 29 000 ft 以上 2 000 ft，以下为 1 000 ft 的高度间隔格局，但没有统一的国际标准。

20 世纪 70 年代中期，国际民航组织“间隔总原则审查委员会”从 1974 年开始了在 29 000 ft 以上实施 1 000 ft 间隔的研究。1997 年北大西洋空域或航路首先开始从 FL330 ~ FL370 实施了 1 000 ft 间隔的试运行。一年以后扩大到 FL310 ~ FL390。从 2002 年开始，中国民航开始在三亚飞行责任区——南中国海北部海洋空域内的 5 条航路上实施最小的飞行间隔。

一、RVSM 简介

缩小垂直间隔在国际民航界通常称为“Reduced Vertical Separation Minimum（RVSM）”：即在高度层 29 000 ft（8 850 m）至 41 000 ft（12 500 m）之间的高度层空间范围内，飞机之间的最小垂直间隔由过去的 2 000 ft（600 m）缩小为 1 000 ft（300 m）；该空间范围内飞行高度层的数量从原有的 7 个增加到 13 个，新增 6 个飞行高度层，可用飞行高度层数量增加了 86%，显著增加了空域容量；这个高度层空间范围刚好是现代喷气式民航客机巡航阶段所主用的高度层，从而能有效增加空域容量，提高航空公司的运行效益，减轻空中交通管制指挥的工作负荷。图 4.2 为英制高度层示意。

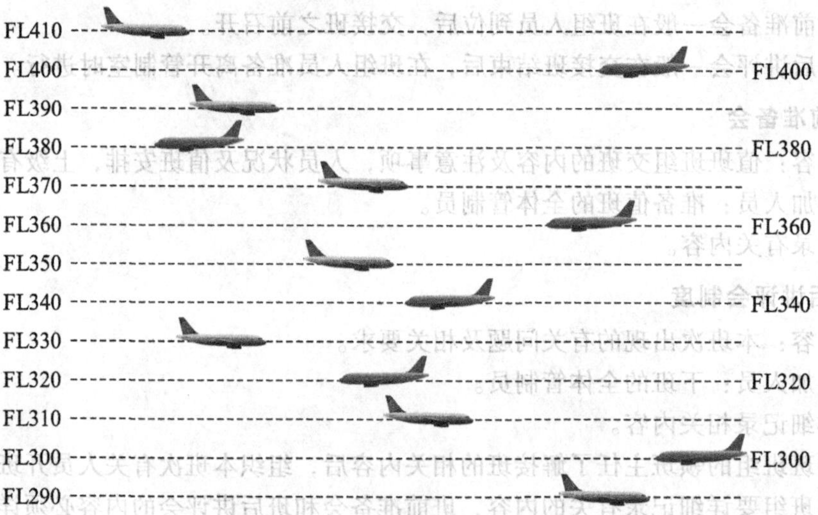

图 4.2 英制高度层示意图

随着科技的发展，高精度高度表等一系列航空电子设备已经在民用飞机上得到了广泛的应用，缩小垂直间隔所涉及的技术已经成为成熟技术并得到了全面的应用，成为提高飞行流量和航空技术发展的必然要求。国际民航组织从 20 世纪 70 年代开始研究缩小垂直间隔标准并积极在全球范围内推广。

从 1997 年 3 月 27 日北大西洋空域开始实施缩小垂直间隔并成功安全运行后，在太平洋、大西洋、欧洲大陆、南中国海、中东、北美、南美等地区空域陆续顺利实施了缩小垂直间隔，世界各地 15 年多的实践也表明实施缩小垂直间隔是安全的。各国和各地区实施 RVSM 的时间如下所列：

- 1997 年 3 月 27 日，北大西洋地区开始实施 RVSM；
- 2000 年 2 月 24 日，北太平洋地区开始实施 RVSM；
- 2002 年 1 月 24 日，欧洲开始实施 RVSM；
- 2002 年 2 月 21 日，南中国海地区部分航路上开始实施 RVSM。
- 2002 年 11 月 1 日，包括三亚海洋空域的南中国海地区第二阶段开始实施 RVSM。
- 2003 年 11 月 27 日，喜马拉雅山脉南麓亚欧航路和中东地区开始实施 RVSM。
- 2005 年 1 月 20 日，美国和加拿大同时在其陆地上空的空域开始实施 RVSM。
- 2005 年 1 月 20 日，加勒比海和南美空域开始实施 RVSM。
- 2005 年 9 月，日本和韩国同时在东京、那霸和仁川飞行情报区开始实施 RVSM。

从世界范围内实施 RVSM 的情况来看，RVSM 首先是在洋区实施的，这是由于洋区存在导航精度和雷达覆盖等问题，要提高空域容量必须通过缩小垂直间隔，而无法通过大幅度缩小水平间隔来实现。其后，在陆地上空，需要进一步提高空域容量时，实施 RVSM 将是一个必然的选择。

我国从新中国诞生以来共进行了 4 次高度层改革，分别为：① 1950 年颁布的第一版和 1964 年颁布的第二版《中华人民共和国飞行基本规则》；② 1993 年 10 月 15 日实行新的高度层配备方法；③ 2001 年 8 月 1 日正式实施的新的《中华人民共和国飞行基本规则》；④ 2002 年 11 月 1 日在三亚责任区洋区航路实行缩小垂直间隔（RVSM）和英制高度层。

CVSM 是 Conventional Vertical Separation Minimum 的缩写，意思是“常规垂直间隔最低标准”。即在飞行高度层 290 之下采用 1 000 ft（300 m）的垂直间隔最低标准；在飞行高度层 290 之上采用 2 000 ft（600 m）的垂直间隔最低标准。

RVSM 是 Reduced Vertical Separation Minimum 的缩写，意思是“缩小垂直间隔最低标准”。现阶段 RVSM 具体是指：在飞行高度层 290 与飞行高度层 410（含）之间将原来的 2 000 ft（600 m）垂直间隔最低标准缩小为 1 000 ft（300 m）。

二、我国实施 RVSM 的必要性和可行性

（一）我国实施 RVSM 的必要性

在近几年来国际上普遍开始实施缩小高度层垂直间隔的形势下，随着我国经济发展和民用航空运输的快速增长，我国现行的飞行高度层配备方法出现了新情况和新问题。

1. 有效高度层数量不足

由于现代民航运输喷气客机飞行的最优巡航高度层和飞行的大部分时间，通常都集中在 9 000 ~ 12 500 m。我国在该空间范围内只有 6 个高度层可以使用，可用高度层数量在第二步改革前后，并没有任何变化，相比国际上在此空间有 13 个高度层，我国的可用高度层不到一半。近年来，航空事业发展迅猛，军民航航空器数量和飞行量均大幅增加，空域需求迅速增长，可用高度层紧张状况日趋严重，迫切需要研究解决。

2. 不能实现与国际接轨

我国周边韩国、越南、巴基斯坦等国实施 300 m 垂直间隔后，造成国境地带内外飞行高度

层的不一致，且有3个高度层存在对头飞行，不能与国外实现顺畅衔接，构成潜在安全隐患。

3. 军民航空域需求矛盾日益突出，民航飞机性能尚未充分发挥

随着民航飞机飞行量的快速增加，以及军航机动训练和战备演习任务的深化，军事飞行与民用航空的矛盾日益突出，迫切需要进一步开发利用空域资源，增加空中交通流量。由于国外已经实施缩小飞行垂直间隔，我国民航运输飞机已经有78%左右的飞机具备实施缩小垂直间隔的适航要求，其他大部分飞机也基本具备条件，只需适当改装即可。目前的飞行高度层不利于民航飞机性能的充分发挥，实际上是一种资源的浪费。

为了更充分利用我国的空域资源，适应航空运输快速发展的需要，满足飞行安全的要求，逐步与国际标准接轨，需要研究对我国的飞行高度层配备做进一步改革，实施缩小垂直间隔。

（二）我国实施RVSM的可行性

1. 我国已经积累了实施英制高度层和缩小垂直间隔的经验。

国际上许多国家和地区成功实施RVSM，为我国空域内顺利实施RVSM提供了宝贵的经验。为顺利实施南中国海空域重组和新航路结构调整，我国三亚飞行责任区内的洋区航路，已于2001年11月使用了英制飞行高度层。并根据国际民航组织部署，从2002年11月起，在三亚飞行责任区海洋空域，实施了缩小垂直间隔。

2. 我国空中交通管制能力和空管保障能力能够满足实施RVSM的要求

我国民航空中交通服务能力显著增强。我国空管系统积极推进从程序管制向雷达管制的变革，先后在北京、上海、广州、厦门、武汉、郑州、长沙、大连、三亚、济南等高空管制区实施了雷达管制。以上地区和航路实施雷达管制后，运行状况普遍良好，交通流量迅速增加，航班延误数量逐步减少，受到了航空公司的好评。

3. 我国空中交通管制能力和空管保障能力能够满足实施RVSM的要求

我国空管系统建设步伐加快。近十年来，国家和民航总局投入约100亿元，用于民航空管系统基础设施建设，使民航空管设施的系统功能、自动化程度、安全可靠性得到很大改进，运行保障能力明显增强。具有世界先进水平的北京、上海、广州三大区域管制中心及配套设施总投资达20多亿元，于2005年分别投入了运行。

目前，我国使用的Raytheon公司、Lockheed Martin公司、Telephonics公司空管自动化处理系统软件，能够升级到符合RVSM要求的版本。我国北京、上海和广州三大区域管制中心的Thales自动化处理系统软件已经符合RVSM的要求。因此，我国空中交通管制能力和空管保障能力，能够满足实施RVSM的要求。

4. 我国航空公司已经具备在RVSM空域运行的能力，机队中已经有一定比例的飞机具备RVSM运行能力

由于国外大部分地区已经实施了缩小垂直间隔，执行国际航班任务的飞机，已经取得适航批准，我国航空公司的机队，在满足缩小垂直间隔适航性方面，具备了一定的基础。国航、南航、东航等航空公司的航班已经在太平洋、欧洲大陆、南中国海地区等缩小垂直间隔的空域成功运行多年。我国在实施缩小垂直间隔涉及航空器的适航与运行等方面，已经取得了不少经验，为实施缩小垂直间隔奠定了基础。

我国实施飞行高度层第三步改革后，按照国际民航有关规定，只有经过缩小垂直间隔适航和运行批准的航空器，方可以在 8 900 m（fl291）至 12 500 m（fl411）之间的缩小垂直间隔空域内运行。否则，需要在 8 400 m（含）以下或者 12 500 m（不含）以上运行。

航空器为了能够在缩小垂直间隔的空域内飞行，其应当满足的适航要求为：航空器应当具有两套独立的高度测量系统，即一套高度告警系统和一套自动高度保持装置。目前我国正在使用的大型民用航空器，大部分已经符合或者通过适当改装就能够符合上述的适航要求。目前国际上许多空域都已经或者计划实施 RVSM，因此大部分国际运输的飞机都已经获得 RVSM 运行批准或者已经具备 RVSM 能力。

5. 对军用航空器仍采用目前的垂直间隔标准，对军航飞行的影响可以减少到最小

各个国家实施 RVSM 后大都是军用航空器采用固定地段穿越民航航路，军用航空器与民用航空器之间的垂直飞行间隔仍然保持实施 RVSM 之前的常规间隔，不需要特别安装或者改装高度表等机载设备。军航运输航空器如果沿民航航路飞行，一般需要符合民航 RVSM 的适航要求，特殊情况时仍可以按照常规垂直间隔飞行，民航组织避让。所有上述工作都建立在军民航完善有效的协调基础上。

我国在以往的飞行高度层改革和航路移交工作中，军、民航已经在这方面取得了许多成功的经验。因此，在我国实施 RVSM 后，对军用航空器仍采用目前的垂直间隔，对军航飞行的影响可以减少到最小。

三、实施 RVSM 的飞行高度层方案

（一）依据及实施范围

为适应航空事业发展需要，进一步提高空域资源利用率，根据国务院、中央军委空中交通管制委员会颁发的《我国缩小 8 400 m 以上飞行高度层垂直间隔方案》（简称《方案》），制定中国民航实施缩小 8 400 m 以上飞行高度层垂直间隔方案。

《方案》提出的飞行高度层配备方案，是立足我国国情和借鉴国际标准，依据民航总局提出的建议，通过组织模拟验证和反复研究论证形成的，总体上实现了 8 400 m 至 12 500 m 飞行高度层垂直间隔由 600 m 缩小为 300 m 的目标。

新的飞行高度层垂直间隔配备方法于 2007 年 11 月 22 日零时（北京时间）起施行。

实施范围为：在我国境内沈阳、北京、上海、广州、昆明、武汉、兰州、乌鲁木齐飞行情报区，以及三亚飞行情报区的岛内空域（不含已经实施缩小垂直间隔的三亚飞行情报区海洋空域，以及香港、台北飞行情报区）。在上述飞行情报区内 8900 m 以上至 12500 m，定义为缩小垂直间隔空域。不符合 RVSM 运行要求的飞机将不得在缩小垂直间隔空域内运行。

（二）飞行高度层配备方案

在我国现行 8 400 m 以下飞行高度层实行 300 m 垂直间隔、8 400 m 以上飞行高度层实行 600 m 垂直间隔的基础上，缩小 8 400 m 至 12 500 m 高度范围内飞行高度层垂直间隔。即 8 400 m 至 8 900 m 实行 500 m 垂直间隔、8 900 m 至 12 500 m 实行 300 m 垂直间隔和 12 500 m 以上仍维持 600 m 垂直间隔不变。

表 4.1 为飞行高度层配备标准表。

表 4.1 飞行高度层配备标准表

航线角			
000°～179°		180°～359°	
飞行高度层		飞行高度层	
米	英尺	米	英尺
依次类推	依次类推	依次类推	依次类推
↑	↑	↑	↑
14 900	48 900	15 500	50 900
13 700	44 900	14 300	46 900
		13 100	43 000
12 500	4 110		
11 900	39 100	12 200	40 100
11 300	37 100	11 600	38 100
10 700	35 100	11 000	36 100
10 100	33 100	10 400	34 100
9 500	31 100	9 800	32 100
8 900	29 100	9 200	30 100
8 100	26 600	8 400	27 600
7 500	24 600	7 800	25 600
6 900	22 600	7 200	23 600
6 300	20 700	6 600	21 700
5 700	18 700	6 000	19 700
5 100	16 700	5 400	17 700
4 500	14 800	4 800	15 700
3 900	12 800	4 200	13 800
3 300	10 800	3 600	11 800
2 700	8 900	3 000	9 800
2 100	6 900	2 400	7 900
1 500	4 900	1 800	5 900
900	3 000	1 200	3 900
—	—	600	2 000
米	英尺	米	英尺

表 4.2 为飞行高度层配备标准表以及显示差异。

表 4.2 为飞行高度层配备标准表以及显示差异

飞行高度层走向	米制 RVSM 高度层/m	米制 RVSM 高度层转换为英尺/ft	米制 RVSM 高度层转换为英尺并按照 100 英尺取整/ft	管制员看到的实际雷达标牌显示	飞行员看到的实际显示
向东	14 900	48 885	48 900	1 490	14900
向西	14 300	46 916	46 900	1 430	14300
向东	13 700	44 948	44 900	1 369	13600
向西	13 100	42 979	43 000	1 311	13110
向东	12 500	41 010	41 100	1 253	12 530
向西	12 200	40 026	40 100	1 222	12 220
向东	11 900	39 042	39 100	1 192	11 920
向西	11 600	38 058	38 100	1 161	11 610
向东	11 300	37 073	37 100	1 131	11 310
向西	11 000	36 089	36 100	1 100	11 000
向东	10 700	35 105	35 100	1 070	10 700
向西	10 400	34 121	34 100	1 039	10 390
向东	10 100	33 136	33 100	1 009	10 090
向西	9 800	32 152	32 100	0978	9 780
向东	9 500	31 168	31 100	0948	9 480
向西	9 200	30 184	30 100	0917	9 170
向东	8 900	29 199	29 100	0887	8 870
向西	8 400	27 559	27 600	0841	8 410
向东	8 100	26 575	26 600	0811	8 110
向西	7 800	25 591	25 600	0780	7 800
向东	7 500	24 606	24 600	0750	7 500
向西	7 200	23 622	23 600	0719	7 190

（三）我国实施 RVSM 的难点

1. 国外实施 RVSM 都是使用英制

目前，我国在 8 400 m 以下实施 300 m 垂直间隔，8400 m 以上实施 600 m 垂直间隔。而国外实施 RVSM 都采用 1 000 ft 垂直间隔。由于 300 m 等于 984 ft，因此，比国外实施 1 000 ft 垂直间隔要小 16 ft。

2. 存在“900 ft”的现象

由于“波音”或者“空客”飞机实际飞行时，只能按照米制高度层（例如 10 800 m）

转换为英制高度（英尺），并按照 100 ft“取整”后的英制高度飞行（例如 10 800 m 对应的英制高度层为 35 400 ft）。因此，目前我国正在使用的飞行高度层，存在部分米制飞行高度层，它们的垂直间隔按照米制是 300 m，但是经过转换并按照 100 ft“取整”后只有 900 ft 垂直间隔的现象。例如，我国目前的高度层 2 700 m 和 3 000 m，转换为英尺按照 100 ft“取整”后，分别为 8 900 ft、9 800 ft，因此，飞机实际飞行垂直间隔为 900 ft，不符合 ICAO 的规定。

3. 公英制转换导致的雷达标牌显示差异

由于公、英制的转换原因，我国目前的飞行高度层配备标准，管制员在雷达显示上看到的部分高度层与管制指令存在 10 m 的差异。例如，管制指令飞机在 10 800 m 飞行时，飞机实际在 3 540 ft（等于 10 790 m）上飞行，管制员在雷达屏幕上看到的雷达标牌显示为“1079”，相差 10 m。8 400 ~ 12 500 m 范围内，共有 13 个高度层，其中雷达标牌显示与管制指令高度差异有 3 个高度层差异为 30 m，4 个高度层差异为 20 m，4 个高度层差异为 10 m，2 个高度层完全一致。图 4.3 为飞行高度在雷达上的显示差异。

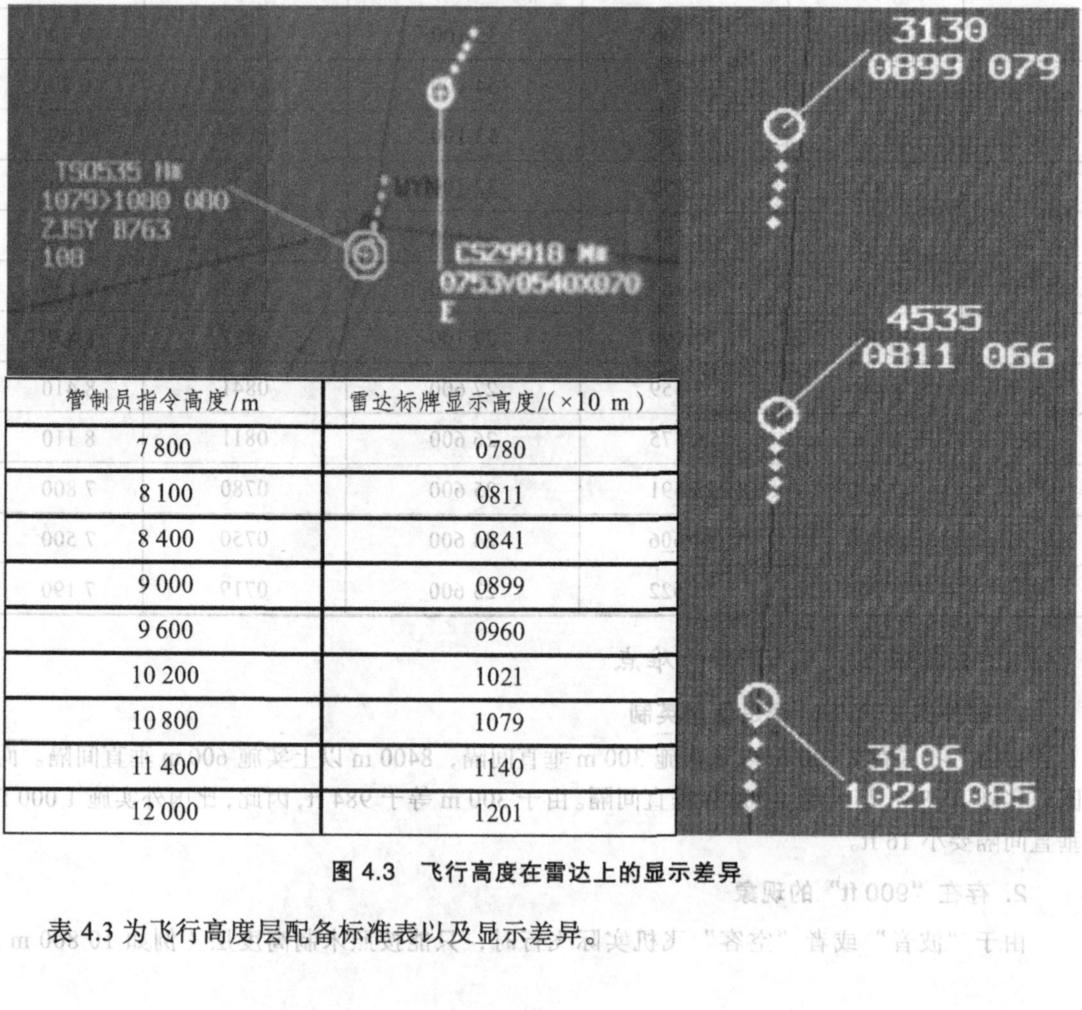

管制员指令高度/m	雷达标牌显示高度/(×10 m)
7 800	0780
8 100	0811
8 400	0841
9 000	0899
9 600	0960
10 200	1021
10 800	1079
11 400	1140
12 000	1201

图 4.3 飞行高度在雷达上的显示差异

表 4.3 为飞行高度层配备标准表以及显示差异。

表 4.3　高度层配备标准表以及雷达标牌显示差异

飞行高度层走向	米制 RVSM 高度层/m	米制 RVSM 高度层转换为英尺/ft	米制 RVSM 高度层转换为英尺并按照 100 英尺取整/ft	管制员看到的实际雷达标牌显示
向东	14 900	48 885	48 900	1 490
向西	14 300	46 916	46 900	1 430
向东	13 700	44 948	44 900	1 369
向西	13 100	42 979	43 000	1 311
向东	12 500	41 010	41 100	1 253
向西	12 200	40 026	40 100	1 222
向东	11 900	39 042	39 100	1 192
向西	11 600	38 058	38 100	1 161
向东	11 300	37 073	37 100	1 131
向西	11 000	36 089	36 100	1 100
向东	10 700	35 105	35 100	1 070
向西	10 400	34 121	34 100	1 039
向东	10 100	33 136	33 100	1 009
向西	9 800	32 152	32 100	0 978
向东	9 500	31 168	31 100	0 948
向西	9 200	30 184	30 100	0 917
向东	8 900	29 199	29 100	0 887
向东	8 400	27 559	27 600	0 841
向西	8 100	26 575	26 600	0 811
向东	7 800	25 591	25 600	0 780
向东	7 500	24 606	24 600	0 750
向西	7 200	23 622	23 600	0 719
向东	6 900	22 638	22 600	0 689
向西	6 600	21 654	21 700	0 661
向东	6 300	20 669	20 700	0 631
向西	6 000	19 685	19 700	0 600

（四）飞行高度层方案的优点

（1）继续沿用米制高度层，良好的继承性，满足军航国防需要；

（2）对应的英制高度层垂直间隔为 1 000 ft，符合安全要求；

（3）飞机实际飞行的英制高度层规律性强，方向感好，便于记忆操作；

（4）比国外飞行高度层统一高 100 ft（30 m），便于国境地带飞行高度层转换；

（5）存在 500 m 的缓冲空间；

（6）米制高度层满足“东单西双”原则，便于记忆。

RVSM 飞行高度层也便于快速换算，如：

① 英制→公制：乘 3 加 2，例如：38 100 英尺 38 × 3 = 114，+ 2，为 116，即 11 600 m。

② 公制→英制：减 2 除 3 有尾数。例如：10 700 m，107 − 2 = 105，105 ÷ 3 = 35，加上尾数（100 英尺），即得 35 100 英尺

当飞行员听到上升到 10 700 米时，在飞机上调 35 100 英尺高度。

四、侧向偏置程序

侧向偏置程序国际上英文称为 Strategic Lateral Offset Procedure，简称 SLOP，即允许具备侧向偏置能力的航空器在航路中心线向右平行偏置 1 n mile 或者 2 n mile，提供更大的安全余度，减少因各种非正常情况发生时（包括人为操作失误、高度偏离误差、颠簸导致的高度保持误差等）航空器空中相撞的风险。

在未实施雷达管制区域内的航路上，允许具备侧向偏置能力且使用 GPS 导航的航空器实施侧向偏置程序，在航路中心线向右平行偏置 1 n mile 或者 2 n mile。是否实施侧向偏置由航空公司政策和机组决定，不需要向管制员进行报告。

在实施雷达管制的区域内，实施侧向偏置程序应当得到管制员的批准。除非得到管制员的批准，航空器不得在航线上实施横向偏置程序，也不得在雷达管制空域内实施横向偏置程序。

当航空器遇上尾流或受到航空器机载防撞系统（ACAS）等系统警告干扰时，航空器驾驶员应当通知管制员以申请改变飞行高度层、航迹、速度，或者申请执行偏置程序，向右偏置不超过 2 n mile，以减缓尾流影响和航空器系统警告干扰。管制员可以基于安全和减少尾流影响的考虑指挥具备自动偏置航迹能力的航空器在航路上实施横向偏置程序。管制员指挥航空器在航线上实施横向偏置程序应当征得军方的同意，并确保航线附近无影响飞行安全的活动。

侧向偏置程序既适用于减轻由于提高导航精度而造成增加的横向重叠概率，也用于减轻所遇到的尾流紊流。侧向偏置程序通常是具备侧向偏置能力的航空器向航路中心线右侧偏置 1 ~ 2 n mile，实行侧向偏置程序由航空器机长决定，无需向管制员报告。不具备侧向偏置能力的航空器则应当沿航路中心线飞行。

第三节　航路飞行管制

一、区域管制放行许可

（一）一般原则

（1）空中交通管制的放行许可必须及早发出，以保证将其发到航空器后有充分的时间使它遵照执行。

（2）如某一航空器在其飞行计划中表明其初始的一段飞行不受管制而随后的一段飞行受始发管制区之后的一个区域管制中心所管制，则必须通知该航空器和它开始作管制飞行地区的区域管制中心联系以取得放行许可。

（3）如某一航空器在其飞行计划中表明其开始的一段飞行受空中交通管制，而随后的一段飞行不受管制，通常必须放行该航空器至受管制飞行的截止点。

（4）区域管制中心可以要求相邻的区域管制中心在某一指定的期间内把航空器放行到指定的某一点。

（5）初次放行许可在起飞站发给航空器之后，有关区域管制中心必要时有责任随时签发修正的放行许可，并根据需要发布交通情报。

（6）在航空器的跨音速飞行和超音速飞行阶段，应尽可能减少发布修正的放行许可，并适当的考虑此阶段航空器的运行限制。

（7）若交通状况及协调程序允许，在驾驶员的请求下，管制员必须准许航空器爬升，这种为巡航爬升而发布的放行许可既可在指定的高度层以上，也可在指定的高度层之间。

（8）在驾驶员的请求下，管制员应尽可能准许航空器在后一段的飞行减速，以消磨已知进港将延误的一部分时间。所谓指定的时间可能是已知进港拖延将延误的全部时间，也可能是其中的一部分时间。

（9）如一架航空器在第一起飞站申报飞行计划，其中包括做几次中途经停的几个航段，则最初的放行许可的界限应是第一着陆站，对于以后各段的飞行，应另行发新的放行许可。

（二）航路放行许可的签发

1. 区域管制室和进近管制室航路放行许可签发时间

应当于航空器起飞前或进入本责任区前 30 min，发出进入本责任区的航路放行许可，通过有关空中交通服务单位通知机长。

2. 航路放行许可的内容

（1）航空器的呼号；

（2）放行界限；

（3）放行航路；

（4）全航路或其中一部分的飞行高度层和需要时高度的改变；

（5）其他必要的指示和资料。

应用举例：CCA981 可以沿 A461 航路飞至 KG，飞行高度层 9 800 m，KG 以后听从进一步管制指令。

3. 跨音速航空器的航路放行许可

（1）跨音速加速阶段，许可延续到该阶段的终点；

（2）自超音速巡航到亚音速的减速阶段许可其不间断的下降。

4. 要求改变飞行计划的放行许可

（1）当对要求改变飞行计划（改变航路或巡航高度层）的航空器签发放行许可时，在放行许可中必须包括所改变的确切内容的性质。

（2）如涉及高度层的改变而飞行计划中含有一个以上的高度层，则所有这些高度层均须包括在放行许可中。

（3）如飞行情况不允许同意某一飞行计划的改变，必须用“不能放行”字句。当情况允许时，应提出另外一份替换的飞行计划。

（4）如提出上条所述的另外一份替换的飞行计划，则必须包括修订后的完全的放行许可或涉及替换的那一部分的放行许可。

二、航路流量控制

（一）流量管理的目的

（1）某一管制区在一定时间内所能容纳的航空器的数量取决于多方面的因素：管制区内扇区划设情况，管制手段，航路及空域结构和管制员的能力等。

（2）区域管制室或进近管制室已明知本管制区除已接受的飞行活动外，在某一时间一定航段内不能容纳其他飞行或只能在某一速率下容纳飞行活动时，应当进行流量控制。

（3）在进行航路流量控制时，应当通知有关空中交通管制单位和经营人或飞经本责任区的航空器机长。可限制相邻管制区进入本区域的航空器的数量、时间。

（4）对于已经进入本管制区的航空器，管制员应充分利用各种管制方法对航空器进行调整，切忌在流量过大的情况下盲目蛮干。在程序管制条件下，等待是调整航空器之间间隔的方法之一。

（5）依据流量分布特点及其发展趋势，以及受恶劣天气、军方活动等因素的影响大小，及时做好流量管理，防止航空器在某一时段、某一区域、机场出现超负荷流量，在确保飞行安全的前提下争取运行顺畅。

（二）流量管理的操作方法

（1）区域管制室流量管理分为飞行前流量管理和实时流量管理两种，其中以飞行前流量管理为主，实时流量管理为辅。

（2）飞行前流量管理是指发生恶劣天气、设备故障、军航活动影响、预计扇区区域流量超负荷等情况时，采取提前控制航空器进区域时刻的方法来达到改变航空器开车、起飞时刻的目的，从而疏导交通，维持正常的飞行程序。

（3）实时流量管理是指当飞行中发现或按照飞行预报、天气预测将要在某一时段内，某一段航路、某一区域或某一机场出现飞行流量超过限额时，采取改变航段、增开扇区、限制进入管制区时刻或者限制通过某一导航台上空的时刻，安排航空器空中等待，调整航空器速度、雷达引导消磨时间等方法，控制航空器按照规定间隔有秩序地运行。

（4）实施流量限制应采用允许单位时段内进入所辖区域航空器数量的方式来操作。

（5）流量管理内容必须按照双方所签订的管制协议中的提前量提前发布，因禁航、无线电中断、军方要求、前方管制单位特殊要求、突发事件等特殊情况，需实施流量控制时，应及时通知对方，接收方应积极配合。

（6）对外发布流量管理措施时应明确原因、生效时刻及预计结束时刻。

三、航路管制移交

（一）管制协调

1. 相邻区域管制单位之间的协调

（1）区域管制室应当随着飞行的进程将所需的飞行计划和管制情报，在航空器离开本管制区前 10 min（短途航线为 5 min），向相邻的区域管制室传递将航空器相关情报通知下一管制区。

（2）上述情报应及时发出，以便相邻的区域管制室有足够的时间收到并进行分析和相互协调。在武汉管制区中，由于从走廊到四个方向的移交点的飞行时间较短，因此从四个走廊出港的航空器，在飞出走廊后，应及时与下一管制单位进行管制协调。

（3）全航路或部分航路中各空中交通管制单位之间应当进行协调，以便发给航空器自起飞地点到预定着陆地点的全航段放行许可。如因资料或协调原因不能发给全航段放行，只能放行到某一点时，应当通知航空器驾驶员。未经双方管制区同意，不得放行航空器进入另一管制区。

（4）如果航空器的起飞地点距离相邻的区域边界不远，航空器起飞后才拍发所需的飞行计划和管制情报给接收单位，不能使接收单位有足够时间进行分析和协调时，移交单位须在放行航空器之前将管制情报发给接收单位提出申请。如飞行中的航空器距相邻的管制区域边界前要求起始放行许可，则在飞行计划和管制情报发给相邻区域管制中心并与其进行协调之前，须使该航空器在移交单位的区域内等待。如航空器已经在边界附近，航空器要求改变现行飞行计划或移交单位建议更改航空器的现行飞行计划，在接收单位未接收前，须暂缓发出修改的放行许可。

（5）上述情况下，在发出预计飞越边界的数据时，尚未起飞的航空器飞越边界的时间应当根据空中交通管制单位所定的预计时间计算。在飞行中要求放行许可的航空器飞越边界的时间，应当从等待点飞至边界的时间再加上预计进行协调所需的时间。

（6）对于移交单位提供的情报，接收单位须通知移交单位，可以按指定的条件接收该航空器或者要求飞行计划需做哪些更改，方可接收该航空器；但是如果有关的区域管制中心之间订有特别协议，也可只在不能按照移交单位所提出的条件接收该航空器时方通知。

（7）除两个区域管制中心之间另有协议外，如果采用非雷达管制间隔最低标准，航空器的通信联络必须在航空器预计飞越管制区分界线前 5 min，由移交单位转至接收单位。如 CCA1331 预计交接点 P41 时间 12 分，则武汉区域管制员在 07 分以前应指示 CCA1333 与郑州区域建立通信联络，但与本管制区保持长守。CCA1333 过 P41 之后，武汉区域与郑州区域即完成对该航空器的管制责任移交。

（8）区域管制室对在其区域飞行的航空器，可以指定其他的空中交通管制单位代为提供管制，但对在其空域内飞行的航空器，在飞出本区域前，仍承担主要管制责任。已经与尚未飞行到管制移交点的航空器建立通信联络的接收单位，在未事先征得移交单位同意前，不得改变已经发给该航空器的管制指令。

如：武汉区域管制室可将在其空域内飞行且还未到 P41 移交点的航空器交由郑州管制室代管，但在该航空器未到 P41 移交点前，郑州管制室在未征得武汉管制室同意前，不得改变该航空器的航行诸元。

（9）如某一管制区域的一部分所处的位置使航空器穿越它的时间太短，应该由该管制中心实施管制，使与其相邻两个区域管制中心达成协议可以直接移交，但应将穿越该区域的所有飞行活动全部通知中间的管制中心；该管制中心也可要求其他两个中心遵行必要的规定，以免干扰该管制区内的空中交通。

2. 区域管制与进近管制之间的协调

（1）如果区域管制室未限定起飞时间，当需要与放行至区域管制室的飞行进行协调时，进近管制室应确定起飞时间。

（2）当天气条件要求排队进近时，区域管制室应当将到达航空器放行至等待点，该项放行许可应当包括关于等待的指示和预计进近时间。

（3）下列情况下，航空器的起飞时间应当由区域管制室限定。

（4）放行许可未发布到进近管制室前，区域管制室应当与塔台进行协调。

（5）对于沿同一航路飞行的航空器，需要配备航路上的飞行间隔时。

如：本场起飞航空器为武汉—北京，巡航高度层 9 500 m，本区域有广州—北京飞越航空器，因为两机同航路/同高度，航路间隔应控制 10 min。区域管制员应根据飞越航空器预计走廊时间与起飞航空器预计走廊时间，来控制起飞航空器起飞时间，从而来控制两机航路间隔。

（6）区域管制室，应将受管制飞行的如下情报通知进近管制室：

① 到达航空器的识别标志、型别和起飞地点。

② 到达航空器预计到达等待点上空的时间和预计使用的等待高度层。

③ 因交通拥挤，预计对离场航空器进行的地面控制和预计延误时间。

④ 所发出的预计进近时间。

⑤ 已允许航空器同进近建立联络的说明。

⑥ 到达航空器的情报须在预计到达时间至少 15 min 前发出，必要时此项情报须加以修正。

3. 管制协调的内容

（1）接收方呼号；

（2）移交方呼号；

（3）航空器呼号；

（4）飞行高度；

（5）移交点；

（6）预计移交点时间；

（7）其他必要事项。

应用举例：郑州区调、武汉区调，管制协调 CXN4307 高度 7 800 m 保持，预计 P41 时间 34 分。

（二）管制移交

1. 一般原则

（1）在任何时间内，对航空器的管制应当只由一个空中交通管制单位承担。

（2）未经接收管制单位同意，不得将管制航空器的责任从一个空中交通管制单位移交给另一个空中交通管制单位。移交单位应将现行的飞行计划中的有关部分和有关该次移交的资料发给接收管制单位。

（3）接收管制单位应当根据移交管制单位所定的条件，表示是否有能力接收对该航空器的管制。

（4）航空器飞越管制移交点时，双方根据协议或管制协调条件，进行管制责任移交。

（5）管制移交应当通过直通管制电话（包括有线或者无线）进行。没有直通管制电话的管制室之间，通过空话台、调度电话、业务电报进行。

（6）已经接受管制移交的航空器，超过预计进入管制空域边界时间尚未建立联系，值班管制员应立即询问有关管制室，同时采取措施联络。

2. 管制移交的内容

（1）管制移交；

（2）航空器呼号；

（3）航空器机型（可省略）；

（4）飞行高度；

（5）速度（可省略）；

（6）移交点；

（7）移交点时间；

（8）管制业务上所需的其他情报。

3. 情报变更

管制协调后，原协调内容有如下变化时，应当进行更正：

（1）飞行高度的改变；

（2）不能从原定的移交点移交；

（3）飞越移交点的时间，区域之间相差 10 min；区域与进近之间相差 5 min；进近与塔台之间相差 3 min。

四、航空器位置的掌握

（1）区域管制室和进近管制室，应当随时了解本责任区内的天气情况、飞行活动情况，确切掌握航空器的飞行条件和飞行位置。正确配备管制间隔，合理调配飞行冲突。妥善安排航空器等待，及时调整航空器飞行航线，加速与维持有秩序的空中交通流动。

（2）在程序管制条件下，管制员应当更加注重主动管制意识的培养，及时询问航空器飞行动态。在航空器超过预计飞越报告点 3 min 尚未收到报告时，值班管制员应当立即查问情况，并设法取得航空器的位置报告。

五、危险接近的预防

（一）危险接近标准

航空器之间的纵向间隔、横向间隔、垂直间隔同时小于下列距离的危险接近：

1. 航路（航线）飞行阶段

（1）纵向间隔小于 3 000 m；

（2）横向间隔小于 3 000 m；

（3）垂直间隔小于 100 m。

2. 进近飞行阶段

（1）纵向间隔小于 2 000 m；

（2）横向间隔小于 1 000 m；

（3）垂直间隔小于 100 m。

3. 着陆、起飞阶段

（1）纵向间隔小于 500 m；

（2）横向间隔小于 200 m；

（3）垂直间隔小于 50 m。

（二）容易发生危险接近的情况

（1）航路飞行的航空器飞越中途机场上空时。

（2）军、民航的航空器在同一航路（航线）飞行时。

（3）进、离场航空器在空中走廊汇聚时。

（4）同向航空器在不同航路飞行出现交叉时。

（5）同高度飞行的航空器交叉穿越时。

（三）危险接近发生的原因

（1）有关人员责任心不强、思想麻痹，没有遵守有关航线飞行的规定；在管制过程中存在侥幸心理。

（2）管制员没有准确掌握航空器的位置，对飞行冲突未能及时发现，或者对航空器之间的间隔调配不当。

（3）相邻管制空域之间协调不好，未能及时通报飞行动态。

（4）空勤组在飞行中未保持规定的航线、高度和时间间隔。

（四）危险接近的防止措施

（1）利用高度调配飞行冲突是防止危险接近最妥善、最可靠的方法。因此，对于有相对、追赶、交叉的航线飞行，在不超过流量控制限制架数的条件下，一般都要安排垂直间隔。

（2）在允许航空器改变高度层时，应严格遵守间隔规定，并掌握好该航空器上升或下降的时机。

（3）注意必要的交通情报的通报，如：CXN4302，冲突飞行 B747 飞机，在你 10 点钟方位，高度 3 000 m 保持，注意空中观察。

（4）当同航线、同高度同时有数架航空器飞行或两架航空器同高度汇集飞行时，要严格监视每一架航空器的动态，发现其间隔不符合规定或有此趋势时，应当立即加以调整。

（5）管制员在工作中要密切协作、主动配合，严格交接班制度，及时通报有关的飞行动态，认真作好管制移交工作。

六、区域管制飞行冲突的解决

区域管制员管制的扇区工作范围大，飞机在管制扇区中飞行的时间长，从进近一般

5 000 m 左右脱波给区调指挥，区调管制员要指挥上升到航线高度一万米以上，或者从一万多米下降到 5 000 m 以下，期间要面临多种类型的复杂冲突，有顺向高度穿越、相对高度穿越，同向追赶、汇聚飞行等，区调指挥一般要看到 20 min 甚至 30 min 以后的冲突，才能早做预案，提前调配。区调指挥的灵魂，就是提前预案，做预案越早，调配越轻松，工作能力也越强，指挥起来也越安全。

区域管制员在区调工作中面临的冲突点很多，有影响的飞机冲突的方式也不一样。但是，归纳起来，也无外乎几种飞行状态中产生的冲突：顺向飞行、汇聚飞行、逆向飞行。

1. 顺向飞行

在两个航空器航迹夹角小于 90°时，航空器冲突主要集中于顺向穿越和顺向追赶。由于在航班量较大时，顺向飞行的航空器可能存在着同高度的现象，飞行速度的差异使前后机之间可能存在追赶的情况，因此管制员对于顺向飞行的航空器必须引起足够的重视，不能因为飞机量大而忽视了追赶冲突。由于区域面积大，在区域中飞行时间长，可能进区域的时候间隔足够，但是在长达十几分钟的飞行过程中，间隔逐渐变小，最终小于安全间隔。在程序管制条件下，管制员无法直观地掌握航空器的运行位置，只能依靠进程单上所记录的导航台的时间来推算二者之间是否存在追赶冲突，因此两航空器在顺向同高度飞行时，管制员尤其要对二者的过台时间予以关注，当发现存在追赶时，及时采取措施（例如对飞行高度进行调整或通过控制后机的速度等方法）来实现对间隔的控制。

2. 逆向飞行

一般情况下，根据飞行高度层“东单西双”的配备规则，区域中逆向飞行的航空器之间均配备有垂直间隔，单对于逆向飞行且需要穿越高度时，管制员应予以特别的注意，一定要将有冲突的两航空器的进程单摆放到一起，提醒自己随时注意。因为相对飞行的飞机间隔减少太快，一分钟就要减少 20 多 km，一旦由于飞行员的失误，或者管制员自身的疏忽，容易导致冲突。所以程序管制条件下，管制员除非有十足的把握，否则一般是两航空器保持高度差相遇过后再穿越。

3. 交叉飞行

对待汇聚和交叉飞行的冲突解决：一种是航路上的两架航空器都已经保持了平飞状态，这种调配就是预案做得越早，越早调开冲突，工作越轻松（尤其是大流量的时候）。在区调指挥中，单扇区十几架飞机是经常的事情，那么如何合理分配注意力的关键，就在于对交叉点的敏感，早早把飞机在交叉汇聚点前就错开高度，或者通过推迟航空器过台时间等技术手段，拉开足够的过冲突点的间隔，避免冲突的发生。还有一种是汇聚的时候，双方可能有一方需要改变高度的，要按照规定的安全间隔，根据两机汇聚的速度快慢、间隔减少的快慢提前做好预案，准确执行。

复习思考题

1. 简述航路放行许可的内容。
2. 简述实施高空缩小垂直间隔（RVSM）后，我国民航飞行高度层的配备。
3. 简述航路管制协调的内容。

第五章 特殊情况下的管制工作

特殊情况是指飞行中突然出现的影响任务完成和危及飞行安全的情况。在实际管制工作中，各管制单位对于飞行中容易出现的特殊情况，根据管制规则的要求结合本单位的实际情况制定应急工作程序（或检查单），但每一种紧急情况周围出现的各种不同的环境使得不可能制定出准确详尽的应该遵循的程序。处置紧急情况时，空中交通管制单位必须保持充分完全的协作，空中交通管制人员必须使用他们最好的判断力。本节所介绍的特情处置程序具有通用性，各管制单位应根据本单位的实际情况加以区别对待。

一、一般规则

（一）特殊情况的特点

飞行中最常见的特殊情况有：飞机发动机部分或完全失效，飞机或某些设备故障以致不能正常飞行，空中失火，迷航，通信失效及非法干扰等。由于特殊情况具有突发性，因而特殊情况下的管制工作与正常情况下相比，具有以下特征：

（1）正常飞行活动是例行的，而紧急情况是指某些突发事件，具有突然性。例如在进近过程中，对于已经排定进近次序的飞机的其中一架报告特情，要求优先着陆，此时管制员就要重新排序，组织其他飞行进行避让。

（2）正常管制活动是有思想和技术准备情况下进行的，而紧急情况是在正常的飞行中发生的危及安全的意外情况，具有意外性。

（3）对于正常的飞行活动，管制员按程序指挥，对本管制区（扇区）内所有飞机进行整体观察，在飞机间配备安全间隔。而当特情发生时，管制员既要对特情飞机实施管制同时还要兼顾其他正常飞行的管制，此时要求管制员合理地分配自己的注意力，同时还要准确地下达管制指令和作好其他的通报协调工作，管制员的工作负荷增大，有时甚至出现超负荷现象。

（4）正常的管制活动是一种程序化的行为，管制员处于正常的生理和心理状态下工作，而由于紧急情况具有突发性、意外性、紧迫性和危险性等特点，这给管制员增加了工作量，同时也增加了其心理负荷。此时管制员的精神容易过度紧张而造成感知能力下降，注意力缩小等后果。在指挥上往往过度集中特情飞机而忽视了其他飞机或相关的管制限制，错发或漏发指令的几率增大。

（二）特情处置的基本要求

1. 每一种紧急情况周围出现的各种不同的环境使得不可能制定出准确详尽的应该遵循的程序

本章所概括的程序旨在给空中交通服务人员一般性指导。处置紧急情况时，空中交通管制单位必须保持充分完全的协作，空中交通管制人员必须使用他们最好的判断力。对于飞行中容易出现的特殊情况，空中交通管制单位应制定适用于本单位的特情工作检查单，作为处理特殊情况的参照。

2. 当一架航空器声称发生紧急情况时，空中交通管制单位应采取的适当和相应行动

（1）除非飞行机组明确地声明或另获所知，须采取所有必要的步骤核实航空器的识别标志和机型、紧急情况的类型、机组的意图以及航空器的位置和高度；

（2）对可提供的最恰当的协助形式做出决定；

（3）向任何其他有能力对航空器提供援助的 ATS 单位或其他服务单位寻求协助；

（4）向飞行机组提供任何所要求的情报以及其他相关的资料，如合适的机场、最低安全高度，以及气象资料的细节；

（5）向经营人或飞行机组取得下列有关资料：机上人数、剩余燃油量、可能出现的危险物质及其性质；

（6）按 ATS 单位指示的规定通知有关的 ATS 单位和当局。

（三）优先处置

航空器处于下列情况，管制上应以优先处置：

（1）航空器报告“MAYDAY”或“PAN”时；

（2）航空器报告因发动机故障处于紧急状态并且要求予以优先处置时；

（3）在雷达荧光屏上观察到二次雷达编码 7700、7600、7500 时；

（4）航空器发生了其他明显的紧急状态，并且有必要对该航空器予以优先处置时；

（5）航空器报告机上载有急病号、重病号，并且要求予以优先处置时；

（6）为救灾或保护生命财产而实施急救飞行的航空器要求予以优先处置时。

（四）交通限制

1. 交通限制的发布

除应用雷达管制程序外，为防止未建立通信联络的紧急状态航空器与其他 IFR 航空器的冲突，有关管制单位自下列的时间中最迟者开始至此后 30 min 的时间内，应限制其他 IFR 航空器的空中交通。

（1）发出进近许可的时间；

（2）最新的预计进近时间（EAT）；

（3）到达目的地机场进近定位点的时间；

（4）管制单位或该航空器预计到达目的地机场进近定位点的时间。

注：限制空中交通的方法包括：对在有关空域内离场航空器取消其管制许可，对进场航空器使其保持一定高度或在其他定位点上空等待，以及对航行中的航空器指定其他飞行航线或较高的高度等。

2. 交通限制的解除

管制员所发布的交通限制在下列情况下，应予解除：

（1）已确认该航空器着陆时；

（2）已确认该航空器遇难时；

（3）已超过该航空器的飞行计划中所载燃油续航时间时；

（4）已确认该航空器的位置时。

交通限制时间已过而仍未得到紧急状态航空器的情报时，如经其他航空器驾驶员或经营人（代理人）的请求，可以发给该航空器通常的管制许可。

二、特情处置的一般原则（ASSIST 原则）

1. A：Acknowledge（确认）

管制员务必清楚有关航空器的特情性质以及航空器呼号，并且让机组知道管制员已经了解他们的处境或情况。

C：CCA1379，Beijing Approach，roger engine failure，confirm you can maintain present level?

2. S：Separation（间隔）

为航空器提供并且保持与其他航空器的安全间隔。

C：CSN3309，radar failure，reduce speed by 30kts to increase separation，report over LKO.

3. S：Silence（静音）

如有必要，在你的管制频率上实施“无线电静默”，防止无关的通话干扰紧急航空器机组的行动。

C：All station，Wuhan Approach，stop transmitting，MAYDAY.

4. I：Inform（告知）

通知领班和其他相关扇区（单位）。

C：Zhuhai Tower，Guangzhou Approach，CSZ9135 report a configuration problem and request divert to your airport for landing.

5. S：Support（支持）

尽可能为机组提供最大的帮助，如提供备份航路等。

C：CES2507，Wuhan Tower，we have informed Ground you have a stretcher case on board，doctors and ambulance will be ready on your arrival.

6. T：Time（时间）

为机组提供充足的时间解决他们的问题，因为明智的决策取决于充足的时间。

C：JAL508，Guangzhou Approach，roger MAYDAY，work with your crew to find the best solution，I will inform the emergency services.

三、遇险及紧急电文

（一）一般规则

（1）定义。

① 遇险：受到严重和紧急危险威胁，并且要求立刻援助的情况。

② 紧急：有关航空器、车辆，有关机上或视程范围内的人员安全，但不要求立刻援助的情况。

（2）“MAYDAY”，应使用在通话开始时用以识别遇险电文。“PAN PAN”应使用在通话开始之时，用以识别应急电文。

“MAYDAY”，或者“PAN PAN”应按要求在首次遇险或应急呼叫时，连发三遍。

（3）遇险电文对其他所有发送具有优先权，应急电文对除遇险以外的所有发送具有优先权。

（4）为避免不必要的重复，驾驶员在进行遇险和应急呼叫时，应当缓慢和清晰地发送电文。

（5）驾驶员所使用的通话程序应符合特定的需要和时间限制。

（6）在无法保证飞行安全时，驾驶员应立刻寻求援助，这样做可以避免出现更为严重的事态的危险。

（7）遇险或应急呼叫通常在当时使用的频率上进行，此后的遇险通信应当继续使用该频率，除非通过改频能获得更好的援助。频率 121.5 兆赫已被指定为国际航空紧急频率，但并不是所有的航空电台均在此频率上保持长守。此规定无意排除在必要和需要时使用其他通信频率，包括海上移动业务无线电呼叫频率的可能性。

（8）如果被处于遇险或应急状态的航空器呼叫的地面电台没有做出回答，那么，其他任何地面电台或航空器均应作出回答，并提供一切可能的援助。

（9）电台答复处于遇险或应急状态的航空器的呼叫时，只提供有助于驾驶员的通告、情况及指令。不必要的发送内容在驾驶员已繁忙的时候，可能分散其注意力。

（10）当航空电台在某一频率上听到遇险和应急活动时，除了可以直接提供援助的情况外，在紧急活动终止之前，不得随意使用此频率。

（11）当航空器收听到明显没有得到确认的遇险电文时，该航空器应在适当时间和条件下确认此电文，并可将电文进行通播。

（二）遇险航空器

1. 电文格式及其说明

遇险电文应尽可能包括下列各项内容，并按规定的顺序发送：

（1）MAYDAY，MAYDAY，MAYDAY；

（2）收电单位名称（在时间和条件许可时）；

（3）航空器识别标志；

（4）遇险情况的性质；

（5）机长意图；

（6）航空器的位置、高度和航向；

（7）其他情况。

2. 说明

（1）收电单位通常是指正与航空器保持无线电联络的电台或者是航空器所在的管制区。

（2）航空器应设法通过各种方式引起其他电台的注意，并使对方了解其所处的状况（在有二次雷达的运行环境中，可使用编码 7700）。所有电台亦应采用一切可能的措施协助遇险航空器，如果发送遇险电文的电台本身并不处于遇险阶段，那么在明确表明此种情况的前提下，上述电文格式可以根据具体情况相应地改变。

3. 应用举例

P：MAYDAY，MAYDAY，MAYDAY G-ABCD 发动机失火迫降，位置在北京以南 20 km，通过 3 000 m，航向 360°。

MAYDAY，MAYDAY，MAYDAY，G-ABCD engine on fire，making forced landing，20km south of Beijing，passing 3000m，heading 360.

C：G-ABCD，北京塔台，明白，MAYDAY。

G-ABCD Beijing Tower roger MAYDAY.

P：MAYDAY，MAYDAY，MAYDAY 北京塔台，G-ABCD，发动机失效，准备在首都机场着陆，位置在机场以南 5 km，高度 1 500 m，航向 360°

MAYDAY，MAYDAY，MAYDAY Beijing Tower G-ABCD engine failed，attempt to land your field，position 5kms south，1500m，heading 360.

G-ABCD 北京塔台，明白 MAYDAY，可以直接进近，36 号左跑道，360 度风 8 米/秒，场压 1015，第一个着陆。

G-ABCD Beijing tower roger MAYDAY，cleared straight-in runway 36L，wind 360 degrees 8m/s，QFE1015，your are number one.

P：可以直接进近，36 号左跑道，场压 1015，G-CD。

Cleared strainght-in runway 36L，QFEI015，G-CD.

4. 强制无线电静默

一架遇险航空器或一个管制遇险活动的电台，可以对该区域内所有移动业务电台或对于扰遇险活动的某一特定电台强制无线电静默，发布指令时应根据具体情况，用“各台注意”，或某一特定电台的名称。标准用语为：“停止发送-MAYDAY，stopt ransmitting-MAYDAY”。接到此指令的航空器在遇险活动终止前，均应保持无线电静默。

举例：

C：各台注意，北京塔台，禁止在此频率发话，MAYDAY。

All stations Beijing tower，stop transmitting，MAYDAY.

或：CA981 停止发送 MAYDAY。

CA98l stop transmitting，MAYDAY.

5. 遇险及静默的终止

（1）航空器在解除遇险情况后，应及时发送取消该情况的电文，通话用语如下：

P：北京塔台，G-CD，遇险状况取消，发动机重新工作，看到跑道，请求着陆。

Beijing tower，G-CD，cancel distress，engine serviceable，runway in sight，request landing.

C：G-CD 可以着陆，36 号左跑道。

G-CD cleared to land，runway 36L.

P：可以着陆，36 号左跑道 G-CD。

Runway 36L，cleared to land G-CD.

（2）当管制遇险活动的地面电台获知航空器解除遇险状态后，应立即发送解除遇险状态的电文。通话用语如下：

C：各台注意，北京塔台遇险活动终止。

All stations，Beijing tower distress traffic ended.

（三）紧急航空器

1. 电文格式及其说明

航空器在报告应急情况时，应尽量包括下列各项内容并按规定顺序发送：

（1）PANPAN，PANPAN，PANPAN；

（2）收电单位名称（时间和情况许可时）；

（3）航空识别标志；

（4）应急情况的性质；

（5）机长意图；

（6）航空器的位置、高度和航向；

（7）其他情报。

2. 说　明

（1）收电单位通常是指正与航空器保持无线电联络的电台或者是航空器所在的管制区。

（2）其他电台应注意不干扰应急活动电文的发送。

3. 应用举例

P：PANPAN，PANPAN，PANPAN 北京塔台，G-ABCD C130，高度 900 m，航向 190，云上飞行，无法确定位置，请求飞往北京的航向。

PANPAN，PANPAN，PANPAN，Beijing tower，G-ABCD C130，900m，heading 190，above cloud，unsure of my position，request heading to Beijing.

C：G-ABCD 航向 160。

G-ABCD fly heading l60.

P：航向 160 G-ABCD

Heading 160 G-ABCD

P：PANPAN，PANPAN，PANPAN，北京塔台 G-ABCD，北京南侧 10 km，高度 900 m，旅客疑有心脏病，请求优先着陆。

PANPAN，PANPAN，PAN PAN Beijing tower G-ABCD 10km south at 900m，passenger with suspected heart attack，request priorty landing.

C：G-CD 北京塔台，第一个着陆，直接进近，36 号左跑道，350° 8 m/s，场压 1015，已通知救护车。

G-CD Beijing tower number l，straight-in，runway 36L，wind 350 degrees 8m/s，QFE – 1015，ambulence requested.

P：36 号左跑道场压 1015 G-CD。

Runway 36L，QFE1015 G-CD.

P：PANPAN，PANPAN，PANPAN 北京塔台，G-BBCC 听到 G-ABCD 的应急呼叫，旅客疑有心脏病，请求在首都机场优先着陆，其位置在北京南侧 10 km，高度 900 m。

PAN PAN，PAN PAN，PAN PAN，Beijing tower G-BBCC intercepted urgency call from

G-ABCD，passenger with suspected heart attack，requesting priority landing Beijing，his position 10km south at 900m

C：G-BBCC 明白。

G-BBCC roger.

C：G-ABCD 北京塔台 36 号左跑道，340°，风 8 m/s，场压 1015，没有活动。

G-ABCD Beijing tower runway 36L，wind 340，degrees 8m/s，QFE1015，traffic nil

（如果 G-ABCD 不确认此电文，G-BBCC 将转发）

三、通信失效后的管制工作

（一）通信失效的原因

通信系统非常复杂，导致通信失效的原因有很多，有简单原因也有复杂原因。它们通常是由于电子/电器或硬件问题引起的。

1. 简单原因

通信失效可能是由简单的技术原因引起的，如：管制员或飞行员的耳机或话筒故障，话筒卡阻等。

2. 复杂原因

造成通信失效的复杂原因主要可能是断电、无线电设备故障或电源故障等。

3. 管制部门的原因

通讯问题不一定完全是由于飞机的原因造成的，也有可能是管制部门引起的：扇区或部门的频率丢失。此时管制员应迅速意识到问题的所在，通过及时更改频率来解决问题。

（二）通信失效后的飞行及管制特点

陆空通信是程序管制员对飞行中的航空器提供空中交通服务的主要途径之一，当飞行中的航空器与地面管制员失去地空联络之后，管制员无法确切掌握航空器的运行信息，同时飞行员也无法将运行信息及时传达给地面管制员。由于程序管制条件下，管制员无法直观地掌握航空器的运行位置，只能靠飞行员的报告来掌握飞机的运行位置，在通信失效的情况下，管制员只能通过失效前飞行员报告的数据进行位置推算，因此，通信失效对于空管安全工作的影响非常大。

（三）通信失效类型的判明

飞机机载通信系统是由发射机、接收机及天线构成，而发射机和接收机都可能造成地空无线电通信失效。由于机载设备所造成的无线电失效类型共有三种：① 接收机失效，即能够向地面管制员进行常规报告，但无法接收管制员的指令。② 发射机失效，即驾驶员能够接收到管制指令，而无法向地面管制员进行报告。③ 发射机与接收机均失效，即驾驶员与地面完全失去联络。

雷达管制条件下，管制员可以利用雷达的辅助功能判明航空器的通信失效类型，比如“东方 5323，武汉进近，如果能够听到，左转航向 030”，或“东方 5323，武汉进近，如果能够听到，应答机识别”，管制员发布此指令后，通过观察雷达屏幕上东方 5323 的航向变化或标牌的变化来判明是否是单向通信失效。而程序管制条件下，管制员无法确切判明航空器的失效类型，只能将上述第二和第三种情况进行合并处置。

（四）通信失效后的管制措施

1. 管制措施

当与航空器失去通信联络时，管制员除查明原因外，应当迅速采取如下措施：

（1）通过有关管制室以及空中其他航空器的通信波道，设法与该航空器建立联络；

（2）使用当地可利用的通信波道连续不断地发出空中交通情报和气象情报；

（3）开放有关导航设备，使用雷达掌握航空器位置，通知航空器改变航向或者改变应答机编码，以判明其是否收到指令，然后采取措施；

（4）调配空中有关航空器避让；

（5）通知有关机场作好备降准备；

（6）塔台管制室与进离场航空器不能建立联络时，应当使用辅助联络的符号和信号。

2. 注意事项

（1）当管制员在指挥过程中与空中某架飞机失去通信联系时，管制员应使用一切可能手段与该机建立通信联络，如采用本管制区主用通信频率、本管制区备用通信频率、121.5 应急频率以及由空中其他航空器进行转报。在上述方法均不奏效的情况下，管制员应按照无线电通信失效程序实施管制。

（2）由于程序管制的特殊性，管制员无法确切判明通信失效的类型，因此当遇到无线电通信失效时，管制员应做好两手准备：① 航空器驾驶员按照通信失效前所使用的高度和所报告的预计到场时间，到预定机场着陆；② 航空器驾驶员可能改航去备降机场着陆。

（3）在考虑航空器可能到本场着陆的情况时，管制员应当在失去通信联络的航空器预计到达着陆机场导航台上空前 10 min，将等待空域内该航空器占用的高度层空出，禁止其他航空器穿越。在该航空器预计到达导航台上空的时间后 30 min 内，禁止其他航空器在等待空域内下降。失去通信联络的航空器应当在上述规定的时间段内着陆。按照实际起飞时刻计算的到达时刻，即为航空器优先着陆下降高度的开始时间。

（4）失去通信联络的航空器已经着陆，或者已经恢复联络，或者航空器预计飞越导航台上空 30 min 内发现航空器的，可恢复其他航空器的活动，并立即通知有关管制室。

如果该航空器在以下情况：① 驾驶员提供的预计到达时间后；② 由区域管制中心计算的预计到达时间后；③ 最后收到的预计进近时间后。30 min 内仍没有报告，按以上三种情况最迟者为准，将有关该航空器的相关情报通知给经营人或其指定的代表，如有要求，还必须通知给一切有关航空器的机长和恢复正常管制。经营人或其指定的代表和航空器机长有责任来决定他们是否需要恢复正常运行或采取其他行动。

四、发动机失效后的管制工作

发动机是航空器的动力装置，发动机出现故障或空中停车，会直接破坏飞行中原有的平衡，给机组的操纵带来困难，同时也增加了管制工作的难度。我国运输飞行中多为喷气式飞机，发动机失效对飞机性能及状态影响相对较小，而通用航空多为螺旋桨飞机，发动机失效对飞机性能影响比较大。因此当飞行中的航空器报告部分或全部发动机失效时，管制员应首先向飞行员证实发动机失效对飞机飞行性能的影响，然后对飞机提供特情管制服务。

（一）发动机失效可能带来的后果

发动机失效后的后果与以下因素有关：（1）在飞机飞行的哪个阶段发生发动机失效，即起飞过程还是巡航过程中。（2）失效飞机的类型：螺旋桨式还是喷气式、单发或多发等。

1. 任何飞机的发动机失效

由于驾驶舱工作压力的增大，制约了飞行员与管制员之间的通话，机组可能要花 10 多 min 的时间来执行检查单。可能导致的后果有：

（1）起飞过程中的航空器中断起飞；

（2）起飞以后的航空器会偏离标准仪表离场程序（SID）飞行；

（3）起飞爬升过程中改为平飞飞行；

（4）飞行路线偏离；

（5）无法保持高度；

（6）压力问题；

（7）航空器可能备降或迫降；

（8）着陆后可能堵塞跑道。

2. 单引擎飞机

单引擎飞机通常为小型飞机，飞行事故分析表明：大部分这类发动机失效是由于飞行员的错误操作引起的，在这种情况下，应该给予飞行员所有可行的支持。单引擎飞机发动机失效后的可能后果有：

（1）失去电力；

（2）失去导航系统；

（3）失去通信系统；

（4）失去座舱压力；

（5）失去电子设备（如陀螺仪、地平仪）；

（6）手动放下起落架。

3. 多引擎飞机

多引擎飞机一旦失去一部发动机意味着功率和正常飞行能力将会降低，会带来以下后果：

（1）适当下降高度以提高速度和调整座舱压力；

（2）无法保持飞行高度；

（3）向失效发动机的方向转弯所需要的空域增大；

（4）飞机更需要直线和水平飞行，转弯半径增大；

（5）螺旋桨式飞机禁止向失效发动机方向转弯。

（二）管制措施

1. 确认航空器可以维持飞行时，各工种人员的职责

（1）指挥席位管制员：

①迅速指挥距离较近的其他航空器以最快的速度避让，考虑到发动机失效的航空器的操纵性能及保持原高度的能力，在紧急情况下可指挥其下方的其他航空器边改变航向边下降高度避让；

②允许发动机失效的航空器下降到最低安全高度飞行；

③了解航空器的故障情况、续航时间及飞行员意图，为其提供就近机场资料和有利的飞行情报。

（2）助理席位管制员：

①通知带班主任；

②通知相关管制单位；

③向相应的军航管制部门通报；

④根据飞行员的决定，通知航空器准备前往着陆的机场作好援救准备工作。

（3）带班主任：

①组织和检查各岗位对特殊情况的处理；

②亲自或指定人员向中心领导和管理局管制室通报；

③根据上级领导或相应军航管制部门的指示进行处理；

④记录处理情况。

2. 不能维持飞行时

（1）指挥席位管制员：

①当飞行员报告无法保持最低安全高度飞行且不能飞往就近机场着陆时，对于直升机或A类航空器可建议其抛弃机上货物；

②若建议的措施无效且机长决定选择场地迫降时，按照“搜寻援救”有关程序进行；

③记录航空器的航迹。

（2）助理席位管制员：

①通知带班主任；

②按照“搜寻援救”有关程序进行；

③通知相关管制单位（特别是航空器在不能保持高度过程中可能进入的管制区）；

④向相应的军航管制部门通报。

（3）带班主任：

①尽可能保证独立频率指挥发动机失效的航空器；

②组织和检查各岗位对特殊情况的处理；

③亲自或指定人员向中心领导和管理局管制室通报；

④根据上级领导或相应军航管制部门的指示进行处理；

⑤记录处理情况。

（三）通话关键词

1. 常用词汇

engine failure	发动机失效
engine trouble	发动机故障
engine flame out	发动机熄火

engine shut down	发动机停车
engine feathered	发动机顺桨
engine surge	发动机喘振
engine runs rough	发动机工作不平稳
engine runs smoothly	发动机工作平稳
overheat	超温
engine on fire	发动机起火
engine partially disintegrated	部分爆炸
pod	吊舱
fan	风扇
LP and HP compressor	低压和高压压缩机
nozzles	喷嘴
engine setting	发动机配置
set the engine to idle	将发动机置于慢车
Engine is low on power	发动机马力低
loud thump	很大的响声
vibrations	振动
low rumble	发动机发出低沉的响声
loud bangs	发动机放炮
priority landing	优先着陆
bird ingestion	鸟击
warning light flashing on	告警灯闪烁
boost pump	增压泵
discharging	正在灭火
fire service assistance	消防救援
nacelle（cowl）	整流罩
air inlet	进气道
fan blades	风扇叶片
compressor blades	压缩机叶片
exhaust section	排气部分
the RPM	发动机转数
throttle up/down	加/减油门

2. 机组通报情况

P：Take-off aborted（abandoned）because no power on engine No.3.
我们中断起飞了，因为三号发动机没有动力。

P：Engine No.1 is overheating，probably due to bird ingestion on take-off，request priority landing at runway 36R.?
一发超温，可能是在起飞时鸟吸入发动机，请求用36R跑道优先着陆。

P：No.3 engine feathered unable to continue climb，leveling at 3600m.
三发顺桨，不能继续爬高，3 600 m 保持。

P：Engine starter trouble（failure）.
发动机启动机故障。

P：Engine failure，emergency descent，heading 120.
发动机失效，航向 120 紧急下降。

P：Request precautionary landing at Beijing due to engine failure.
请求在北京降落，因发动机故障。

P：The fire warning lights just flashed on，engine on fire，now discharging.
火警灯刚才亮了，发动机着火，正在灭火。

P：Fire is out now，but we request fire service assistance on landing.
现在火灭了，但请求着陆时消防援助。

P：No.2 engine intensive vibration（severe vibration），reason unknown，we might shut down engine anytime.
第二发强烈抖动（严重抖动），原因不明，我们随时可能关闭发动机。

P：Starboard（port）engine flamed out. We are trouble-shooting.
右发（左发）熄火，正在排除故障。

P：We have a fuel leak in No. 4 engine.
第四发漏油。

P：We have cut off（shut off）No.4 engine，due to a fuel line leak.
已关掉第四号发动机，因油管漏油。

P：Serious fuel leak.
严重漏油。

P：Fuel boost pump in right main tank is inoperative.
右主油箱燃油增压泵失效。

P：Fuel flow indicator of No.3 engine out of operation（fluctuating）but we found No.3 engine working normally.
第三发燃油油量显示失效（摆动），但发动机工作正常。

P：Fire broke out in the right engine after aircraft became airborne.
飞机起飞后右发失火。

P：Dense smoke coming out of No.4 engine cowling（engine nacelle），fire suspected.
第四号发动机整流罩冒浓烟，可能着火。

3. 机组要求

P：Request priority landing at runway 36R.
请求用 36R 跑道优先着陆。

P：We request fire service assistance on landing.
我们请求着陆时消防援助。

P：Request emergency descent.
请求紧急下降。

4. 询问机组

C：Can you keep level?
你能保持高度吗？

C：Which engine in is trouble?
哪台发动机有故障？

C：Report your intentions.
报告你的意图。

C：Can you accept regular radar vector?
你能接收正常的雷达引导吗？

C：What altitude and speed would you like?
你希望什么样的高度和速度？

C：How can I help you?
你需要我们做什么？

C：Please check your landing weight.
请检查着陆重量。

C：Do you intend to dump fuel or waste（consume）fuel before landing?
你需要在落地前放油或耗油吗？

C：Do you require the emergency equipment?
你需要紧急救援设备吗？

C：Do you require any additional assistance?
你需要其他帮助吗？

C：The emergency equipment is standing by.
紧急救援设备已经准备好。

C：Report registration number of your aircraft.
请报告你的航空器注册号。

C：Request number of people on board.
请报告机上人数。

C：Do you require any additional assistance?
你需要其他帮助吗？

C：The emergency equipment is standing by.
紧急救援设备已经准备好。

C：Report registration number of your aircraft.
请报告你的航空器注册号。

C：Request number of people on board.
请报告机上人数。

5. 应用举例

例 1：

P：PAN-PAN，PAN-PAN，PAN-PAN，Air China 366，we have lost number three engine.

C：Air China 366，Shanghai Control，copy PAN-PAN，how may I assist you?

P：Air China 366，request vector to Shanghai，runway 36 for landing and emergency equipment ready.

C：Air China 366，roger，turn right heading 340 for a vector to the ILS Runway 36 Approach，descend and maintain 3000 meters when ready.

P：Shanghai Approach，Air China 366 is returning，number three engine is shutdown. Please have the emergency equipment standby.

C：Shanghai Approach，wilco.

PAN-PAN，PAN-PAN，PAN-PAN - indicates an urgent condition，one of being concerned about safety，and requiring timely BUT NOT immediate assistance.

例 2：

P：Mayday，Mayday，Mayday. Air China 546，number two engine on fire，request clearance direct Hefei.

C：Air China 546，recleared direct Heifei Airport，descend and maintain 6000 meters when ready，squawk 7700.

P：Cleared direct to Hefei，leaving 7000 meters for 6000 meters，Air China 546.

C：Air China 546，request fuel remaining and number of people on board.

MAYDAY，MAYDAY，MAYDAY - indicates that an aircraft is being threatened by serious or imminent danger and requires immediate assistance.

五、座舱失压后的管制工作

（一）座舱失压后的飞行特点

航空器在一定高度以上飞行时（通常为 4 268 m，14 000 ft），需要机载增压设备为机舱增压，以保证机舱内能维持旅客所需要的正常大气压力。当机载增压设备出现故障时，机舱内的压力会降低，这种情况将直接危及机组及旅客的生命安全。正常情况下，人的承受能力将随着高度的升高而降低。如在 9 140 m 即 30 000 ft 时，人的承受时间为 30 s，而当高度升高到 12 200 m 即 40 000 ft 时，人的承受能力只有 15 s。因此当高空飞行的航空器座舱失压时，机组除通过应急供氧设备为旅客供氧外，还应尽快将飞机的高度下降到安全高度（通常为 4 000 m）。在飞行过程中的航空器紧急下降的方法为：从原飞行航线向右偏转 30°，飞行 20 km，然后转回平行于原航线采用比正常大的下降率尽快下降到安全高度。在此过程中，飞行员边下降高度边向管制员申请新的管制许可。

（二）座舱失压后的管制措施

座舱失压后各个职位的管理措施。

1. 指挥席位管制员

（1）迅速指挥距离座舱失压的航空器较近的其他航空器以最快的速度建立安全的侧向或

纵向间隔，在紧急情况下可指挥座舱失压的航空器与其下方的其他航空器同时边改变航向边下降高度避让；

（2）指挥座舱失压的航空器下降到 4 000 m 以下、最低安全高度以上的高度层飞行；

（3）了解航空器的续航时间、机长意图；

（4）了解座舱失压的原因（增压系统失效或座舱失密）；

（5）根据机长的要求为其提供目的地机场或备降机场的飞行情报，必要时为其提供最短的飞行路线；

（6）了解机上人员的伤亡情况及设备工作情况。

2. 助理席位管制员

（1）立即把航空器座舱失压的情况通知相关管制室（特别是航空器在下降过程中可能进入的管制区），并协调避让措施；

（2）通知带班主任；

（3）向相应的军航管制部门通报。

3. 带班主任

（1）组织和检查各岗位对特殊情况的处理；

（2）亲自或指定人员向中心领导和管理局管制室通报；

（3）根据上级领导或相应军航管制部门的指示进行处理；

（4）记录处理情况。

（三）通话关键词

1. 常用词汇

pressurization problem	增压系统故障
decompression	失压
the pressure control	压力控制
oxygen masks	氧气面罩
supercharger	增压器
turbocharger	涡轮增压器
heat exchanger	热交换器
environmental control system	环境控制系统
humidifier	增湿器
electronic cooling system	冷凝系统

2. 机组通报情况

P：Cabin decompression，emergency descend to 3000m.
客舱失压，紧急下降到 3 000 m。

P：Front cabin door opened in flight，emergency descent.
前舱门开了，紧急下降。

P：Lower cargo compartment seal slackened，emergency descent.
下货舱密封件破裂，紧急下降。

P：Request oxygen supply on landing for about 15 passengers，because several oxygen masks didn't drop out at decompression.

我们落地后需要能提供大约 15 人的氧气设备，因为失压时部分氧气面罩没有落下来。

3. 询问机组

C：Report your intentions.

报告你的意图。

C：How can I help you?

你需要我们做什么？

C：Do you require any additional assistance?

你需要其他帮助吗？

紧急下降时：

C：All stations，emergency descent between WF and VM，all aircraft below 3900m between WF and VM leave corridor to the east immediately.

各台注意，WF 和 VM 之间有紧急下降的航空器。WF 和 VM 之间所有低于 3 900 m 的航空器立即向东离开走廊。

C：The MVA（Minimum Vectoring Altitude）/MSA（Minimum Sector Altitude）is 1200m.

最低引导高度/最低扇区高度 1 200 m。

C：The MVA/MSA in your area is 1200 m.

在你区域，最低引导高度/最低扇区高度是 1 200 m。

六、非法干扰

非法干扰是指危害民用航空和航空运输安全的行为或未遂行为。包括：非法劫持飞行中的航空器；非法劫持地面上的航空器；在航空器上或者机场扣留人质，强行闯入航空器、机场或者航空器设施场所；为达到某种目的而将武器或者危险装置或者材料带入航空器或者机场；散布诸如危害飞行中或者地面上的航空器、机场或者民航设施场所内的旅客、机组、地面人员或者大众安全的虚假信息。

（一）非法干扰后的后果

（1）飞机和机上人员处于各种情况都可能发生的危险之中；

（2）所有动作和其发起均由机上情况和飞行员的决心而定；

（3）机组人员承受过大的压力，可能害怕甚至恐慌；

（4）机组请求管制指令和建议可能比较困难；

（5）管制员可能通过应答机 A7500 或通过一条信息获取劫机信息（雷达管制条件下）；

（6）机组可能试图偷偷发送信息；

（7）管制员需要预计到航空器可能会突然改变预计飞行路线；

（8）管制员需要预计到航空器可能不会按照管制员的指令进行飞行。

（9）管制员应切记不要再主动进行任何形式的无线电陆空通话，除非这种通话是由飞行员主动发起的。

（二）管制措施

1. 指挥席位管制员

（1）考虑到飞行员可能采取的机动飞行措施，应迅速指挥其他航空器避让。

（2）当航空器应答机为 7500 时，管制员通过管制用语证实该编码是否为飞行员故意设置，用语为：

"……（呼号）……证实应答机编码为（管制员指定编码）……"

注：管制用语不要涉及 7 500 字眼。

（3）向飞行员了解核实航空器被劫持情况。

（4）连续发布有利于飞行安全的信息，无论遭受空中劫持的航空器是否予以答复。

（5）了解飞行员的意图，关注该航空器的需求或可能的需要，包括沿飞行航路和可能落地机场的导航设备资料、天气资料、飞行程序管制资料以及对迅速处理遭受空中劫持的航空器在飞行各阶段所发生的情况的必要资料。

（6）根据飞行员的要求及上级指示，取得有关许可。

（7）根据上级指示及时给被劫航空器发出有关管制许可及提供飞行情报服务。

（8）利用雷达严密监视被劫航空器的飞行动态，直至其他管制区接手且飞出管制区为止。

（9）考虑到机上人员的安全，管制员讲话的语气应始终保持中立及有诚意。

2. 助理席位管制员

（1）通知带班主任。

（2）向相应的军航管制部门通报。

（3）将被劫航空器的动态通报可能受其影响的管制单位（通过计算航空器的续航能力来确定和通报可能到达的飞行情报区指导性公式：总续航能力 = 预计扇区消耗时间 + 改航消耗时间 + 45 min）。

（4）与有关管制区或机场进行协调工作。

3. 带班主任

（1）组织和检查各岗位对特殊情况的处理。

（2）亲自或指定人员向中心领导和管理局管制室通报。

（3）根据上级领导或相应军航管制部门的指示进行处理。

（4）可对外发布适当的流量管理措施。

（5）记录处理情况。

（三）通话关键词

1. 常用词汇

（1）hijack　劫持

（2）intimidate/threaten　威胁

（3）compel/force　强迫

（4）terrorist　恐怖分子

（5）hostage　人质

（6）compromise　妥协

2. 机组通报情况

P：Four hijackers attempted（tried）to hijack our A/C.

四名劫机者企图劫持我们的飞机。

P：The hijackers intimidated（compelled/forced）us to fly to FOG.

劫持者威吓（强迫）我们飞去 FOG。

P：The terrorists threatened to blow up（to destroy）the A/C，if we don't comply with their demands（requirements）.

如果我们不同意他们的要求，恐怖者威胁要爆炸（毁灭）飞机。

P：We were forced to accept（receive）that they want us to fly to BOM.

我们已被迫同意他们的要求飞往 BOM。

P：We're being hijacked，the guy（chap）wants us to land in XYZ，but we'll have to refuel at Nanjing airport，request immediate descent.

我们被劫持，这家伙要我们降落 XYZ，但我们需要在南京加油，请求立即下降。

C：Roger，descend to 6000m any message we can pass to XYZ.

明白，下降到 6 000 m，如有电报我们可以转到 XYZ。

P：The guy（hijacker）wants 700 000 US dollars in cash，there will have to be a car waiting for him at the end of runway，he says he'll have to keep 2 passengers as hostages and shoot them if the police attempt to catch him.

这家伙（劫持者）需要七十万美金，有一辆汽车在跑道头等他，他说：他将扣留两名旅客做人质，如警察企图抓他，他就向人质开枪。

P：We had conquered（subjugated/overcome）them，but a few persons got injured. Request medical assistance and ambulances on landing.

我们已治服了他们，但有一些人受伤。请求地面紧急救护并需要救护车。

P：The hijackers were compromised with the aircrew.

劫持者已向机组妥协。

3. 询问意图及要求

C：Confirm squawk A7500.

证实应答机 7500。

C：Did you declare hijacking?

你声明被劫持了吗？

C：Report your intentions.

报告你的意图。

C：How can I help you?

你需要我们做什么？

C：How many hijackers on board?

有几名劫机犯在飞机上？

C：What's their request?

他们要什么？

C：What's their intention?

他们的意图是什么？

C：What kinds of weapons they have?
他们有何种武器？

C：Report endurance.
C：报告续航时间。

C：Report fuel remaining time.
剩余油量还能飞多长时间？

C：Do you require the emergency equipment?
你需要紧急救援设备吗？

C：Do you require any additional assistance?
你需要其他帮助吗？

C：The emergency equipment is standing by.
紧急救援设备已经准备好。

复习思考题

1. 特情处置的基本要求是什么？
2. 简述遇险航空器的电文内容。
3. 简述通信失效航空器的管制工作程序。
4. 简述发动机失效航空器的管制工作程序。
5. 简述非法干扰管制工作程序。

第六章　程序管制模拟机训练

一、程序管制模拟训练简介

空中交通管制程序模拟机是由四川大学图形图像研究所与中国民航飞行学院联合开发的程序管制人员模拟训练系统。它非常逼真地模拟了空中交通程序管制的实际工作情况，主要用于空中交通管制学员的培训、在职培训、强化培训和业务能力考评，同时也可用于空中交通管制、流量管理、空域管理等方面的模拟研究。

该模拟机选择原武汉南湖机场进近及区域管制作为模拟训练空域，航路航线结构以及导航台的设置尽量能够满足管制间隔的需求，以使受训者能够在模拟机上将所掌握的程序管制间隔进行实际应用，以加强对管制间隔应用方法的理解。在模拟机练习的编制方面，根据受训对象的不同，编制了不同难度的练习，练习为层层递进式，由易到难。

（一）训练目的

该课程是以国际民航组织对空中交通管制培训的要求为依据，参照国际民航组织 053、055 课程大纲，结合中国民航《中国民用航空空中交通管制员执照管理规则》的要求而制定。受训者通过程序管制模拟机训练应掌握空中交通管制程序、进近程序管制所要求的知识和管制技能，达到具备考取程序、进近程序管制执照的要求。

（二）训练要求

通过程序管制模拟机训练，受训者应达到如下训练目标：

（1）理解和熟悉区域和进近程序管制员的职责；

（2）掌握管制单位之间的协调、移交程序和方法；

（3）掌握区域和进近管制的各种管制间隔标准及其适用条件；

（4）掌握航空器离场、进场、等待、飞越和航路（航线）飞行的管制程序和方法；

（5）掌握提供飞行情报服务和告警服务的内容、程序和方法；

（6）掌握飞行进程单的填写和使用方法；

（7）掌握特殊情况下的管制方法；

（8）掌握有关管制用语；

（9）掌握飞机仪表进近、等待程序的管制方法；

（10）掌握目视条件下的管制间隔标准和目视进近的管制；

（11）理解飞行情报服务的程序；

（12）掌握特殊情况下的管制方法和处置程序；

（13）掌握正常飞行冲突的调配和管制方法。

二、飞行冲突

在空中交通管制工作中，“冲突”一词所指的是，飞机在空中飞行时，是否会与其他飞机之间有相撞的危险。从字面上的意义来说，飞机在空中相遇所发生的“冲突”，就是指飞机在飞行过程中，在某一特定时间与其他的飞机在空间占有上发生了重叠。依照所占用空间大小的不同，飞机之间发生危险情况的程度也有所不同，所发生的冲突类型也各不相同。

程序管制情况下，由于缺乏直观的验证，因此按某种最低间隔规定配备的两机的实际间隔尺寸，往往与预期的间隔差别较大。当然，在这样一种被动的情况下，想象尺寸和实际尺寸的差异，飞行员可能觉察不到或认为是一种正常的秩序，管制员更没法去检测，但确定的是只要不突破问题的极限，按该既定规则实施的行为的后果是在公认的安全水平范围内满足安全的要求，也就是满足安全概率的要求。例如 NATSPG 小组在北大西洋缩小垂直间隔的可行性研究中，根据以往飞行的经验提出了一个最大可以接受的安全等级 TLS（Target level of safety）：0.15 ~ 0.4 次碰撞危险/10^7 飞行小时。为尽可能实施有效监控，同时也要求航空器履行严格的报告程序，如飞机预计过某报告点时间以后 3 min 尚未得到机长报告，管制员应主动询问。

经验告诉我们，在实际管制工作中，时间、空间往往不容许管制员临时性的运用某种原理去构建一种新的程序进行碰撞危险度评估，进而作为决策的理由。实际做法是，往往以已有的经过评估而被认为是安全的一种程序为基础稍作变通，但必须保证这样的一种变通不减小安全的尺度或者说不突破类似问题的极限。这种对已有经验的创造性思维过程，逐渐演变为管制的个人风格，也就是通常所谓的管制习惯。

程序管制性质决定在任意条件下对飞机位置的界定都是一种模糊程度很高的推理和假设，因此对管制实施者而言，间隔理所当然成为管制的唯一依据。对于任意飞行动态，我们只能说采取某种调配方案符合既定的某种间隔标准使用条件，进而证明符合安全的要求，决不能擅自采取冒险的行为反过来追问违反了哪一种间隔标准。同理，当发现同时满足既定的多条间隔标准的使用条件，则应优先选择其中尺寸最小者以提高效率。对于规则不仅要求了解，更要求灵活应用。历史上出现的多起因严重偏离管制规章而造成的管制责任事故，均属于对规则的理解和认识不足，没有真正把握其内涵及理论依据，以此的任何“冒险”与“尝试”均会给空中交通的安全带来严重威胁。

（一）飞行冲突的特点

1. 飞行冲突的孤立性

根据空域中航空器的飞行状态，飞行中的的冲突可分为顺向飞行、汇聚飞行和逆向飞行。当两个航空器航迹夹角小于 45° 的时候，航空器冲突主要集中于顺向穿越和顺向追赶。当两航空器的航迹夹角大于 135° 时，两机的飞行冲突应按照逆向飞行来处理，而当角度在 46° ~ 134° 之间时，两机为交叉飞行。每个飞行冲突至少涉及两架飞机，如果就管制工作中的某一个飞行冲突而言，该飞行冲突是孤立存在的。

2. 飞行冲突的关联性

由于航路航线及空域结构等特点，有时孤立的飞行冲突之间存在着相互关联的现象。管制员实际指挥时，在考虑飞行冲突时，可将飞行冲突先孤立开，寻找孤立飞行冲突的解决方法，然后再考虑飞行冲突的关联性，寻求最佳的冲突解决方法。例如，在武汉模拟机训练中，存在如下飞行动态：

DLH721	4800		QU	WG	ZF		M E A I
B737　/M			16/	11/	00/		
ZBAA—ZHHH							

CXN4504	3600		WG	XS			M E A I
YN7　/M			10/	20/			
ZHHH12:05—ZSOF							

CCA1331	4800		WG	ZF			M E A I
B737　/M			11/	17/			
ZHHH12:07—ZBAA							

在以上的飞行动态中，其中的任意两架飞机之间均存在飞行冲突：

DLH721 与 CXN4504：两机是以 WG 导航台的交叉飞行；

DLH721 与 CCA1331：两机是相对飞行；

CXN4504 与 CCA1331：两机是以 WG 导航台的交叉分散飞行。

管制员在制定管制预案时，首先应将三架飞机中的任意两架的孤立飞行冲突找到解决方法，然后将三架飞机作为整体比较冲突的解决方法是否合理，进行预案的调整。

3. 明显飞行冲突与潜在飞行冲突

管制工作的飞行冲突，有些是容易被管制员发现的，例如两架飞机在空中已经形成了对头飞行或交叉飞行的状态，此时管制员对此类飞行冲突往往重视程度较高。但某些飞行冲突却存在着一定的隐蔽性，例如在武汉模拟机场中，起飞去龙口（KG）的飞机在过汉阳（XG）之前，与龙口进场飞机全航路无冲突，而一旦离场飞机过汉阳后，该机与进场飞机全航路均存在冲突，而此种潜在的飞行冲突容易被管制员所遗忘。但潜在飞行冲突对管制安全的影响往往是最大的，因此对于管制员而言在管制工作中不仅能够发现明显的飞行冲突，更应该注意潜在的飞行冲突。

（二）飞行冲突调配的一般原则

飞行调配分为预先调配、飞行前调配和飞行中调配。每年冬春季和夏秋季班期时刻表的制定以及临时申请的航班应力求避免在某个时段飞行量过于集中；在飞机开车前进行放行许可的限制可以完成中期的调配计划；飞行中的冲突调配是一个组合最优化问题，但绝非个人问题，扇区之间、管制单位间的协调与合作，完全可以在最大限度上减少冲突的次数和减轻困难程度。

(1)组织实施飞行管制时，应当合理安排飞行次序：

(2)一切飞行让战斗飞行；

(3)其他飞行让专机飞行和重要任务飞行；

(4)国内一般任务飞行让班期飞行；

(5)训练飞行让任务飞行；

(6)场内飞行让场外飞行；

(7)场内、场外飞行让转场飞行。

程序管制方法要求管制员必须在头脑中建立将要发生事件的时间序列表，合理分配注意力，使得各种事务有条不紊地进行。"冲突"逻辑上是指特定两架飞机之间存在相互制约，限制在某一时刻解除才是转移注意力的关键。

(三)武汉模拟机场冲突调配原则

在武汉模拟机场中，进离场航线的分布特点决定了该机场飞行冲突的特点，某些进离场航线本身存在着安全间隔，因此在解决飞行冲突时，应尽量应用这些安全间隔，必要时可将起飞飞机的起飞时间适当推迟，或延迟进场飞机的到场时间。但同时还应注意，由于程序管制间隔的附加条件较多，规则中所规定的管制间隔在某一个特定空域内，由于空域结构以及航路航线结构的不同，某些规则无法适用，故在武汉模拟机训练中，个别冲突的解决方法仅适用于武汉模拟机训练。

1. 地理位置间隔

对于进场飞机而言，同时处在进近管制区四个内口(即 XG、WG、SH、SG)之外的两架飞机之间无飞行冲突。

管制规则 86 号令明确规定：航空器可以在不同的规定航路(航线)上顺向或逆向飞行，互不交叉穿越，但这些航路(航线)的宽度和保护空域不得互相重叠。在武汉模拟机场中，同时处在四个内口以外的两架飞机，所飞行的进场航路互相不重合，且保护区也不重合，因此彼此之间可以互相传阅或占用彼此高度。但应注意天门(TM)同时进场的两架飞机不满足此条件，因为 TM11A 与 TM12A 两条进场航路存在着交叉点。

反之，同时处于四个内口以内的两架机场飞机，却没有间隔可以使用，因为当两架进场飞机均过四个内口以后，二者都是向乌泉作汇聚飞行，故二者不能穿越高度。

2. QU 进近、等待或在反向程序中的飞机，与任何方向起飞的飞机没有冲突

注意：该条规则仅适用于武汉模拟机场训练使用。

3. 尽可能使用 DME 距离间隔来解决飞行冲突

在程序管制条件下，由于导航台的精度等因素，航空器使用 DME 距离间隔比时间间隔精确得多，管制员使用 DME 距离间隔作为高度穿越的依据时，可以将冲突解决的时机大大提前。在武汉模拟机场中，共有三个 DME 台，即浠水(XS)、龙口(KG)和武汉本场(WUH)。

4. 空中飞机比地面飞机优先权高，尽可能将飞行冲突解决在地面

飞行流量管理的原则为，飞行前流量管理为主，飞行中流量管理为辅，航空器地面等待为主，空中等待为辅，因此在地面的飞机申请放行时，进近管制员应根据飞行计划对飞行冲

突做好预先判断。如果飞机起飞后进离场飞行冲突较大，管制员可以适当限制或推迟飞机的起飞时间，将飞行冲突化解在地面。但应注意推迟飞机的起飞时间要在合理的范围之内，避免造成航班的不必要延误。

（四）飞行冲突的调配方法

由于程序管制的特殊性，在管制工作中能够供管制员进行飞行冲突调配的航行各元素较少，因此管制员在进行飞行冲突调配时的手段也较为单一，每一种飞行冲突的调配方法都有其优点但同时对管制工作也存在着潜在的影响，因此在进行冲突调配时，管制员应合理选择冲突调配方法。

1. 高度调配

高度调配是将航空器安排在不同的高度层上飞行，使航空器之间保持规定的垂直间隔。作为一种良好的管制习惯，我们通常指定不同的飞机以不同的飞行高度层，保持平飞状态是肯定符合安全要求的。尤其是程序管制，冲突调配的技巧主要集中在当两机存在穿越高度需求情况下，寻求什么样的最小水平间隔标准的使用条件才能达到穿越的目的。如进离场必须的上升下降、为冲突调配进行的垂直方向的机动等都能产生这样的需求。

飞行高度容易保持、误差较小。用高度调配方法解决飞行冲突安全可靠、简便易行，是管制中的主要方法。但在同一航线或同一空域内高度层占用太多，势必会增加上升、下降阶段穿越高度层的飞行冲突，所以，在管制工作中必须合理地选择运用。

2. 时间调配

时间调配是以控制航空器到达某一位置点的飞行时刻的方法来解决飞行冲突，主要用来调整航空器之间的纵向间隔。

时间调配是程序管制中常用的一种方法，它可以充分利用有利飞行高度层，使空中交通有秩序地运行。但是依据该方法配备的间隔准确性较差，受天气影响较大。因此在实施管制时，要经常根据雷达信息和机长的位置报告及时修正，以保证足够的安全间隔。

3. 侧向调配

侧向调配是使航空器之间保持规定的横向间隔，即航空器在不同航线上或不同空域内飞行时，航线之间、空域之间及航线与空域之间必须有一定的安全间隔，才可以安排航空器同高度飞行。

以上三种方法，在实际工作中不能机械地只用一种，而应全面掌握飞行动态，综合利用各种方法，用不同的方法解决不同的冲突。如交叉飞行发生冲突时，时间调配、高度调配、侧向调配既可单独使用，又可以综合使用。

利用马赫数技术控制两机纵向间隔的方法，在国内尚未推广。实际的一些做法是：限制起飞时间或利用航路消磨时间以在指定时刻或者以后到达某导航定位点上空，或者可以采取加入等待程序的方法。

作为一种辅助的管制手段，进程单的合理应用将有助于改善程序管制工作效率。为尽可能详细掌握飞行动态，飞行员一般每到达一报告点上空、到达一目的高度或者管制有特殊要求（通过某一高度层）情况下，都必须进行准确的位置报告，如有可能，还应该报告预达下一点时刻。冲突探测首先进行航迹检查，如有交叉等冲突可能性，进一步判断有无穿越高度的需求，如果有，最后再探求最小水平安全间隔标准的适用性。

（五）冲突解决方案的选择与优化

（1）选择一个高效、安全、变化可能较小的方案。这些方案应是平时积累，平时想好的（调配过程中遇到不利变化情况时的应急备份方案等），以及在模拟机实验中得到试验或是实际中试验证明安全可行的。管制员在进行管制时，并不是一个思想家、艺术家、科学家、发明家，并不需要创造性。他只是一个信件分拣员、熟练工，运用自己的经验选择一个方案并且不停地选择。其过程为：收集信息（看进程单、雷达并预感将要发生的情况）——判断选择一个子程序（一定要用大脑来判断、选择）——发出指令——监控飞机执行指令情况。

（2）当管制员在调配一个冲突时，选择方案 A/B 时将来有 2/3 个可能，当你同时在短时间里又调配另一个冲突选择方案 C/D 时，如果将来有 2/3 个可能，那么当你选择方案 A 和 C 时，可能你需要对 $2\times2=4$ 种变化作准备；当你选择方案 A 和 D 时，你需要对 $2\times3=6$ 种可能变化作准备。可以看出，调配时应尽量选择后遗症少的方案才能更安全、更可靠。

（3）管制过程中管制员选择任何一个调配方案都是有先决条件的，任何的调配方案、技术都是有其适用范围和不利影响，不要刻舟求剑，应注意当时的空中情况随机应变。

（4）有预案的指挥和无预案的指挥

① 有预案的指挥：应当保持你的状态。使自己始终处于有预案的指挥中，交接班制度强调重叠 10 min 就是这个原因。把时间分成很多细小的间断，让自己的大脑集中精力做很多独立的又有关联的小事件。（大脑的分时使用，聚焦注意力，每次只做 1 件，做完迅速切换，这需要很强的记忆能力。）

② 无预案的指挥：当发生特殊情况时，无法预料。实时指挥时先扫描进程单、雷达，再发指令，并在 10 s 或 30 s 后进行安全扫描，这种指挥往往会发生一次指挥不到位或出错，再指挥或更正，不断发出指令直至完成。

三、武汉模拟机场冲突调配方法

在对飞行冲突解决方案进行优化时，首先应根据管制空域及进离场航线的结构等特点，找出该空域中的冲突点，并将该点所有飞行冲突的解决方案进行预先准备。通常一个冲突点的飞行冲突解决方案往往有多个，管制员应在管制过程中根据飞行冲突的实际情况，选择合理的冲突解决方法。在武汉模拟机场进近管制空域中，根据进离场航线的结构特点，存在着 WG、XG、SH 等较为明显的冲突点。

（一）通口（WG）

在通口（WG）导航台，共有四条进离场航线在此交叉，分别是：河口 11 号离场程序（ZF11D）、浠水 11 号离场程序（XS11D）、河口 11 号进场程序（ZF11A）以及河口 12 号进场程序（ZF12A）。由于在实际应用中，河口进场的航空器只选用河口 12 号进场程序（ZF12A）（主要是便于冲突判断以及进近间隔的掌握），因此在 WG 处的飞行冲突往往不将该航线考虑在内。图 6.1 为通口处飞行冲突示意，图 6.2 为河口进离场飞行冲突。

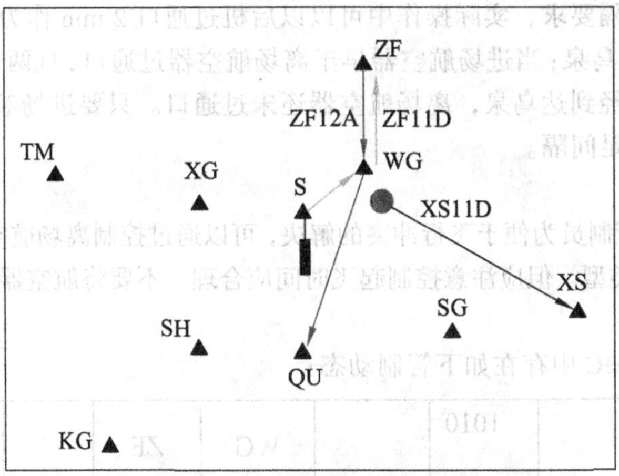

图 6.1　通口（WG）处飞行冲突示意图

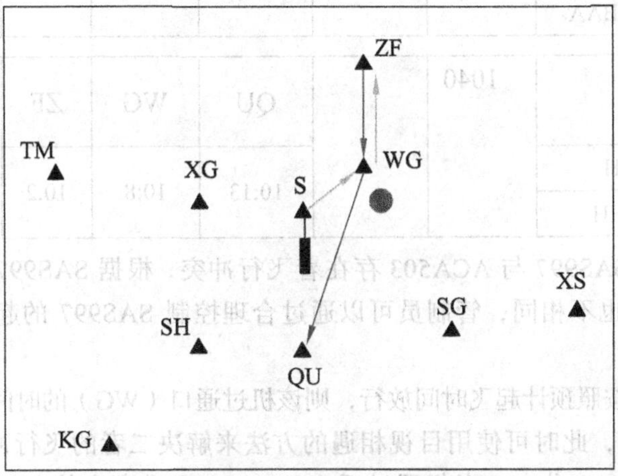

图 6.2　河口（ZF）进离场飞行冲突示意图

1. WG 处的冲突（1）：ZF11D 与 ZF12A

（1）冲突分析：河口进离场航线在此处交叉，而飞行冲突的程度取决于进离场航空器存在飞行冲突的位置。当二者处于河口与通口之间的航段时，二者为完全相对飞行；当进场航空器先于离场航空器过通口时，二者为交叉飞行，即离场航空器处于 S—WG 航段，而进场航空器处于 WG—QU 航段；如果二者均已过通口，即离场航空器处于 WG—ZF 航段，而进场航空器处于 WG—QU 航段，此时由于二者的航迹夹角大于 135°，因此二者可以视为逆向飞行。三种不同情况所适用的冲突解决方法主要有如下几种：

① 目视相遇：当离场航空器早于进场航空器过通口，即二者在河口与通口之间的航段相遇，二者为对头飞行，此时如果气象条件允许，可以利用目视相遇来解决二者之间的飞行冲突。但应注意比较两机的相遇点，选择合理的中间高度，如果两机相遇点靠近河口，则管制员应选择较高的相遇高度，保证两机相遇之后，离场飞机能够上升到协议移交高度。反之应选较低的高度。具体通话在前面章节已作介绍。

② 后机过台 2 min：当进场航空器早于离场航空器过通口，且两机过台时间相差不大的情况下，由于 WG—QU 与 WG—ZF 航段可以视为逆向飞行，因此两机只要各自过通口 2 min

后，二者即可满足间隔要求，实际操作中可以以后机过通口 2 min 作为依据。

③ 进场航空器到乌泉：当进场航空器早于离场航空器过通口，且两机过台时间相差较大，例如当进场航空器已经到达乌泉，离场航空器还未过通口。只要进场航空器到达乌泉，则进离场航空器之间即满足间隔。

（2）应用技巧。

在实际指挥中，管制员为便于飞行冲突的解决，可以通过控制离场航空器的起飞时间来调整进离场航空器的冲突类型。但应注意控制起飞时间应合理，不要将航空器的起飞时间推迟过多。

（3）应用举例。

在模拟机训练 P03C 中存在如下管制动态：

SAS997	1010		WG	ZF			M
B747 /H			10:3	10:10			E A
ZHHH10:00—ZBAA							I

ACA503	1040		QU	WG	ZF		M
B767 /H			10:13	10:8	10:2		E A
ZBAA—ZHHH							I

在上述实例中，SAS997 与 ACA503 存在着飞行冲突，根据 SAS997 起飞时间的不同，该飞行冲突的解决方法也不相同，管制员可以通过合理控制 SAS997 的起飞时间来选择合理的冲突解决方法。

① 如果 SAS997 按照预计起飞时间放行，则该机过通口（WG）的时间为 03 分，与 ACA503 在 ZF—WG 航段相遇，此时可使用目视相遇的方法来解决二者的飞行冲突。同时根据判断，二者预计相遇时间为 06 分，二者相遇过后，SAS997 上升高度的空间较小（距离走廊只有 4 min），因此，在选择二者相遇高度时应选择较高的高度，以保证相遇过后 SAS997 能上升到协议移交高度。例如：可指示 SAS997 上升到 3 600 m 保持，而 ACA503 下降到 3 900 m，两机报告目视相遇无影响后互相传阅高度。

② 推迟 SAS997 的起飞时间到 05 分，则该机过 WG 时间为 08 分，与 ACA503 过 WG 的时间相同，此时可使用后机过台 2 min 的方法解决此冲突。

间隔依据：改变高度的航空器，穿越逆向飞行的另一航空器的高度层：如果接到报告，两架航空器都已经飞越同一无方向信标台或者测距台定位点 2 min 后，可以相互穿越或者占用同一高度层，如图 6.3 所示。图 6.4 为河口进场与浠水离场飞行冲突示意。

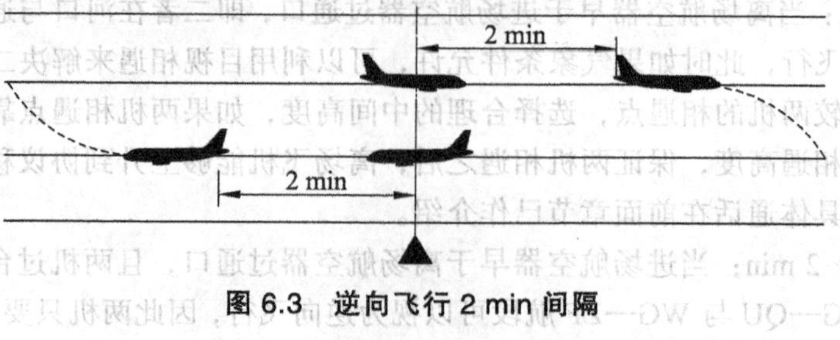

图 6.3 逆向飞行 2 min 间隔

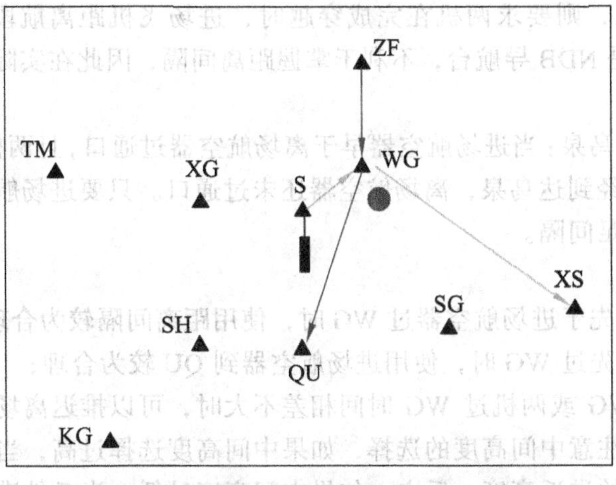

图 6.4　河口进场与浠水离场飞行冲突示意图

③ 如果 SAS997 的起飞时间推迟到 10 分，则当 13 分 ACA503 到达乌泉时，二者即可互相穿越高度。使用此种方法时应注意：由于 ACA503 到达 QU 后，从当前高度下降到起始进近高度的时间只有 3 min，因此 ACA503 应下降到较为合理的高度，即保证在 3 min 之内能下降到起始进近高度，同时给起飞的 SAS997 预留出高度空间。例如：ACA503 下降到 2 100 m，而 SAS997 上升到 1 800 m，当 ACA503 到达 QU 后，3 min 内可以从 2 100 m 下降到 900 m。

2. WG 处的冲突（2）：XS11D 与 ZF12A

（1）冲突分析：XS11D 与 ZF12A 两条航路在 WG 交叉。当离场航空器先于进场航空器过 WG 时，即进场航空器处于 ZF—WG 航段，而离场航空器处于 WG—XS 航段，二者是以 WG NDB 导航台进行向背台交叉飞行；当进场航空器先于离场航空器过 WG 时，二者是以 WG NDB 导航台进行分散飞行。

间隔依据：航空器在航路阶段以及在进场和离场飞行阶段，两架航空器使用同一全向信标台做汇聚或分散飞行时，航空器之间的航迹夹角不小于 30°，其中一架航空器距离无方向信标台 50 km（含）以上。图 6.5 为 NDB 交叉飞行侧向间隔。

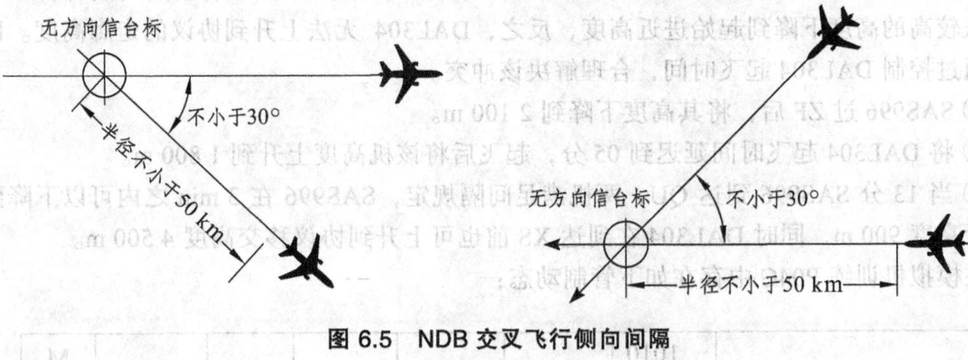

图 6.5　NDB 交叉飞行侧向间隔

① 距离间隔：离场航空器报告 XS DME 距离小于 34 km。

离场飞机先过 WG：由于 WG—XS 航段的总长度为 84 km，如果以离场飞机为基准，则当离场飞机报告 XS DME 台距离为 34 km 时，该机已飞出航迹交叉点 WG NDB 导航台 50 km，如果以进场飞机为准，则要求两机在完成穿越时，进场飞机距离航段交叉点 WG 仍然有 50 km，但由于 WG 是 NDB 导航台，不利于掌握距离间隔，因此在实际应用中，通常以背台飞机为准。

② 进场航空器到乌泉：当进场航空器早于离场航空器过通口，且两机过台时间相差较大，例如当进场航空器已经到达乌泉，离场航空器还未过通口。只要进场航空器到达乌泉，则进离场航空器之间即满足间隔。

（2）应用技巧。

① 当离场航空器先于进场航空器过 WG 时，使用距离间隔较为合理；

② 当进场航空器先过 WG 时，使用进场航空器到 QU 较为合理；

③ 两机同时过 WG 或两机过 WG 时间相差不大时，可以推迟离场航空器起飞时间。在以上三种情况下均应注意中间高度的选择，如果中间高度选择过高，当满足穿越条件时，进场飞机无法下降到起始进近高度；反之，如果中间高度过低，当条件满足时离场飞机无法上升到协议移交高度，尽可能在穿越条件满足时，进离场飞机有足够改变高度的空间。

（3）应用举例。

在模拟机训练 P03A 中存在如下管制动态：

DAL304	1010		WG	XS		M E A I
B747 /H			10:7	10:16		
ZHHH10:00—ZSSS						

SAS996	1010		QU	WG	ZF	M E A I
B767 /H			10:13	10:8	10:2	
ZBAA10:00—ZHHH						

在上述实例中，如果 DAL304 按照预计起飞时间放行，则当 DAL 距离 XS34 km 时，SAS996 也将到达 QU，在此种情况下，如果 DAL304 上升到较高的高度，当二者满足间隔时，SAS996 无法从较高的高度下降到起始进近高度，反之，DAL304 无法上升到协议的走廊高度。因此可以通过控制 DAL304 起飞时间，合理解决该冲突。

① SAS996 过 ZF 后，将其高度下降到 2 100 m。

② 将 DAL304 起飞时间延迟到 05 分，起飞后将该机高度上升到 1 800 m。

③ 当 13 分 SAS996 到达 QU，两机满足间隔规定，SAS996 在 3 min 之内可以下降到起始进近高度 900 m，同时 DAL304 在到达 XS 前也可上升到协议移交高度 4 500 m。

在模拟机训练 P04C 中存在如下管制动态：

DAL304	1010		WG	XS			M E A I
A310 /M			11:4	11:12			
ZHHH11:1—ZSSS							

CCA1333	1040		QU	WG	ZF		M E A I
BAE146　/M				11:13	11:7		
ZBAA10:00—ZHHH							

在上述实例中，如果 DAL304 按照预计起飞时间放行，10 分该机距离 XS 34 km（距离 WG50 km），两机满足间隔规定，此时 CCA1333 还未过 WG，在此种情况下，应尽可能使用较高的高度，因为当两机满足间隔规定时，DAL304 上升高度的空间较小(距离 XS 只有 2 min 飞行时间)。具体指挥方案如下：① CCA1333 过 ZF 后，指挥其下降到 3 900 m 保持。② DAL304 起飞后，指挥其上升到 3 600 m 保持；③10 分 DAL304 报告距离 XS 34 km，指挥 DAL304 上升到 4 500 m 保持，指挥 CCA1333 下降到 900 m，发布进近许可。图 6.6 为河口离场与浠水离场飞行冲突示意。

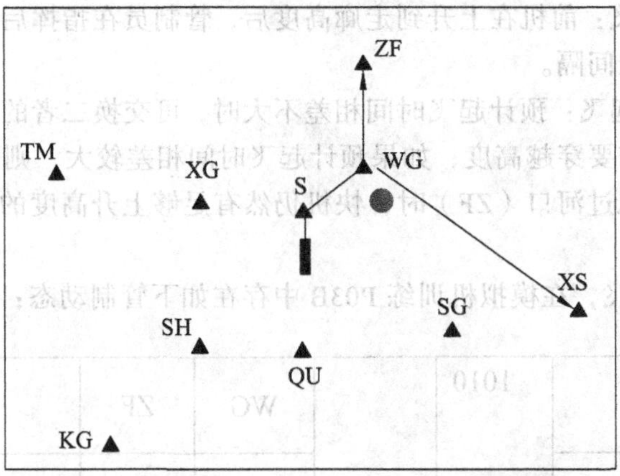

图 6.6　河口离场与浠水离场飞行冲突示意图

3. WG 处的冲突（3）：XS11D 与 ZF11D

（1）冲突分析。

前后跟进起飞的两航空器在过通口（WG）后，以 WG NDB 为航迹交叉点进行分散飞行，且航迹交叉角度大于 30°，满足使用 NDB 台进行分散飞行的条件。

间隔依据：航空器在航路阶段以及在进场和离场飞行阶段，两架航空器使用同一全向信标台做汇聚或分散飞行时，航空器之间的航迹夹角不小于 30°，其中一架航空器距离无方向信标台 50 km（含）以上。图 6.7 为 NDB 交叉飞行侧向间隔。

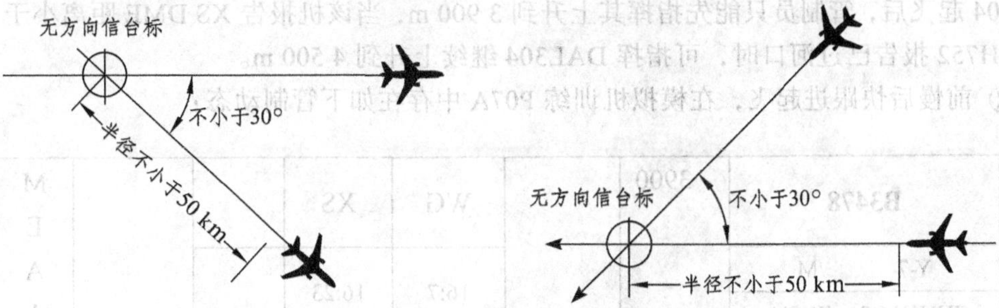

图 6.7　NDB 交叉飞行侧向间隔

① 距离间隔：浠水（XS）离场航空器报告 XS DME 距离小于 34 km 或河口（ZF）离场航空器已过河口。

浠水离场飞机先过 WG：由于 WG—XS 航段的总长度为 84 km，当该机报告 XS DME 台距离为 34 km 时，该机已飞出航迹交叉点 WG NDB 导航台 50 km；如果河口（ZF）离场航空器先过 WG，则当该机过 ZF 后，两机满足间隔要求（河口距离通口 69 km）。

② 交换起飞顺序。

当前后跟进起飞的两航空器为同型机时，可以应用上述间隔作为依据。在武汉模拟机场中，河口（ZF）和浠水（XS）的走廊口高度 C、D 类为 4 500 m，B 类为 3 900 m，因此如果计划中两离场航空器为前慢后快离场，管制员需要考虑快机穿越慢机的飞行高度，此时管制员可以根据实际情况交换两机的离场顺序，更改为前快后慢离场，这时两机属于跟进上升，不需要穿越对方高度。

（2）应用技巧。

① 同型机跟进起飞：前机在上升到走廊高度后，管制员在指挥后机上升至同高度时，应考虑两机是否满足安全间隔。

② 前慢后快跟进起飞：预计起飞时间相差不大时，可交换二者的起飞顺序，使之变为前快后慢起飞，二者不需要穿越高度；如果预计起飞时间相差较大，则可考虑先放行慢速航空器，此时需考虑当慢机过河口（ZF）时，快机仍然有足够上升高度的时间。

（3）应用举例。

① 同型机跟进起飞，在模拟机训练 P03B 中存在如下管制动态：

DLH752	1010		WG	ZF			M E A I
B747 /H							
ZHHH10:0—ZBAA			10:3	10:10			

DAL304	1080		WG	XS			M E A I
A310 /M							
ZHHH10:4—ZSSS			10:7	10:15			

在上述例子中，两离场航空器均为 C 类航空器，其走廊口高度均为 4 500 m，按照预计起飞顺序，当 DLH752 起飞后，管制员可以直接指挥该机上升到 4 500 m 协议高度，而当 DAL304 起飞后，管制员只能先指挥其上升到 3 900 m，当该机报告 XS DME 距离小于 34 km 或 DLH752 报告已过河口时，可指挥 DAL304 继续上升到 4 500 m。

② 前慢后快跟进起飞，在模拟机训练 P07A 中存在如下管制动态：

B3478	3900		WG	XS			M E A I
Y-7 /M							
ZHHH16:2—ZSCN			16:7	16:23			

DLH752	1010		WG	ZF			M E A I
B747 /H			16:8	16:15			
ZHHH16:5—ZBAA							

- B3478 为 B 类航空器，其 XS 走廊高度为 3 900 m，DLH752 为 C 类航空器，ZF 走廊高度为 4 500 m；
- 二者过 WG 后为交叉分散飞行，交叉点为 WG NDB。
- 如果按照预计起飞时间放行，则 B3478 起飞后可以直接上升至 3 900 m，但 DLH752 起飞后需要穿越 B3478 的高度，按照上述冲突解决方法，当 B3478 报告 XS DME 距离小于 34 km 时，二者满足间隔，但此时 DLH752 已过 ZF，且高度无法上升至 4 500 m。
- 由于二者的预计起飞时间只相差 3 min，因此在实际指挥中，管制员可交换两机的起飞顺序，安排 DLH752 先起飞直接上升至 4 500 m，而 B3478 后起飞跟进前机上升至 3 900 m，二者不需要相互穿越高度，这样就可以将飞行冲突解决在地面。

（二）姚湖（SH）

姚湖导航台为 NDB 台，共有三条进离场航线在此交叉，分别是：龙口 11 号离场程序（KG11D）、龙口 11 号进场程序（KG11A）以及天门 11 号进场程序（TM11A），如 6.8 图所示。

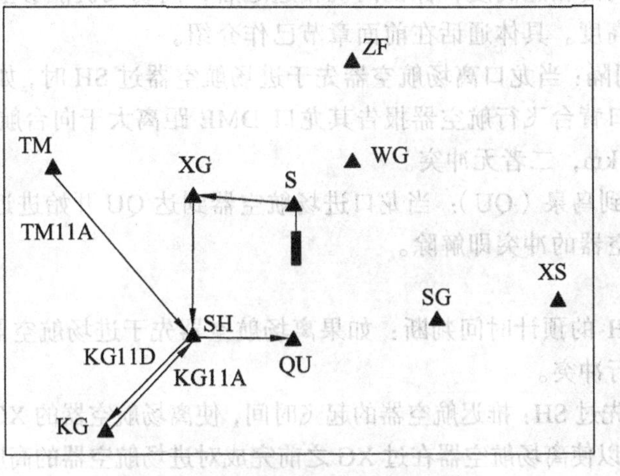

图 6.8 姚湖处航线交叉示意图

1. SH 处冲突（1）：KG11D 与 KG11A

（1）冲突分析：

龙口离场的航空器在过汉阳（XG）之前，即处于 S—XG 航段时，与龙口进场航空器全航路无冲突；龙口离场的航空器在过 XG 后与龙口进场航线全航路均存在飞行冲突：XG—SH—KG 与 KG—SH—QU，两条航线在 SH 处交叉，因此当龙口离场航空器过 XG 后，与龙口进场航空器无法穿越高度。图 6.9 为龙口进离场飞行冲突。

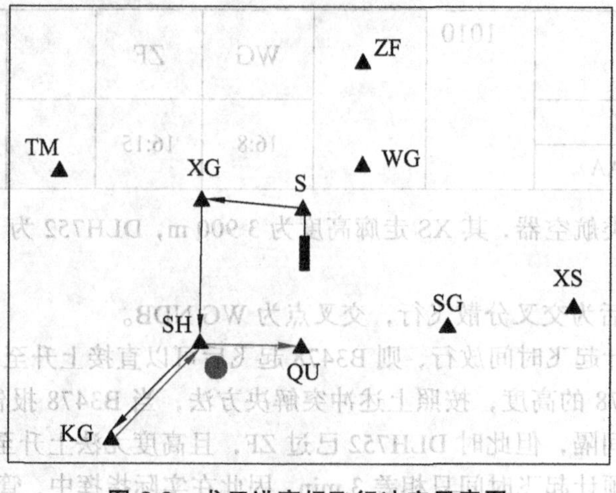

图 6.9 龙口进离场飞行冲突示意图

① 龙口离场航空器过 XG 前完成对龙口进场航空器的穿越：S—XG 航段与 KG—SH 航段属于在两台外侧相对飞行，且两导航台间距为 32 km，两机可以在过台前完成高度的穿越；S—XG 与 SH—QU 航段属于平行航段飞行，且航路侧向间距为 32 km。

② 目视相遇：当离场航空器早于进场航空器过姚湖（SH），即二者在龙口与姚湖之间的航段相遇，二者为对头飞行，此时如果气象条件允许，可以利用目视相遇来解决二者之间的飞行冲突。但应注意比较两机的相遇点，选择合理的中间高度，如果两机相遇点靠近龙口，则管制员应选择较高的相遇高度，保证两机相遇之后，离场飞机能够上升到协议移交高度。反之，应选较低的高度。具体通话在前面章节已作介绍。

③ DME 距离间隔：当龙口离场航空器先于进场航空器过 SH 时，如果二者无法报告彼此目视相遇，则当龙口背台飞行航空器报告其龙口 DME 距离大于向台航空器 20 km 时，证明两机已相遇分开 20 km，二者无冲突。

④ 进场航空器到乌泉（QU）：当龙口进场航空器到达 QU 开始进近或加入等待程序后，该机与龙口离场航空器的冲突即解除。

（2）应用技巧。

① 根据两机 SH 的预计时间判断：如果离场航空器先于进场航空器过 SH，则可以使用目视相遇来解决飞行冲突。

② 进场航空器先过 SH：推迟航空器的起飞时间，使离场航空器的 XG 时间晚于进场航空器的 SH 时间，此时可以使离场航空器在过 XG 之前完成对进场航空器的高度穿越。在使用此方法时应注意：必须保证当离场航空器过 XG 时，已经于进场航空器之间建立了足够的垂直间隔。

（3）应用举例。

在模拟机训练 P06A 中存在如下管制动态：

SIA224	8400		XG	SH	KG		M
B757 /H							E A
ZHHH13:0—ZGGG			13:4	13:7	13:11		I

GIA205	1010		QU	SH	KG		M E A I
B747　　/H				13:6	13:2		
ZGGG13:0—ZHHH							

CSN3356	4500		QU	SH	KG		M E A I
Y-7　　/M				13:18	13:9		
ZGGG13:7—ZHHH							

① 确定冲突类型：SIA224 与 GIA205 与 CSN3356 均存在飞行冲突；

② 比较 SIA224 与 GIA205 的 SH 时间：SIA224 晚于 GIA205 过 SH，因此二者之间不能使用目视相遇解决。

③ 比较 SIA224 的 XG 时间与 GIA205 的 SH 时间：SIA224 先过 XG 而 GIA205 后过 SH，因此可以使用以下方法。SIA224 在过 XG 前完成对 GIA205 高度的穿越但为保证完成穿越，必须推迟 SIA224 的起飞时间，使其起飞后过 XG 的时间晚于 GIA205 过 SH 的时间，根据进程单的预计时间，可将 SIA224 的起飞时间推迟到 03 分，此时该机预计过 XG 的时间为 07 分，晚于 GIA205 的 SH 时间，可在 XG 前完成对 GIA205 高度的穿越。

④ 确定 SIA224 与 CSN3356 的高度穿越方法：SIA224 推迟起飞后，其预计过 SH 的时间将为 10 分，而 CSN3356 预计过 SH 时间为 18 分，因此二者可在 SH—KG 航段相遇，且根据判断二者相遇点应靠近 KG，因此可使用目视相遇的方法解决该冲突，且相遇高度应尽量选择较高的高度。如果两机未报告目视相遇，则当 CSN3356 报告龙口 DME 距离大于 SIA224 龙口 DME 距离 20 km 时，二者无冲突。

重点：在推迟 SIA224 的起飞时间时，应注意既要保证该机可在 XG 前完成对 GIA205 高度的穿越，同时不能推迟过多，要保证该机能够在 SH—KG 航段与 CSN3356 目视相遇，注意全面考虑冲突的解决。

⑤ 指挥过程：02 分，GIA205 过 KG 后，指挥其下降至 1 500 m，并为该机指定下降率 2 000 ft/min；03 分 SIA224 起飞后，指挥其上升至 2 400 m 保持，并要求其过 XG 时高度达到 2 400 m；06 分 GIA205 过 SH 后，指挥该机下降至进近高度 900 m；07 分 SIA224 过 XG，指挥其继续上升到 3 600 m 保持，09 分 CSN3356 过 KG，指挥其保持高度；10 分 SIA224 过 SH，为二者通报相对活动信息，并指示双方目视相遇无影响报告。当二者相遇过后，指挥 SIA224 上升至 4 800 m，指挥 CSN3356 下降高度。

2. SH 处冲突（2）：TM11A 与 KG11A

（1）冲突分析。

两条进场航线在 SH 处交叉，且为汇聚飞行。航迹夹角大于 30°，可使用 NDB 交叉汇聚飞行的方法解决冲突，但由于 SH 为 NDB 台，不便于掌握距离 SH 的飞行距离。

① TM 进场航空器选择 TM12A，隔离飞行冲突。

当 TM 进场航空器选择 TM12A 后，TM12A 与 KG11A 没有交叉点，二者满足武汉机场的地理位置间隔，可互相穿越高度。图 6.10 为天门与龙口进场飞行冲突示意图。

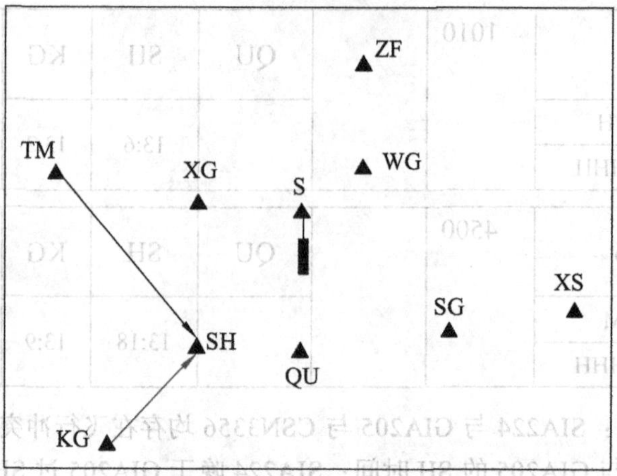

图 6.10 天门与龙口进场飞行冲突示意图

② SH 时间间隔 10 min。两机分别进入走廊后，为交叉汇聚飞行，当二者 SH 预计时间相差 10 min 时无冲突，如图 6.11 所示。

依据：无空中走廊时，在同巡航高度仪表飞行进入 C 类空域的航空器，不论其航向如何，其到达导航设备上空的时间间隔不得少于 10 min。

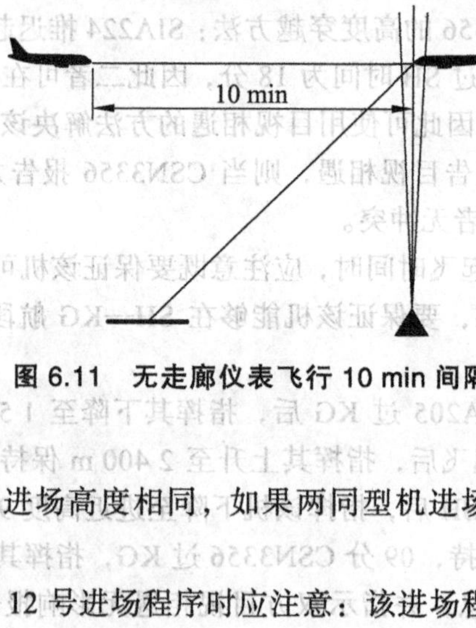

图 6.11 无走廊仪表飞行 10 min 间隔

（2）应用技巧。

① TM 与 KG 的同型机进场高度相同，如果两同型机进场，应根据预计进近时间安排高度。

② TM 进场航空器选择 12 号进场程序时应注意：该进场程序比 TM11A 多 8 km 飞行距离，同时 TM12A 到达 QU 后需要完成反向程序，因此 TM12A 总飞行时间将比 TM11A 多 4 min，在使用该方法时应先确定好进场航空器的进近顺序，避免造成不必要的延误。当 TM 进场航空器为 B 类或 A 类航空器时，可考虑安排使用 TM12A。

③ 当 TM 进场航空器为 A 类航空器时，该机 SH 时间与 KG 进场航空器的 SH 时间差别较大，可考虑使用 SH 时间相差 10 min 的方法解决冲突。

3. SH 处冲突（3）：TM11A 与 KG11D

（1）冲突分析。

两条航线时以 SH 为交叉点的交叉飞行，在 KG 离场的航空器过 XG 之前，与 TM 进场航线全航线无冲突，即 S—XG 航段与 TM11A 无冲突。当 KG 离场航空器过 XG 后，与 TM11A 全航路均存在冲突。图 6.12 为天门进场与龙口离场飞行冲突示意。

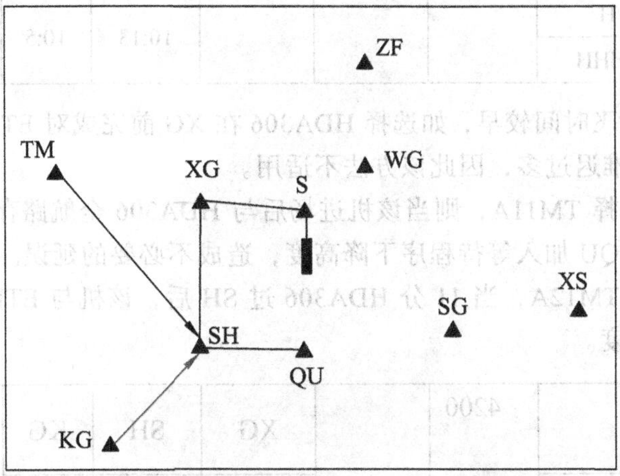

图 6.12　天门进场与龙口离场飞行冲突示意图

① 在离场航空器过 XG 之前，完成对 KG 进场航空器的穿越。

在离场航空器过 XG 之前，处于 S—XG 航段时，与 TM11A 全航路没有交叉点，同时航段保护区也不重合，故满足穿越条件，但必须保证离场飞机在过汉阳（XG）之前完成对进场飞机高度的穿越。一旦离场飞机过 XG 之后，该机与 TM 进场飞机全航路存在飞行冲突。

② 选择 TM12A，隔离飞行冲突。

进场飞机选择 TM12A，当离场飞机过 SH 而处在 SH—KG 航段时，与 TM12A 全航路无冲突。

③ 进场的飞机到达 QU。

只要进场航空器到达乌泉，则进离场航空器之间即满足间隔。

（2）应用技巧。

① 要保证离场航空器在 XG 前完成对 TM 进场航空器的高度穿越，必须保证离场航空器的 XG 时间晚于进场航空器的 SH 时间。因此该种方法一般适用于进场航空器先进场而离场航空器后起飞，且二者时间相差较大时。在使用该方法时，如有必要可适当推迟离场航空器的起飞时间。同时使用该方法时应注意 TM 进场航空器的高度应尽可能下降，以便于 KG 离场航空器起飞后对其高度的穿越。

② TM 进场航空器如选择使用 TM12A，管制员应提前确定进近次序，避免由于 TM12A 的总飞行时间比 TM11A 多 4 min 而造成不必要的延误。

（3）应用举例。

在 P03C 中存在如下管制动态：

HDA306	8400		XG	SH	KG		M E A I
B737　　/M			10:7	10:11	10:16		
ZHHH13:0—ZGGG							

ETH611	9200		QU	SH	TM		M E A I
B767 /H				10:13	10:5		
ZUUU13:0—ZHHH							

① 离场航空器起飞时间较早，如选择 HDA306 在 XG 前完成对 ETH611 高度的穿越，则 HDA306 起飞时间将推迟过多，因此该方法不适用。

② 如 ETH611 选择 TM11A，则当该机进场后与 HDA306 全航路存在飞行冲突，无法穿越高度，该机必须在 QU 加入等待程序下降高度，造成不必要的延误。

③ ETH611 选择 TM12A，当 11 分 HDA306 过 SH 后，该机与 ETH611 之间即满足安全间隔，可互相穿越高度。

B3452	4200		XG	SH	KG		M E A I
B737 /M			11:10	11:15	11:22		
ZHHH13:0—ZGGG							

CXN4307	1010		QU	SH	TM		M E A I
B767 /H				11:8	11:0		
ZUUU11:0—ZHHH							

在该实例中，B3452 的 XG 时间晚于 CXN4307 的 SH 时间，因此可以使用 B3452 在 XG 前完成对进场 CXN4307 高度穿越的方法。但应注意 CXN4307 进走廊后应尽可能下降高度，以便于 B3452 在 XG 前完成对该机的高度穿越。

（三）汉阳（XG）

汉阳导航台为 NDB 台，共有三条进离场航线在此交叉，分别是：龙口 11 号离场程序（KG11D）、天门 11 号离场程序（TM11D）以及天门 12 号进场程序（TM12A），如图 6.13 所示。

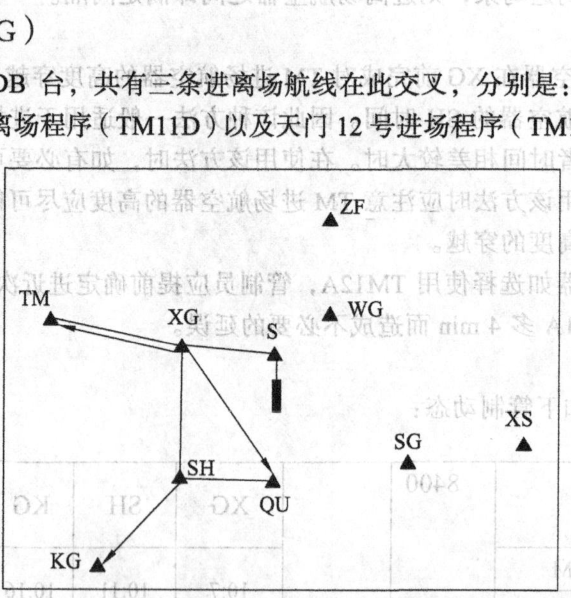

图 6.13　汉阳处飞行冲突示意图

1. XG 处冲突（1）：TM12A 与 TM11D

（1）冲突分析。

当离场航空器先过 XG 时，二者为同航路逆向飞行，而当进场航空器先过 XG 时，由于 XG—TM 航段与 XG—QU 航段的航迹夹角为 134°，不满足逆向飞行条件，因此二者为交叉飞行。图 6.14 为天门进离场飞行冲突示意。

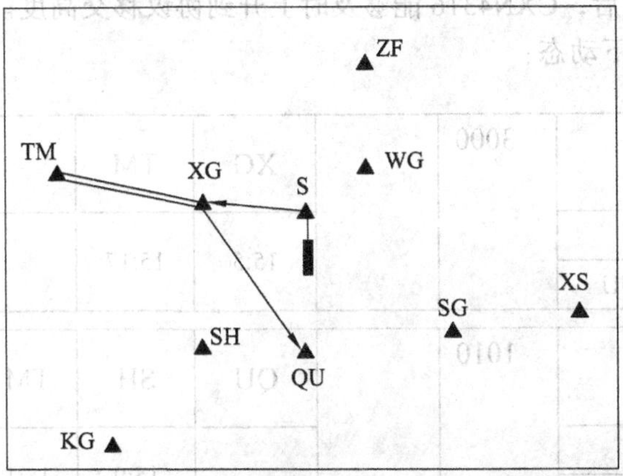

图 6.14　天门进离场飞行冲突示意图

① 目视相遇：离场航空器先过 XG，进离场飞机在 XG—TM 航段保持目视相遇。

② 进场飞机选择 TM11A：离场航空器在 XG 前完成对进场飞机的穿越；

③ 进场飞机选择 TM11A：当进场航空器过 SH 后，即处于 SH—QU 航段时，无论离场航空器处于何位置，进离场航空器均满足间隔要求。

④ 进场的飞机到达 QU：进场航空器到达 QU 后，进离场航空器满足间隔要求。

（2）应用技巧。

① 天门进场的航空器有两条进场飞行路径可供选择，管制员应综合考虑与龙口进场航空器的飞行冲突，选择合理的进场路径。

② 天门进场航空器进场较早的情况下，可选择 TM11A，选择离场航空器在 XG 完成对其高度的穿越，或等进场航空器过 SH 后，两机再穿越高度。

③ 进场航空器进场较晚，而起飞航空器起飞较早时，便于使用目视相遇的方法穿越高度。

（3）应用举例。

在 P11A 中存在如下管制动态：

PIA751	9200		QU	SH	TM	M E A I
B707　/M				9:12	9:4	
ZUUU9:2—ZHHH						

CXN4316	9500		XG	TM		M E A I
B707　/M			9:4	9:11		
ZHHH9:0—ZUUU						

在上述实例中，如果 PIA751 选择 TM11A，CXN4316 不可能在 XG 前完成对该机的高度穿越，同时当 PIA751 到达 SH，二者满足间隔要求时 CXN4316 也已过 TM，容易造成 PIA751 高度过高，必须在 QU 等待，或 CXN4316 无法上升到规定的走廊高度。因此在该例中，选择使用目视相遇将是最佳的冲突解决方法。PIA751 选择 TM12A，使两机在 TM—XG 航段相遇，同时可判断出二者预计相遇时间为 08 min，相遇点靠近 TM，因此两机再相遇时应选择稍高的高度，以保证相遇过后，CXN4316 能够及时上升到协议移交高度。

在 P06C 中存在如下动态：

CSN3371	3000		XG	TM			M E A I
Y-7 /M			15:5	15:17			
ZHHH15:0—ZUUU							

PIA753	1010		QU	SH	TM		M E A I
B767 /H				15:9	15:1		
ZUUU15:0—ZHHH							

SBTDM	3300		QU	SH	TM		M E A I
TB20 /L				15:22	15:3		
ZUCK15:2—ZHHH							

① 上例中，CSN3371 与 PIA753 和 SBTDM 均存在飞行冲突。

② 比较 CSN3371 的 XG 时间与 PIA753 的 SH 时间：当 PIA753 过 SH 时，CSN3371 刚过 XG4 min，距离走廊口仍有 8 min 上升高度的空间。同时由于 PIA753 为快速航空器，因此选择 TM11A 将节省该机的飞行时间。因此，二者的飞行冲突解决方法为：PIA753 选择 TM11A，当该机过 SH 后，与 CSN3371 冲突解除，可以互相穿越高度。

③ CSN3371 与 SBTDM 的冲突：如果 SBTDM 选择 TM11A，当 CSN3371 过 TM 时，SBTDM 还未过 SH，二者仍存在冲突，因此该机选择 TM12A，在 XG—TM 航段与 CSN3371 保持目视相遇。

注意：注意冲突的关联性。当 CSN3371 起飞后，其高度不能使用过高，如果过高的高度，将导致 PIA753 的高度使用过高，而当 PIA753 过 SH 后，其下降高度的时间只有 3 min，容易导致高度过高而无法正常进近，因此应选择适当的高度。

2. XG 处冲突（2）：TM12A 与 KG11D

（1）冲突分析。

当 KG 离场的航空器过 SH 之前，KG11D 与 TM12A 属于交叉飞行，即：TM—XG—QU 航段与 S—XG—SH 在 XG 处交叉，因此进离场航空器无法穿越高度。当离场航空器过 SH 后，即处于 SH—KG 航段时，该航段与 TM12A 进场航线全航线无飞行冲突。天门进场与龙口离场飞行冲突如图 6.15 所示。

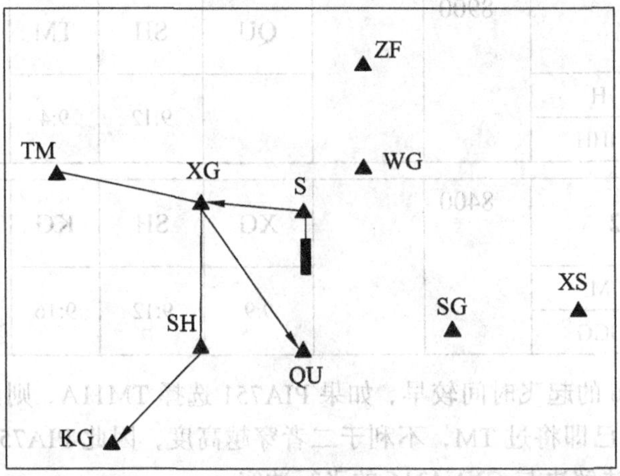

图 6.15　天门进场与龙口离场飞行冲突示意图

① 离场航空器过 SH，无论进场航空器处于何位置，二者均可互相穿越高度。

② 进场航空器到达 QU 后，无论进场航空器处于何位置，二者均可穿越高度。

③ TM 进场航空器选择 TM11A，离场航空器在 XG 前完成对其高度穿越。具体参考 SH 处冲突（3）TM11A 与 KG11D。

（2）应用技巧。

由于 TM 进场航线有两条，因此该冲突是否存在取决于进场航空器进场程序的使用，一般情况下 TM 进场航空器应选择 TM11A，可有效节省飞行时间。

如由于其他飞行冲突，TM 进场航空器必须选择 TM12A，在解决该冲突时，应注意高度的选择。例如，如果将进场航空器的高度下降到过低，则在离场航空器过 SH 前也只能保持较低的飞行高度，一不利于飞行安全，二不符合飞行实际。高度选择规律如下：注意比较离场航空器的 SH 时间和进场航空器的 XG 时间。

① 离场航空器的 SH 时间早于进场航空器的 XG 时间：使用离场航空器过 SH 的方法穿越高度，同时应选择较高高度，因为当离场航空器过 SH 二者冲突解除时，进场航空器下降高度的空间较大。

② 离场航空器的 SH 时间晚于进场航空器的 XG 时间：使用进场航空器到 QU 的方法穿越高度，同时应选择较低高度，当进场航空器到 QU 二者冲突解除时，必要时推迟离场航空器的起飞时间。

（3）应用举例。

在 P11A 中存在如下动态：

CXN4316	9200		XG	TM			M E A I
B707 /M ZHHH9:0—ZUUU			9:4	9:11			

PIA751	8900		QU	SH	TM		M E A I
B767 /H				9:12	9:4		
ZUUU9:2—ZHHH							

CSN3342	8400		XG	SH	KG		M E A I
MD80 /M			9:9	9:12	9:16		
ZHHH9:5—ZGGG							

① 由于 CXN4316 的起飞时间较早，如果 PIA751 选择 TM11A，则当该机过 SH，二者冲突解除时，CXN4316 已即将过 TM，不利于二者穿越高度，因此 PIA751 应选择 TM12A，该机利用目视相遇的方法解决与 CXN4316 的飞行冲突。

② 当 PIA751 选择 TM12A 时，与 CSN3342 在 XG 处存在交叉冲突。PIA751 按照 TM12A 进场时，预计到达 XG 时间将为 13 min。当 CSN3342 在 12 min 过 SH 后，二者冲突解除，此时 PIA751 还未过 XG，下降高度的空间较大，因此 CSN3342 起飞后应上升到较高的高度，以便于冲突解除后能上升到走廊高度。

注意：CXN4316 与 PIA751 目视相遇后，要及时将 CXN4316 的高度上升到走廊高度，同时不要急于将 PIA751 的高度下降到过低，要给 CSN3342 预留高度空间，避免 CSN3342 保持过低的高度过 SH，低高度飞行时间过长。

3. XG 处冲突（3）：TM11D 与 KG11D

（1）冲突分析。

两条离场程序在 XG 处交叉，当 KG 离场航空器过 SH 后，即处于 SH—KG 航段时，与 TM 离场航空器解除飞行冲突，可以互相穿越高度。图 6.16 为天门离场与龙口离场飞行冲突示意。

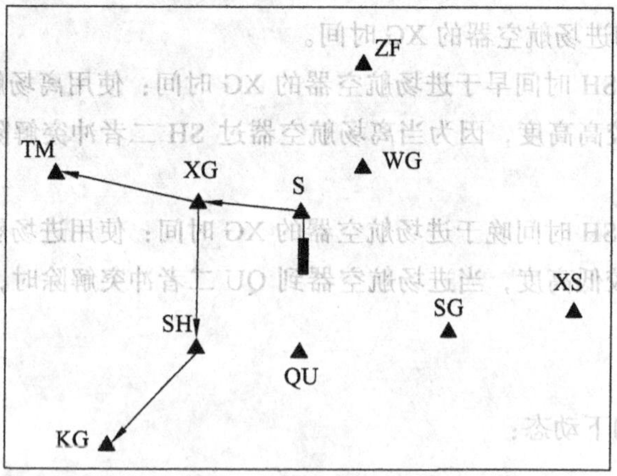

图 6.16 天门离场与龙口离场飞行冲突示意图

（2）应用技巧。

当离场航空器为不同机型，且慢机在前快机在后时，尤其要注意 KG 离场航空器在过 SH 前不要指挥两机互相穿越高度。

（3）应用举例

在 P07C 中存在如下动态：

CSN3371	3000		XG	TM			M E A I
Y-7　/M			16:5	16:17			
ZHHH16:0—ZHES							

SIA224	8400		XG	SH	KG		M E A I
B757　/H			16:7	16:10	16:15		
ZHHH16:3—ZGGG							

① CSN3371 巡航高度为 3 000 m，因此在该机起飞后，管制员应指示其上升到 3 000 m 保持；

② SIA224 起飞后，管制员只能指示其上升到 2 700 m 保持；

③ 当 10 分 SIA224 报告过 SH 后，可以指示其继续上升到走廊口高度 4 800 m。

（四）浠水（XS）

图 6.17 为浠水进离场飞行冲突示意图。

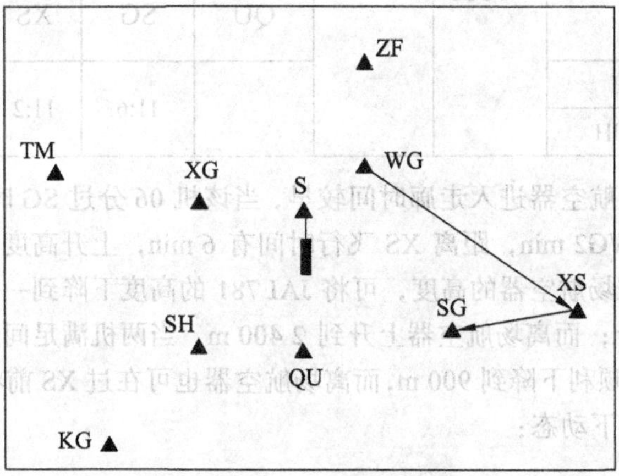

图 6.17　浠水进离场飞行冲突示意图

（1）冲突分析。

浠水进离场航线在此处交叉，由于 XS 为 DME 台，因此在解决该飞行冲突时，应充分利用 DME 间隔。

① DME 距离——交叉飞行。

XS 进离场航空器是以 XS VOR/DME 台的交叉飞行，且航迹夹角大于 30°，因此当进场航空器距离 XS DME 台 50 km（或过 SG 后）或两机在完成穿越时，离场飞机距离 XS 导航台仍有 50 km，但由于离场航空器从起飞到距离 XS DME 台 50 km 的飞行时间较短，因此在离场航空器距离 XS 50 km 前完成对进场航空器的高度穿越往往不能实现。

② DME 距离——逆向飞行。

XS 进离场航线的航迹夹角大于 135°，二者可视为逆向飞行，因此当进场航空器的 XS DME 背台距离大于离场航空器的 XS DME 向台距离 20 km 后，即证明两机已相遇分开 20 km，两机满足穿越条件。

（2）应用技巧。

① 如果离场航空器先于进场航空器过 XS，则应优先保障离场航空器将高度上升至协议移交高度，因为当两机满足间隔要求时，进场航空器下降高度的空间较大。

② 当进场航空器先于离场航空器过 XS 时，应注意高度的选择，既要保证离场航空器能上升到协议移交高度，又要保证进场航空器能够下降到起始进近高度。

③ 必要时可适当推迟离场航空器的起飞时间，通过离场航空器的起飞时间控制两机在空域中的冲突点。

（3）应用举例。

在 P04C 中存在如下动态：

DAL304	9200		WG	XS			M E A I
A310 /M			11:4	11:12			
ZHHH11:1—ZSSS							

JAL781	9500		QU	SG	XS		M E A I
B747 /H				11:6	11:2		
ZSSS11:0—ZHHH							

在该实例中，进场航空器进入走廊时间较早，当该机 06 分过 SG 时，两机满足安全间隔，此时离场航空器刚过 WG2 min，距离 XS 飞行时间有 6 min，上升高度空间较大，因此在指挥过程中，应优先保证进场航空器的高度，可将 JAL781 的高度下降到一个较低的高度（注意限制高度），例如 2 700 m；而离场航空器上升到 2 400 m，当两机满足间隔要求时进场航空器在到达 QU 前从 2 700 m 顺利下降到 900 m，而离场航空器也可在过 XS 前将高度上升到 4 800 m。

在 P05B 中存在如下动态：

UAL895	9200		WG	XS			M E A I
A310 /M			12:6	12:14			
ZHHH12:3—ZSSS							

CES5325	1010		QU	SG	XS		M E A I
B747 /H				12:15	12:10		
ZSSS12:10—ZHHH							

在该实例中，离场航空器先于进场航空器过 XS，因此应优先保障离场航空器高度的上升，例如在不考虑其他冲突的情况下，可在 UAL895 起飞后直接将高度上升到 4 500 m，而进场航空器保持 4 800 m 进场。由于两机在区域中相遇，因此可与区域管制协调将该冲突交由区域管制员解决，当 CES5325 进入 XS 两机冲突解除后，该机在到达 QU 前可顺利下降到起始进近高度 900 m。

在 P11B 中存在如下动态：

DAL304	9200		WG	XS			M E A I
A310　/M			9:6	9:14			
ZHHH9:3—ZSSS							

JAL785	9500		QU	SG	XS		M E A I
B747　/H				9:16	9:12		
ZSSS9:10—ZHHH							

① 如果 DAL304 按照计划时间起飞，当 JAL785 过 SG 时，DAL304 已过 XS，因此不适用进场航空器过 SG 的方法解决该冲突。此时为便于冲突的解决，可适当推迟 DAL304 的起飞时间，保证当 JAL785 过 SG 时，DAL304 距离 XS 还有一定飞行时间，例如将 DAL304 的实际起飞时间推迟到 08 分，此时该机过 XS 时间变更为 19 分，当 JAL785 进入走廊后可先指示其下降高度到 3 000 m，当 DAL304 起飞后指示其上升高度到 2700 m，16 分 JAL785 过 SG，两机满足间隔要求。此时 DAL304 距离 XS 仍有 3 min 飞行时间，其高度可从 2 700 m 上升到 4 500 m，而 JAL785 的高度在 QU 之前也可下降到 900 m。

② 如果 DAL304 按照预计时间放行，则两机在进近管制空域内侧向相遇，可用 XS DME 间隔证实两机相遇无影响。根据两机的 XS 时间可判断出，二者侧向相遇点靠近 XS，因此应优先保证离场航空器高度的上升。例如 DAL304 起飞后指示其上升高度到 3 900 m，JAL785 进场后指示其下降到 4 200 m，当 JAL785 报告 XS DME 距离大于 DAL304 20 km 时，两机满足间隔要求，此时可指示 DAL304 上升到 4500 m，而 JAL785 在 QU 前可下降到 900 m。

注意：如使用 DME 证实两机相遇无影响，管制员应及时询问二者的 XS DME 距离，当满足间隔要求时及时指示两机改变高度，避免由于时机的贻误造成航空器高度无法达到预计高度。

（五）飞越航空器与进离场航空器的冲突

在武汉进近管制空域中，低空飞越航空器的预计飞越航路为走廊—本场—走廊，例如 B3470 郑州—长沙，该机在武汉进近管制空域中的预计飞行路径为 ZF—WUH—KG。低空飞越航空器在按照预定航路通过进近管制区时，与进离场航空器的飞行冲突较大，同时由于程序管制条件下，管制员无法通过更改航空器的飞行航向来解决飞行冲突，因此必要时可根据解决飞行冲突的需要，重新规划飞越航空器在进近管制空域内的飞行路径，使飞越航空器与进离场航空器之间能够满足安全间隔的条件需求。同时在满足间隔要求的情况下，可更改飞越航空器的飞行高度，以减少与其他航空器的冲突可能性。

1. 更改原则

（1）飞行路径的更改应避免使飞越航空器的飞行时间增加过多；

（2）飞行路径的更改应尽量选择空域中已有的航路；

（3）飞行路径更改后应便于飞行冲突的解决；

（4）飞行高度的更改应注意不要超出本管制区的上限和航空器的性能限制；

（5）如需要改变飞越航空器的飞行高度，在移交之前应将航空器高度恢复到原巡航高度。

2. 应用举例

在 P11B 中存在如下动态：

B3456	4500						M E A I
Y-7 /M							
ZHYC9:0—ZSSS			9:6	9:14			

CXN4316	9200		WG	XS			M E A I
B707 /M							
ZHHH9:5—ZUUU			9:9	9:16			

在上述实例中，B3456 的预计飞越航路为 TM—WUH—XS，该航路与 TM11D 之间为交叉航路，由于 TM 为 NDB 导航台，无法证实 B3456 与 CXN4316 是否在空中相遇过。因此为便于该冲突的解决，可在 B3456 进入管制空域之前，指示该航空器进入空域后将航路更改为 TM—XG—WUH—XS，此时 B3456 与 CXN4316 为同航路逆向飞行，可使用目视相遇的方法解决该冲突。

四、管制预案

管制预案是管制员根据飞行动态所制定的冲突调配方案。管制预案应分为长期预案与临时预案。长期预案是指管制员根据空域及航路航线结构所掌握的固定的冲突调配方案，当空中交通出现类似冲突时，管制员能够根据头脑中所掌握的冲突调配方案实施管制工作。而临时预案是指，当空中交通状况发生改变时，如航空器的进场高度或进场时间的变化，管制员应根据空中交通状态临时做出的冲突调整方案。对于管制员而言，二者均重要，但管制员最需要的能力是临时预案的制作，而不是事先将所有的预案做细。空中交通管制是一个连续性过程，且存在着极大的不可预知性，管制预案制作过细会影响管制过程中的灵活应变。

制作管制预案时，应掌握以下几个重点环节：

第一步：熟悉航班及各航班的飞行路径以及进出空域的点和时间；

第二步：找冲突点（先找孤立的冲突，再找冲突的关联性）；

第三步：将发现的冲突点的所有解决方法全部准备好；

第四步：选择最合理的冲突解决方法；

第五步：管制过程中根据空中动态调整冲突解决方法。

下面我们以武汉模拟机训练中的 P09A 管制动态制作管制预案。

UAL897	9200		QU	SG	XS		M E A I
B747　/H				19:6	19:2		
ZSSS19:0—ZHHH							

CSN3342	8400		XG	SH	KG		M E A I
MD80　/M			19:4	19:7	19:11		
ZHHH19:0—ZGGG							

CSN3116	9200		QU	WG	ZF		M E A I
B707　/M				19:9	19:4		
ZBAA19:2—ZHHH							

B3625	5100		QU	SH	KG		M E A I
CHE3A　/M				19:13	19:5		
ZGGG19:4—ZHHH							

ETH611	9200		QU	SH	TM		M E A I
B767　/H				19:15	19:7		
ZUUU19:5—ZHHH							

DLH752	1010		WG	ZF			M E A I
B747　/H			19:9	19:16			
ZHHH19:6—ZBAA							

CXN4503	3900		WG	XS			M E A I
Y-7　/M			19:14	19:30			
ZHHH19:9—ZSNJ							

B3469	4500		QU	SH	TM		M E A I
Y-7　/M				19:21	19:10		
ZUCK19:9—ZHHH							

HDA305	9200		QU	SH	KG		M E A I
B737 /M				19:23	19:18		
ZGGG19:16—ZHHH							

由于管制员可以根据飞行冲突调配的需要，适当推迟离场航空器的起飞时间，因此相对于离场航空器而言，进场航空器的时间相对固定，在寻找飞行冲突时尽可能以起飞航空器为起点。

（1）熟悉所有航班的信息；熟悉所有航班的航班号、进离场航路、管制空域的进出点、预计起飞及预计进场时间。

（2）确定有飞行冲突的航班：

① CSN3342 与 B3625：龙口进离场飞行冲突，航迹交叉点 SH；

② CSN3342 与 ETH611：龙口离场与天门进场飞行冲突，航迹交叉点 SH 或 XG；

③ CSN3342 与 B3469：龙口离场与天门进场飞行冲突，航迹交叉点 SH 或 XG；

④ CSN3342 与 HDA305：龙口进离场飞行冲突，航迹交叉点 SH；

⑤ DLH752 与 CSN3116：河口进离场飞行冲突，航迹交叉点 WG；

⑥ CXN4503 与 UAL897：浠水进离场飞行冲突，航迹交叉点 XS；

⑦ CXN4503 与 CSN3116：浠水离场与河口进场飞行冲突，航迹交叉点 WG；

3. 确定所有孤立冲突解决方法

（1）CSN3342 与 B3625：

① CSN3342 在 XG 前完成对 B3625 的穿越；

② 在 SH—KG 航段目视相遇；

③ B3625 到达 QU。

（2）CSN3342 与 ETH611：

① CSN3342 在 XG 前完成对 ETH611 的穿越；

② ETH611 选择 TM12A，CSN3342 过 SH 后二者满足间隔；

③ ETH611 到达 QU。

（3）CSN3342 与 B3469：

① CSN3342 在 XG 前完成对 B3469 的穿越；

② B3469 选择 TM12A，CSN3342 过 SH 后二者满足间隔；

③ B3469 到达 QU。

（4）CSN3342 与 HDA305：

① CSN3342 在 XG 前完成对 HDA305 的穿越；

② 在 SH—KG 航段目视相遇；

③ HDA305 到达 QU。

（5）DLH752 与 CSN3116：

① 后机过 WG 2 min；

② 在 WG—ZF 航段目视相遇；

③ CSN3116 到达 QU。

（6）CXN4503 与 UAL897：

① UAL897 过 SG；

② 利用 XS DME 证实两机相遇分开 20 km。

（7）CXN4503 与 CSN3116：

① CXN4503 报告 XS DME 距离 34 km；

② CSN3116 到达 QU。

4. 确定最佳解决方法

（1）CSN3342 与 B3625：由于 CSN3342 按照计划时间起飞后，先于 B3625 过 SH，因此二者可以在 SH—KG 航段相遇，可使用目视相遇的方法解决。

（2）CSN3342 与 ETH611：CSN3342 过 XG 时间较早，无法在 XG 前完成对 ETH611 的穿越，因此可选择 ETH611 使用 TM12A，当 CSN3342 过 SH 后二者冲突解除。

（3）CSN3342 与 B3469：CSN3342 过 XG 时间较早，无法在 XG 前完成对 B3469 的穿越，同时 B3469 为慢速航空器，进近时间较晚，因此可选择 TM12A，当 CSN3342 过 SH 后二者冲突解除。

（4）CSN3342 与 HDA305：由于 CSN3342 按照计划时间起飞后，11 分已过 KG，而此时 HDA305 还未过 KG，因此二者之间不存在冲突。

（5）DLH752 与 CSN3116：DLH752 按照计划时间起飞后，其 WG 时间与 CSN3116 相同，二者在 WG 上空相遇，因此使用后机过台 2 min 的方法。

（6）CXN4503 与 UAL897：当 UAL897 在 06 分过 SG，二者冲突解除时，CXN4503 还未过 WG，因此可使用 UAL897 过 SG 的方法解决。

（7）CXN4503 与 CSN3116：根据进程单时间推算 CSN3116 到达 QU 的时间预计为 14 分，此时 CXN4503 刚过 WG，因此该冲突选择使用 CSN3116 到达 QU 的方法来解决。

5. 确定进场航空器的着陆顺序

根据进程单时间，结合上述进离场冲突的解决方法，可确定如下着陆顺序：

（1）UAL897：预计到达 QU 时间为 11 分，预计进近时间 14 分；

（2）CSN3116：预计到达 QU 时间为 16 分，预计进近时间 17 分；

（3）B3625：预计到达 QU 时间为 17 分，在航路上消磨 2 min，预计进近时间 19 分；

（4）ETH611：该航空器选择 TM12A，可将该航空器预计到达 QU 的时间控制在 20 分以后，预计进近时间为 23 分。

（5）HDA305：预计到达 QU 时间为 26 分，预计进近时间 26 分；

（6）B3469：该航空器选择 TM12A，预计到达 QU 的时间为 26 分，预计进近时间为 29 分。

6. 预案的临时调整

离场飞机起飞、进场飞机过走廊后，管制员再根据空中动态合理调整管制预案，尽可能将空中动态转化为自己所熟悉的场景。

五、程序管制模拟机训练注意事项

1. 通用意识的培养

在空管工作中，管制意识的含义非常广泛，它包含了管制员在管制工作中的各种能力，例如冲突意识、程序意识、灵活处置能力、精力分配能力等。这些管制意识不因空域的变化而变化，在各种管制环境中均适用。程序管制模拟机选择武汉南湖机场管制空域作为背景，在培训过程中培养的是管制员的通用管制意识，而不是武汉模拟机场管制员。

2. 对数字的敏感性

空中交通管制工作的各个环节几乎都与数字密切相关，如航班号、高度、速度、航向、时间等信息。管制员在日常工作所发的管制指令都是 0 ~ 9 这 10 个数字的不同组合，每天重复这些数字可能成百上千次，这种重复性的行为容易导致管制员发生“错、忘、漏”现象，而在管制工作中一旦一个数字读错，其结果可能与预计的相差甚远。同时，随着国内各航空公司飞机数目的不断增加，管制员在工作中所指挥的航班呼号也会出现极其相似的情况，如 HU7344、HU7433、HU7343，甚至会出现公司号不同但航班号完全相同的情况，如国内曾出现过多起由于管制员呼错呼号或飞行员听错呼号而造成不安全事件的发生。因此作为管制员对数字应具有很强的敏感性，这种敏感性表现在两方面：一是自己在发出管制指令时数字不读错；二是在监听飞行员对于管制指令的复诵时，发现飞行员复诵中所出现的错误。

3. 注意力的合理分配能力

在空中交通管制中，在不同的任务间合理分配时间是很常见的。从数据库中检查飞机的高度显示，听取飞行员改变高度的要求，修改飞行计划。由于管制员具有同时处理不同信息的能力，因此合理分配时间是可行的。有时在很短的一段时间内，时间的分配与即时的管制状况存在矛盾，可用的时间较少，这就要求管制员分清轻重缓急。在时间压力下，管制员有可能发现集中精力只应付那些紧急问题，而将那些不怎么紧急的其他问题搁起来，至少临时这样很有必要。在高度的时间压力下，管制员有可能只注意到那些迫在眉睫的冲突而忽视其他那些处于发展阶段中的问题。如管制员可能因为忙于处理其他工作而忘记指挥一个航空器下降高度或忘记他应该发出的管制指令而去忙其他事务。这些例子都是由于在时间的压力下管制员的认知和视野变窄后可以预见到的表现。注意力的分配要合理，一个冲突解决后，要及时对其他冲突点予以关注。因此管制员在工作中要做到“一心一用”，即全部精力都投入到管制工作中，不做不想与管制工作不相关的其他任何事情，同时还要做到“一心多用”，即：将自己的精力合理分配为不同的片段，分别去关注管制工作中的各个环节与飞行冲突。

4. 灵活变通能力

空中交通管制工作的特殊性要求管制员在工作中既要按部就班，按照规章制度的要求开展工作，同时又要在实际工作中根据实际情况进行灵活变通。例如在调配一个飞行冲突时、选择一种调配方案时，应该考虑到这种方案在解决一个飞行冲突时，对其他飞行所造成的飞行冲突有多大。在选择调配方案时应尽量选择后遗症少的方案才能更安全可靠。但任何调配方案都有一定的先决条件，同时任何调配方案都有一定的适用范围和不利影响，因此在管制过程中不要刻舟求剑，而应当根据当时的空中情况随机应变，选择合适的调配方案。但空中交通情况往往瞬息万变，留给管制员选择调配方案的时间非常短暂，因此这就要求管制员熟悉所有可用的管制调配方案，在不同情况发生时，能够对各种调配方案进行灵活应用。

5. 良好管制习惯的养成

由于空中交通管制工作中，各种情况瞬息万变，因此在管制工作中，管制员应该要做到四到，即：眼到（随时观察雷达屏幕，监控飞行动态）、手到（收到飞行员报告或发布管制指令后，及时填写飞行进程单）、嘴到（管制指令要及时、准确）、心到（时刻想着空中飞行动态，调配飞行冲突）。在初级管制培训中学员无法处理好自己的精力分配，往往无法协调好眼、口、手、心的功能，通常会将所有的精力都投入到一个飞行冲突中，而忽略了其他的管制环节。同时还应注意其他良好管制习惯的养成，例如：发话的语速、语音、语调；进程单的及时记录等。

6. 增强主动管制意识

程序管制自身属于被动管制，但管制员在工作中应尽可能做到主动，管制中的主动是建立在管制员对空域结构以及对飞行动态的充分了解基础上的。一个优秀的管制员应该具有高超的全局掌控能力，能够将自己管制过程中的各个环节进行把握，与此同时，对于可能出现的情况能够进行充分的预计。只有这样，在管制场景发生变化时，管制员才能够应对自如。例如在模拟机训练中，CES5323 报告预计 XS 05 分，而现在时间为 01 分，此时管制员应将飞行员所报告的预计过台时间记住，当时间接近 05 分时，管制员应做到心中有数，下一个产生过台报告的飞机极有可能是 CES5323，这样就能在飞行员产生报告时不至于手忙脚乱，同时当时间超过 05 分而 CES5323 还未产生报告时，管制员应该及时询问该机的动态。

7. 空间立体感的培养

程序管制完全是依靠进程单的填写来掌握航空器的飞行数据，用进程单的移动，结合空域结构来掌握航空器的位置。程序管制员在对航空器提供空中交通管制服务的前提是建立在对本管制区的空域结构、航路结构和飞行管制间隔的清醒理解基础上的。因此管制员应该具备较强的空间感，在接到飞行员的位置报告后，能够结合所掌握的空域结构快速地反应出航空器在空域中的准确位置。

六、标准化通话用语实例

（一）离场管制

HDA305 的离场管制如下：

HDA305	9500		XG	SH	KG	M E A I
B757 /H			05/05	09/10	15/16	
ZHHH10:01—ZGGG						

在武汉模拟机场中，HDA305 执行武汉至广州航班任务，具体离场管制过程及管制通话如下：

P：武汉进近，塔台，港龙 305 目的地广州，请求放行许可。

WUHAN approach，tower.HDA305 destination GUANGZHOU request ATC clearance.

C：港龙 305 可以经由飞行计划航路飞往广州，龙口 11 号标准离场，飞行高度层 8 900 m，起始爬升高度 600 m，应答机编码 A2132，离地后联系进近 119.1。

HDA305 is cleared to GUANGZHOU via flight planed route，KG-11D，flight level 8 900 m，initial climb and maintain 600 m，squark A2132，after airborn contact approach 119.1.

P：收到。

Roger.

P：武汉进近，港龙 305 起飞时间 01 分，高度 100 m 爬升，预计汉阳时间 05 分，姚湖 09，龙口 15。

WUHAN approach，HDA305 airborne 01，100m climbing，ETO XG05 SH09，KG15.

C：收到，港龙 305 沿龙口 11 号标准离场，上升到修正海压 2 100 m 保持，过汉阳报。

Roger，HDA305 follow KG-11D climb and maintain 2100m on QNH，report XG.

P：收到，上到修正海压高度 2 100 m 保持，汉阳报，港龙 305。

Roger，climb and maintain 2 100 m on QNH，report XG，HDA305.

P：进近，港龙 305 高度 2 100 m 保持，过汉阳 04 分，预计姚湖 09，龙口 14。

Approach，HDA305 2 100 m maintaining，passing XG04，ETO SH 09，KG 14.

C：收到，港龙 305 上升到标准气压高度 4 800 m 保持，过姚湖报。

Roger，HDA305 climb and maintain 4 800 m on standard，report passing SH.

P：收到，上升到标准气压高度 4 800 m 保持，姚湖报，港龙 305。

Roger，HDA305 climb and maintain 4 800 m，report passing SH.

P：进近，港龙 305 高度 3 000 m 爬升 4 800 m，过姚湖 09 分，预计龙口 14 分。

Approach，HDA305 3 000 m climbing to 4 800 m，passing SH09，ETO KG14.

C：收到，港龙 305 继续上 4800 保持，龙口报。

Roger，HDA305 continue climb and maintain 4 800 m，report KG.

P：收到，港龙 305 上高度 48，龙口报。

Roger，HDA305 climb and maintain 4 800，report KG H .

管制协调：

武汉区调，进近，港龙 305 现在高度 3 000 m 上升指令高度 4 800 m，预计龙口 14 分。

Control approach, HDA305 3 000 m climb to 4 800 m, ETO KG 14.

区调收到。

WuHan control Roger.

P：进近，港龙 305 高度 4 800 保持，过龙口 15 分。

Approach，HDA305 4 800 m maintaining，passing KG15.

C：港龙 305 保持高度，联系区调 118.1，再见。

HDA305 maintain 4 800 m，contact control 118.1 bye.

P：区调 118.1，再见港龙 305。

Roger，contact control 118.1，good-bye，HDA305.

（二）进场管制

武汉模拟机场中 SAS997 的情况如下：

SAS997	9800		QU	WG	ZF		M E A I
B737 /M			13/16	06/06	01/01		
ZBAA10:01—ZHHH							

在武汉模拟机场中，北欧 997 执行北京至武汉航班任务，预计 01 分过 ZF 高度 4 800 m 保持。

P：武汉进近，北欧 997 高度 4 800 m 保持，预计 ZF01。

WUHAN approach，SAS9974800m maintaining，estimating ZF01.

C：收到，北欧 997 预计沿河口 12 号标准进港程序，盲降进近，跑道 36。

Roger，SAS997expect follow ZF12A，ILS approach runway 36.

P：收到，河口 12 号标准进港程序，盲降进近，跑道 36 北欧 997。

Roger，follow ZF12A，ILS approach runway 36，SAS997.

P：武汉进近，北欧 997 高度 4 800 m 保持，过 ZF01，预计 WG06，乌泉 13。

Approach，SAS997，4800m maintaining，passing ZF 01，estimating WG 06，QU 13.

C：收到，北欧 997，沿 ZF-12 号标准进场，下降到修正海压 2 100 m 保持，修正海压 1010，WG 报。

Roger，SAS997 follow ZF-12A，descend and maitain 2100m，on QNH 1010，report passing WG.

P：收到，ZF-12A，修正海压高度 2 100 m 保持，修正海压 1010，过 WG 报，北欧 997。

Roger，follow ZF-12A，descend and maitain 2100m，on QNH 1010，report passing WG.SAS997.

C：北欧 997，本场气象条件，风向 330，风速…修正海压 1010。

SAS997，met report WUHAN：wind 330…QNH1010.

P：收到，修正海压 1010，北欧 997。

Roger，QNH1010，SAS997.

P：武汉进近，北欧 997 高度 2100 保持，过通口 06，预计乌泉 13。

Approach，SAS997，2100m maintaining ，passing WG06，estimating QU14.

C：收到，北欧 997 下降到修正海压高度 900 m 保持，过乌泉报。

Roger，SAS997，descend and maitain 900 m，report passing QU.

P：收到，下降到高度 900 m，过乌泉报，北欧 997。

Roger，descend and maintain 900m，report passing QU。

管制协调：

武汉塔台，进近，北欧 997 预计进近时间 16 分。

Tower approach SAS997, expect approach time 16.

塔台收到。

WUHAN tower,roger.

P：武汉进近，北欧 997，高度 900 m，过乌泉。

WUHAN approach，SAS997，900 m，passing QU.

C：收到，北欧 997 保持高度 900 m，可以盲降进近，二次乌泉报。

Roger，SAS997，maintain 900m，cleared for ILS approach，report passing QU again.

P：收到，保持高度 900 m，可以盲降进近，二次乌泉报，北欧 997。

Roger，maintain 900m，cleared for ILS approach，report passing QU again.SAS997

P：武汉进近，北欧 997，高度 900 m，二次乌泉 16 分。

WUHAN approach，SAS997，900 m，passing QU again 16.

C：收到，北欧 997 继续进近，过 600 m 报。

Roger，SAS997 continue approach report passing 600 m.

P：收到，继续进近，过 600 m 报，北欧 997。

Roger，continue approach report passing 600 m. SAS997.

P：武汉进近，北欧 997 过 600 m。

WUHAN approach，SAS997 passing 600 m.

C：收到，北欧 997 继续进近，联系塔台 124.35，再见。

Roger，SAS997，continue ILS approach，contact tower 124.35，bye.

P：塔台，124.35，再见，北欧 997。

Tower 124.35，good-bye，SAS997.

七、程序管制模拟机操作简介

（一）机长位显示

程序管制模拟机机长席位的用户界面由两个主要部分组成：机长位辅助监视屏和机长位控制面板。机长位控制面板又由训练计划基本信息栏、飞机基本信息列表、当前激活飞机信息栏、系统报告列表、命令执行结果列表和命令输入页框组成，如图 6.18 所示。

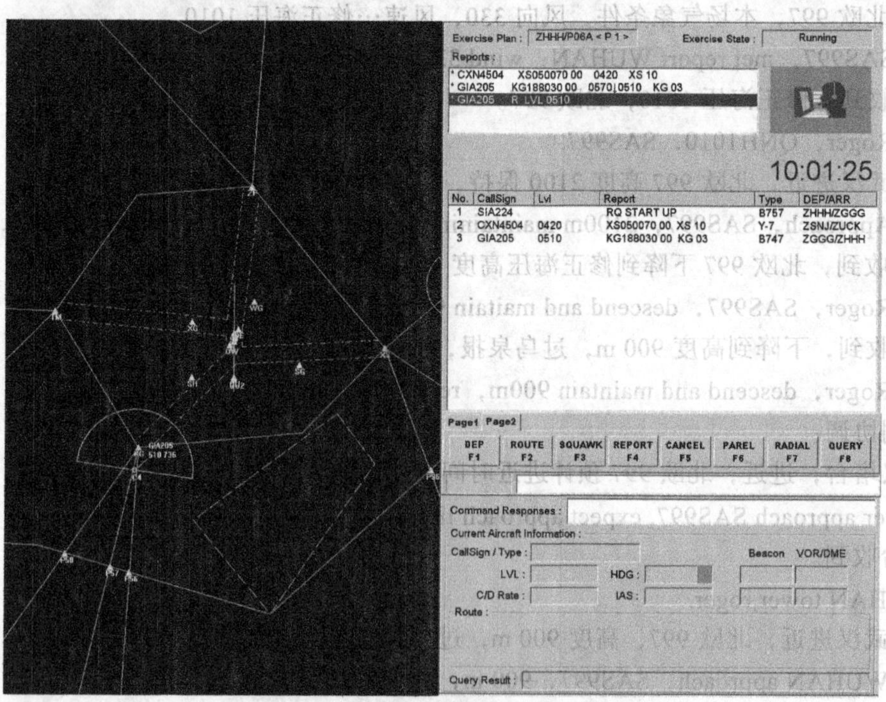

图 6.18 程序管制模拟机机长位显示

（二）基本训练基本信息栏

训练计划基本信息栏位于机长位控制面板的顶端，用于显示训练运行的基本信息，包括：训练计划机场名、训练计划名、机长位号、训练计划运行时间、训练计划运行状况以及机长位图标。

（三）飞机基本信息列表

飞机基本信息列表位于机长控制面板的上端，用于显示训练中机长位操纵的所有出现飞机的基本信息，包括：序号、序号、飞机呼号、飞机当前高度/目的高度、小报告、飞机机型、起飞机场/目的机场，如图 6.19 所示。

No.	CallSign	Lvl	Report	Type	DEP/ARR
1	SIA224		RQ START UP	B757	ZHHH/ZGGG
2	CXN4504	0417/0210	XS050070 00 XS 10	Y-7	ZSNJ/ZUCK
3	GIA205	0510	KG 02 SH 07	B747	ZGGG/ZHHH
4	DLH721	0480	ZF008030 02 ZF 05	B747	ZBAA/ZHHH

图 6.19　飞机基本信息列表

（1）如图例中序号为 2 的飞机，飞机呼号为 CXN4504，飞机当前高度为 0417（单位：10 m），目的高度为 A210（单位：10 m）、小报告为 VYK210030 40 VYK 38，飞机机型为 A310、起飞机场为 ZSNJ、目的机场为 ZUCK。

（2）飞机当前/目的高度视训练计划以公制/英制定义单位分别为 10 m/100 ft。其中，以 A 为前缀表示为修正海压高度，无前缀表示为标准海压高度。

（3）小报告段（report）显示了三类报告，即航路预计报告、过程提示报告及塔台报告。

1. 航路预计报告

飞航路的飞机在过一段航点时，除了产生标准航路报告外，还将在该飞机的基本信息行中显示航路预计报告。该报告的格式为：

当前点及到达前点的时间	下一段航点及预计到达时间

例：VM 15 VYK 25

注：重新加入航路的飞机的当前点和到达时间由于没有参照，用“##”表示。

2. 过程提示报告

（1）提示飞机有机长控制。

当飞机不沿计划航路飞行，而由管制员直接调度，或飞完指定航路而航管员又未调度时，小报告将提示：PILOT CONTROLLED。

（2）提示手动出现飞机。

为了增加训练难度，训练计划中设置了一类需要通过 TWR 命令才能在空中出现的飞机，该类飞机在校报告段的提示为：RQ FOR AIRSTART。

（3）提示飞机正在进入等待或处于等待状态。

进入等待：HOLDING OVER 信标名。

处于等待状态：HOLDING OVR 信标名。

（4）提示飞机正在进入或执行沿径向线飞行命令。

进入执行 RADIAL 命令：RADIAL 径向 T（F）VOR 信标名。

执行 RADIAL 命令：RADIAL 径向 T（F）VOR 信标名。

（5）提示飞机正在进入或执行直接进近程序。

进入直接进近程序（DIRECT APCH）。

执行直接进近程序（DIRECT APCH）。

（6）提示飞机正在进入或执行穿云程序。

进入穿云程序：（APCH PROC）。

执行穿云程序：（APCH PROC）。

3. 塔台报告

离场飞机按照一定程序完成起飞，同时自动产生同塔台相关的报告在下报告段显示：

（1）提示飞机请求开车。

当飞机离场时间到达，飞机出现在飞机基本信息列表框中，同时显示如下报告请求开车：RQ START UP。

（2）提示飞机滑行。

当机长得到管制员命令，键入 TWR 或 DEP 命令一定时间后，显示滑行报告：TAXING。

（3）提示飞机请求起飞。

表示飞机已经完成开车，正在滑行上跑道，上了跑道的飞机将提示一下信息请求起飞，这时航管员命令机长键入起飞（TWR）命令，然后飞机离地起飞：RQ FOR DEP。

（四）当前激活飞机信息栏

当前激活飞机信息栏位于机长位控制面板的正中，用于显示当前激活飞机的飞行数据飞行航路、查询结果在内的所有必要辅助信息。当前激活飞机信息栏的右上方有一机长对话视屏图标，若改图标彩色显示，表示机长位控制面板接受键盘输入；如改图标置灰，表示机长位辅助监视屏接受键盘键入，如图 6.20 所示。

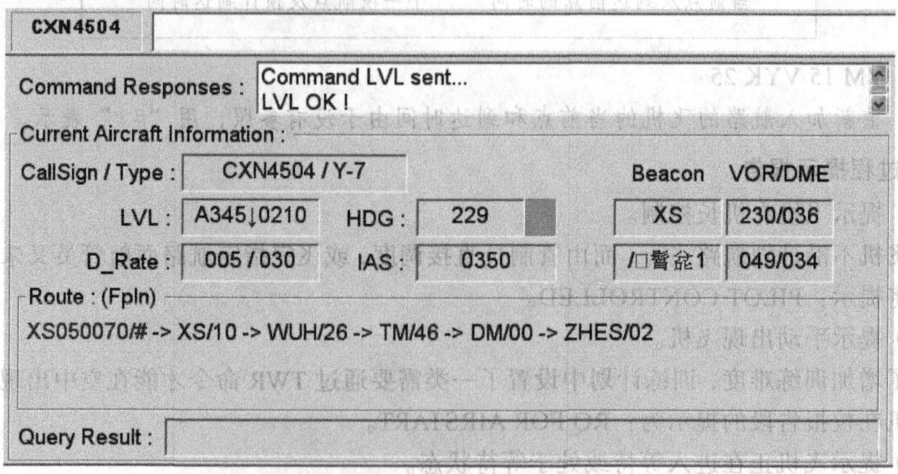

图 6.20 当前激活飞机信息栏

（1）图例中的飞机呼号为 CXN4504、飞机机型为 Y7，当前飞行高度为 0345（单位：10 m）、目的飞行高度为 0210（单位：10 m）、当前飞行航向为 229（单位：°）、当前爬升/下降率为 005（单位：m/s）、最大爬升/下降率为 030（单位：m/s）、当前飞行表速为 0350（单位：km/h）。

（2）飞行高度视训练计划以公制定义单位分别为 10 米/100 英尺。其中，以 H 为前缀表示为常压高度，以 A 为前缀表示修正海压高度。当前激活飞机爬升时，“Final LVL”右边高度状态指示框将显示“↑”，“current C/D”和“Max C/D”显示爬升率的当前值和最大值；当前激活飞机下降时，“Final LVL”右边高度状态指示框将显示“↓”，“current C/D”和“Max C/D”显示下降率的当前值和最大值。

（3）飞行航向单位为度，以正北方向（机屏幕正上方）为 0°顺时针递加，在 0°～360°之间，当前激活飞机改变航向时，“Final HDC”右边的航向状态指示框中将显示向左或向右旋转箭头，当前激活飞机左右盘旋时，“Final HDC”右边的航向状态指示框中将显示向左或向右旋转箭头。

（4）飞行表速视训练计划以公制/英制定义单位分别为 km/h 或 n mile/h。当前激活飞机加速时，“Final IAS”右边速度状态指示框将显示“↑”；当激活飞机减速时，“Final IAS”右边速度状态指示框将显示“↓”。

（5）Beacon 和 VOR/DME 分别显示激活飞机当前航路点上（下）——全向信标测距台的名称以及当前航路点距上（下）——全向信标测距台的方位/距离。方位单位为度，以正北方向（即屏幕正上方）为 0°顺时针递加，在 0°～360°之间，距离视训练计划以公制/英制定义单位分别为公里或海里。如果找不到上（下）以全向信标测距台，Beacon 和 VOR/DME 分别显示为#及#/#。重新加入航路的飞机由于加入点不一定是导航台而没有参照，也显示为#及#/#。

（6）Route 飞行航路框显示当前激活飞机的计划航路或执行航路命令后所改变的航路，当前激活飞机航路飞行，当前航路点高亮度表示；当前激活飞机执行受控飞行时，不高亮度显示任何航路点。

（7）当用户执行“QUERY”命令对当前激活飞机的状态（包括燃油、马赫数、DME、ETO 和可到达高度）进行查询时，“Query Result” 查询结果框将显示当前激活飞机的相应查询结果。

（五）系统报告列表

系统报告列表位于机长位控制面板的中下端，用于在训练进行时显示各种系统报告和回馈信息如图 6.21 所示。

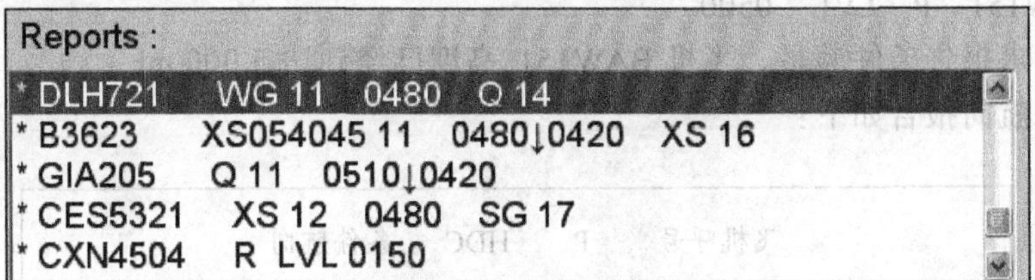

图 6.21　系统报告列表

（1）系统报告列表只保存最近五十行报告，之前的系统报告将被自动删除。

（2）系统报告之前显示“*”号，表示该系统报告已被应答，未显示“*”号表示尚未应答。

（3）双击系统报告列表某一行，该系统报告将显示在弹出的新报名对话框中。

（4）系统报告列表显示了六类报告：标准航路报告、高度达到报告、请求报告、盲降建立报告、进入等待报告、过远台报告。

1. 标准航路报告

该类报告在飞航路的飞机经过一航路点时产生，其格式为：

飞机呼号	当前点	高度变化	下一点预计时间

例如：训练进行中，一架飞机产生如下报告：

B3456 VM020 0700 0900 VYK30

其含义为：飞机 B3456 在 20 分时刻通过 VM，高度处在 7 000 m 爬升到 9 000 m 的过程中，预计 30 分到达 VYK。

2. 高度到达报告

该类报告在飞机到达命令高度时产生，其格式为：

飞机呼号	R	LVL	到达高度

例如：训练进行中，一架飞机产生如下报告：

NWA 808 R LVL 0900

其含义为：飞机 NWA808 到达目的高度 9 000 m。

3. 请求报告

该类报告为通过命令输入页框第一页的 REPORT 命令请求，在条件满足时产生的报告。其格式分别如下：

（1）请求高度报告如下：

飞机呼号	P	LVL	条件高度

例如：训练进行中，一架飞机产生如下报告：

BAW151 P LVL 0500

其含义为：请求报告条件满足，飞机 BAW151 高度已经到达 5 000 m。

（2）请求航向报告如下：

飞机呼号	P	HDC	条件航向

例如：训练进行中，一架飞机产生如下报告：

B3628　P　HDC　030

其含义为：请求报告条件满足，飞机 B3628 航向已到达 30°。

（3）请求点到达报告如下：

飞机呼号　P　地理点名

（4）请求点距离报告如下：

飞机呼号　PD　地理点名距离值

例如：训练进行中，一架飞机产生如下报告：

CSC823　PD　KM20

其含义为：请求报告条件满足，飞机 CSC823 距 KM 台已 20 km。

（5）请求点方位报告如下：

飞机呼号　PR　地理点名方位值

例如：训练进行中，一架飞机产生如下报告：

B2705　PR　KM070

其含义为：请求报告条件满足，飞机 B2705 已在相对 KM 台 70°方位上。

4. 盲降建立报告

该类报告在飞机盲降建立航向道时产生，其格式如下：

飞机呼号　ESTABLISHED!

其含义为：表示该飞机已建立盲降。

5. 进入等待报告

该类报告在飞机到达等待点，进入等待时产生，其格式为：

飞机呼号　HOLD　OVER　等待点名

例如：训练进行中，一架飞机产生如下报告：

CSC823　HOLD OVER　VYK

其含义为：飞机 CSC823 到达 VYK 台，并进入等待。

6. 过远台报告

该类报告在飞机盲降或穿云落地过程中经过远台时产生，其格式为：

飞机呼号　INBOUND/OUTBOUND

例如：训练进行中，一架飞机产生如下报告：

CSC823　INBOUND

其含义为：飞机 CSC823 经过远台，执行落地。

例如：进行训练中，一架飞机产生如下报告：

CSC823　OUTBOUND

其含义为：飞机 CSC823 飞离远台，执行穿云程序

注： 飞机盲降（仪表进近）时是产生 INBOUND 过远台报告，飞机穿云落地时先产生 OUTBOUND 飞离远台报告，第二次经过远台时产生 INBOUND 过远台报告。

（六）命令执行结果列表

系统报告列表位于机长位控制面板的下端，用于在训练进行时显示各命令执行状况以及命令合法性检查告警和错误信息，如图 6.22 所示。

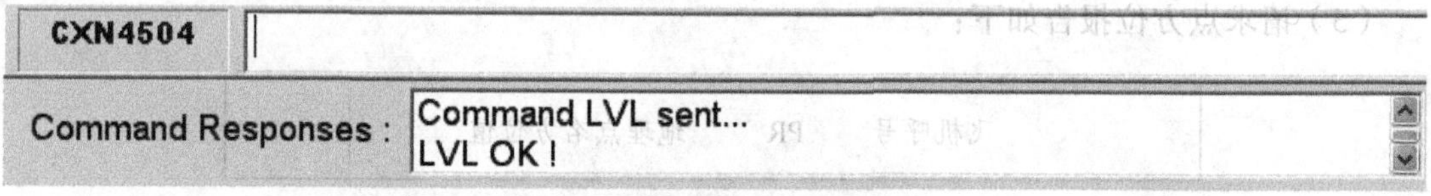

图 6.22　命令执行结果列表

（七）命令输入页框

命令输入页框位于机长位控制面板的低端，包括两页，作为机长位操作界面的主要命令接口，用于输入各种交互命令。以实现机长正确执行管制员指令对飞机进行操纵、控制，从而保证整个训练过程的顺利进行。图 6.23 所示为命令输入框一。

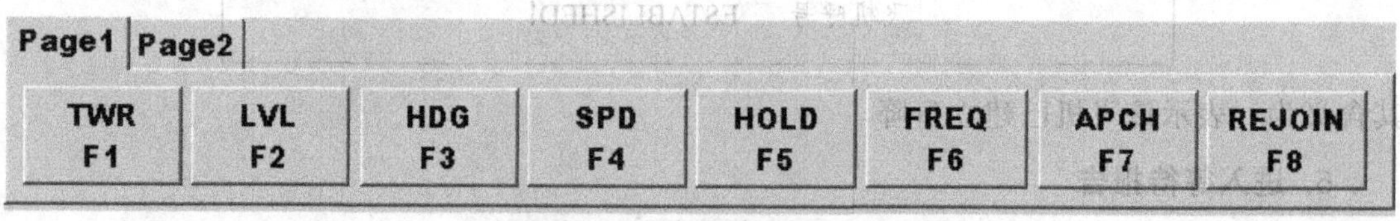

图 6.23　命令输入页框一

图中各符号含义如下：

（1）LVL　　改变飞行高度；

（2）ROUTE　　指定飞行航路；

（3）REJOIN　　命令偏离计划航线的飞机在指定点重新加入计划航线；

（4）DEP　　飞机是离场时，临时指定飞机起飞后的航路；

（5）HOLD　　进入/退出等待模式；

（6）APCH　　命令飞机建立盲降，做穿云程序或按一标准进场航路（STAR）飞行；

（7）QUERY　　对当前激活飞机的状态进行查询；

（8）REPORT　　请求产生报告。

图 6.24 为命令输入页框二。

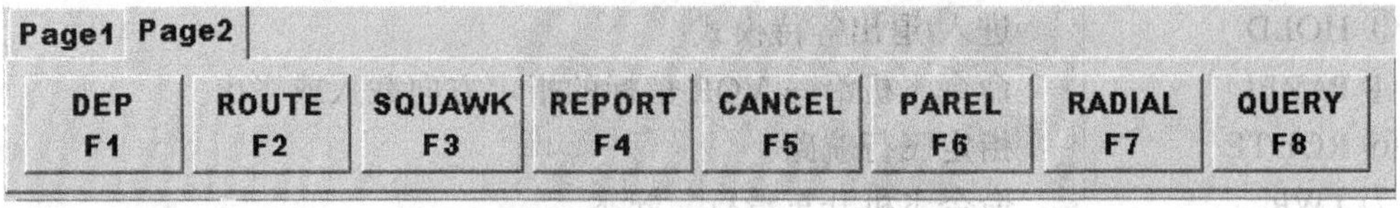

图 6.24　命令输入页框二

图中各符号含义如下：

（1）FREQ　　移交飞机的控制权；

（2）TWR　　允许飞机开车、滑行；

（3）PAREL　　平行远航路飞行；

（4）RADIAL　　命令飞机沿一 VOR 信标的指定方向接入或飞出；

（5）SQUAWK　　打开或关闭应答机，设置或取消各种警告；

（6）CANCEL　　从飞机信息列表中删除一架飞机；

（7）SPD　　修正飞行表速；

（8）HDG　　按最近路线转至指定航向。

（八）程序模拟机机长席位系统命令

PILOT 98 空中交通管制程序模拟机机长席位控制面板位于屏幕右部，用于在训练进行时显示必要的飞行目标及报告、反馈信息（包括训练计划基本信息、飞机基本信息、当前激活飞机详细信息、系统报告、命令执行结果）和输入相应的系统命令。为帮助机长更方便、快捷地完成管制员的相应指令，系统命令提供了命令代码和命令热键快捷的交互操作方式。下面将对 PILOT98 机长席位系统命令及热键、各命令及参数做详细介绍。

1. 系统命令简介

在空中交通管制程序模拟机中，管制员对飞机的调度、控制都是通过训练组中对于机长位接受管制员语音通话信息，键入相应的系统命令来完成。系统命令按功能可以分为：训练控制命令、引导调度命令。航行过程命令、查询命令及界面操作命令。以下对各命令及功能做简单介绍：

（1）训练控制命令：

① CANCEL　　从训练中取消一架飞机

② FREQ　　移交飞机的控制权

③ SWUAWK　　设置/取消各种警告

④ <Alt + F1>　　冻结/解冻训练组

⑤ <Alt + F2>　　设置飞机飞行速度的显示制式

（2）引导调度命令：

① HDG　　转至指定航向、左转/右转、调整转弯率或指定转弯坡度

② LVL　　改变飞行高度、调整飞机爬升率/下降率

③ SPD　　改变飞行速度

（3）引导过程命令：

① APCH　　命令飞机建立盲降、做穿云程序或执行一标准进场航路

② DEP　　飞机离场前，临时指定飞机起飞后的航路

③ HOLD　　进入/退出等待模式

④ PAREL　　命令飞机沿一 VOR 信标的指定方向截入或飞出

⑥ ROUTE　　指定飞行航路

⑦ TWR　　命令飞机开车滑行、起飞

（4）查询命令：

① QUERY　　查询飞机的位置、续航时间、当前马赫数等

② REPORT　　请求产生报告

③ <Alt + M>　　查询中心机以邮件形式发来的信息

④ <Alt + B>　　查询背景飞机列表

⑤ <Alt + p>　　查询飞行计划列表

⑥ <Alt + S>　　查询训练计划参数

（5）界面操纵命令。

所有调度命令都针对当前激活飞机，按 Insert 键可用以激活当前系统报告所指示的飞机。按 Esc 键可用于应答当前系统报告，关闭系统报告。以下为各键代表的含义。

① <↑>：激活飞机信息列表中的上一架飞机；

② <↓>：激活飞机信息列表中的下一架飞机；

③ <Esc>：应答当前系统报告；

④ <Insert>：激活当前系统报告所指示的飞机；

⑤ <Tab>：设置命令输入页框下一页为当前页；

⑥ <Alt + 1>：设置命令输入页框当前页为 page1；

⑦ <Alt + 2>：设置命令输入页框当前页尾为 page2。

2. 系统命令执行

在 PILOT 98 空中交通管制程序模拟机机长位子系统中，执行系统命令有两种方式：在命令输入页框中键入命令代码以及直接按命令所对应的键盘热键。以命令代码方式执行的命令，通常带有一定的参数；以键盘热键方式执行的命令，通常不带参数，且命令在按键同时立即执行。

命令输入页框有两项，作为机长位操作界面的主要命令接口，用于输入各种交互命令，以实现机长正确执行管制员指令对飞机进行操作、控制，如图 6.25 和图 6.26 所示。

① 第一页

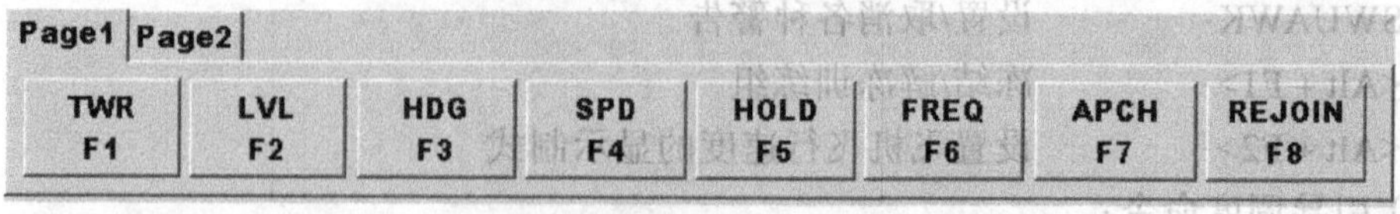

图 6.25　命令输入页框一

② 第二页

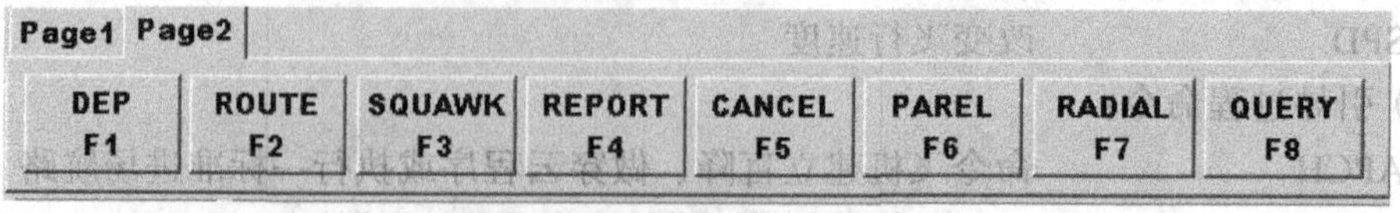

图 6.26　命令输入页框二

利用命令输入页框输入命令可按下列步骤选择执行：

（1）进入命令所在页。

用户可用<Alt + 1>，<Alt + 2>键选择 page1、page2 页或通过<Tab>键在这两项之间切换。

（2）选中当前激活飞机。

命令输入页框的左下角显示了当前激活飞机的呼号，用户可以使用呼号动态匹配技术来选中当前激活飞机，或直接从飞机基本信息列表中选中当前激活飞机，也可以从机长位辅助监视屏上点中当前激活飞机。

（3）输入命令。

命令输入有三种方式：用鼠标点击命令按钮、选中命令所在页按下相应功能键（F1 ~ F8）、直接键入命令代码。

（4）输入命令参数。

在输入命令后，如果该命令需要参数，应接着输入相应参数，命令与参数之间用空格分隔，命令及参数输入有误，可用<Backspace>进行修改。按<ESC>键可以清除命令输入页框中键入的命令。

（5）执行命令。

系统设计的命令执行键有：<Enter>键一般表示执行某项命令；<Del>键一般表示停止正在执行的某项命令，中断其正在改变的状态/过程。<Enter>键及<Del>键 对应不同命令的具体应用，请参见命令具体说明。

（6）同时执行多个命令。

如果用户希望同时执行多个命令，只需要重复进行单命令的输入过程，再按<Enter>键或<Del>键执行。必须注意，多个命令之间必须用“;”号分隔；按<Enter>键执行和按<Del>键执行的命令不能同时输入；在多命令执行时，对同一架飞机目标的统一类型命令如果出现多次（LVL、HDG、CANCEL 除外），系统只执行该类命令的最后一个。

3. 系统命令格式

在对系统命令的具体介绍中，各系统命令及参数格式将使用统一的描述格式。下面对系统命令及参数所使用的格式描述符号列表进行说明：

9	———	数字 0 ~ 9
A	———	字母 A ~ Z
X	———	数字 0 ~ 9 或字母 A ~ Z
[]	———	可选
———	———	无参数
<	———	<Enter> 执行键
>	———	<Del>执行键
/	———	或

4. LVL 命令

LVL 命令的格式如下：

LVL	999	<	(1)
	A[/H] 999	<	(2)
	999	<	(3)

S[/N/E]	<	(4)
	>	(5)

目的：改变飞机飞行高度、调整飞机爬升率/下降率。

各参数说明如下：

（1）9999：目的高度，其取值范围在过渡层高度和飞机升限高度之间（以 10 m 为单位）

（2）A[/H]999：海压高度/场压高度（以 10 m 为单位），其取值范围在过渡层高度以下，机场地面高度以上。

（3）999：爬升/下降率的具体数值（以米/秒为单位）

（4）S：慢/N 正常/E 快，三种爬升/下降率的具体数值在飞机飞行参数中给出。

（5）无参数。

举例：

① LVL 0350，命令飞机飞到 3 500 m 的高度；

② LVL A060，命令飞机飞到修正海压高度 600 m；

③ LVL 010，命令飞机以 10 m/s 的爬升/下降率爬升/下降；

④ LVL N，命令飞机按正常的爬升/下降率爬升/下降；

⑤ LVL（按 Delete 键），停止高度变化。

注：如果用英制，则高度单位为 100 ft，爬升/下降率单位为 ft/s

5. ROUT 命令

ROUT 命令的格式如下：

ROUTE 命令			
ROUTE	AA[X][X][X]	<	(1)
	99999[99]N99999[99]E		(2)
	AA[A]999999		(3)
	{AA[X][X][X]} n		(4)
	RD[/A]99[9]		(5)

目的：指定飞机飞行航路，启动飞机按所选择的航路飞行。

各参数说明如下：

（1）AA[X][X][X]：指定地理点，该命令格式与 HDG 命令格式 2 的不同之处在于：键入该命令，系统将显示飞机到达指定航路的预计到达时间。

（2）99999[99]N99999[99]E：飞向由经纬度指示的点。

（3）AA[A]999999：飞向相对一个 VOR/DME 指定方位距离地理点。

（4）{ AA[X][X][X] } n（n≤8）：沿由指定的地理点组成的航路飞行。

（5）RD[/A]99[9]：沿系统编号的机场标准 ATS 航路飞行。

举例：

① ROUTE　VYK。

② ROUTE　05023N11645E：命令飞机飞向东经 116°45′，北纬 50°23′的地理点。

③ ROUTE　VYK330120：命令飞机飞向距离 VYK 导航台 120 km，330°方位的地理点。

④ ROUTE　VYK JS LR YCKM：命令飞机沿由 VYK，JS，LR 及 KM 组成的航路飞行。

⑤ ROUTE：RD01（或 ROUTE RA08），[D：DEPATURE　A：ARRIVAL]：命令飞机按系统定义的 ATS 空中航路中编号为 RD01（RA08）的航路出走廊口（RD01）或进走廊口（RA08）。

注：如果用英制，距离单位为海里。

6. DEP 命令

DEP 命格式如下：

```
DEP   SID9   9999                                              <    (1)
      99[L/R]9999                                              <    (2)
      99[L/R]9999    9999   T99                                <    (3)
      99[L/R]9999    9999/AA[X][X][X] 9999/AA[X][X][X]         <    (4)
      99[L/R]9999    999/9999     9999/AA[X][X][X]             <    (5)
      SID9   9999    9999/AA[X][X][X] 9999/AA[X][X][X]         <    (6)
```

目的：临时指定起飞飞机的飞云计划。飞机接收到该命令后，开车、滑行上跑道，准备起飞。同 TWR 命令一样，该命令在飞机基本信息中出现“RQ START UP”时使用，所不同的是，以 TWR 命令上跑道的飞机将按飞行计划的规定离场，以本命令上跑道的飞机则按命令提供临时计划离场。

各参数说明如下：

（1）飞机按指定的离场程序离场后，上升到巡航高度巡航。其中 SID9 表示第九号标准离场程序（SID）；9999 表示巡航高度层。

（2）飞机将从指定跑道起飞，保持航向爬升到巡航高度巡航，其中 99[L/R]表示机场跑道编号；9999 表示巡航高度。

（3）飞机将从指定跑道起飞，保持航向并在条件时间内达到条件高度，随后爬升到巡航高度巡航，其中 99[L/R]表示机场跑道；9999 表示巡航高度；9999 表示条件高度；99 表示时间条件。

（4）飞机将从指定跑道起飞，然后转向条件地理点 1，并在到达该点前，保持条件高度 1；到达第一点后，飞机转向条件地理点 2，并在到达该点前，到达和保持条件高度 2，随后飞机保持航向，爬升到巡航高度巡航。其中各参数含义如下：

99[L/R]：机场跑道。

9999：巡航高度。

9999：条件高度1。

AA[X][X][X]：条件地理点1。

9999：条件高度2。

AA[X][X][X]：条件地理点2。

（5）飞机将从指定跑道起飞，然后转向条件航向，在到达条件高度1后，飞机转向条件地理点，并在到达该点前，到达和保持条件高度 2，随后，飞机保持航向，爬升到巡航高度巡航。各参数顺序表示的含义：

99[L/R]：机场跑道；

9999：巡航高度；

9999：条件高度1；

999：条件航向；

9999：条件高度2；

AA[X][X][X]：条件地理点2。

（6）飞机按指定的离场程序离场，但要求在到达条件地理点前，达到和保持条件高度；完成离场程序，飞机将保持航向，爬升到巡航高度巡航，其中各符号含义如下：

SID9：第九号标准离场程序（SID）。

9999：巡航高度层。

AA[X][X][X]：条件地理点1。

9999：条件高度1。

AA[X][X][X]：条件地理点2。

9999 条件高度2。

举例：

① DEP SID1 1200：飞机按编号为SID1的标准离场程序离场后，爬升到1 200 m巡航。

② DEP 36 L 1200：飞机从编号为36L的跑道上起飞，保持航向，爬升到1 200 m巡航。

③ DEP 36L 1200 0500 T15：飞机从36L跑道上起飞，在起飞后15 min到达5 000 m，随后爬升到12 000 m巡航。

④ DEP 36L 1200 0200/WF 0500/VYK：飞机从36L跑道上起飞，转向WF，并在到达WF时保持2 000 m高度，然后飞机转向VYK，并在到达VYK时保持高度5 000 m，然后继续爬升到12 000 m巡航。

⑤ DEP 36L 1200 0200/030 0500/VYK：飞机从36L跑道上起飞，转向30°，保持航向爬升到2 000 m后转向VYK，并在到达时，高度保持5 000 m，随后飞机继续爬升到12 000 m巡航。

⑥ DEP SID1 1200 0200/VYK：飞机在按SID1规定的离场航路离场，在WF时高度保持2 000 m，过VYK时高度保持5 100 m，离场后，飞机爬升到12 000 m巡航。

注：如果用英制，高度单位为100英尺。

7. HOLD 命令

HOLD 命令格式如下：

```
HOLD    D[/V] AA[A]        <        (1)
                           >        (2)
```

目的：飞机进入或退出等待。

各参数含义如下：

（1）D AA[A]：飞机直接飞到指定导航台进入等待程序。

V AA[A]：飞机按计划航路飞到指定导航台进入等待程序。

（2）无参数。

举例：

① HOLD D VYK：命令飞机直接飞到 VYK 上空等待。

② HOLD（按 Delete 键）：飞机退出当前的等待程序。

注：① 由于等待过程中规定了飞机的等待表速，因此，处于等待的飞机不接受修正表速命令。

② 等待中的飞机如果被命令拔高高度，飞机将在完成了一个等待，又回到等待点上空时，才改变飞行高度。

③ 被命令退出等待的飞机也是在等待点上空退出等待。

④ 等待中的飞机一旦被命令改变航向，将立即退出等待程序。

8. APCH 命令

APCH 命令格式如下：

```
APCH    99[L/R]                        <     (1)
        STAR9                          <     (2)
        STAR9    99[L/R]               <     (3)
        STAR9    99[L/R]L[/R]Z[/X]     <     (4)
                 99[L/R]L[/R]Z[/X]     <     (5)
```

目的：命令飞机完成指定穿云程序，建立盲降或按一标准进场航路进场。

各参数说明如下：

（1）STAR9：飞机在指定跑道上建立盲降。如果飞机当前飞行状态的地理位置等满足进近条件，该命令将使飞机着陆。

（2）STAR9：命令飞机按指定的标准进场航路进场，进场的飞机如果不被命令着陆，飞机将保持航向飞行。

（3）STAR9 STAR9：命令飞机按指定的标准进场航路进场，然后在指定跑道上建立盲降。

（4）STAR9 99[L/R]L[/R]Z[/X]：命令飞机按指定的标准进场航路进场，然后完成指定的穿云程序后着陆。

（5）99[L/R]L[/R]Z[/X]：命令飞机完成指定的穿云程序后着陆。

举例：

① APCH 36L：命令飞机在 36L 号跑道上建立盲降。

② APCH STAR1：命令飞机按编号 STAR1 的标准进场程序进场。

③ APCH STAR1 36L：命令飞机按编号为 STAR1 的标准进场程序进场，然后在 36L 号跑道上建立盲降。

④ APCH STAR1 36L LZ：命令飞机按编号为 STAR1 的标准进场程序进场，然后在 36L 跑道上作直角穿云后着陆。

⑤ APCH 36L LZ：命令飞机在 36L 跑道上作左直角穿云后着陆。

注：已经建立了盲降或正在穿云的飞机，一旦被命令保持或爬升高度、加速或改变航向，飞机将立即退出正在进行的标准程序。

9. QUERY 命令

QUERY 命令的格式如下：

```
QUERY ——————                 <        (1)
            AA[X][X][X]       <        (2)
            9999              <        (3)
            99                <        (4)
```

目的：报告飞机的位置。包括对于指定导航台或地理点的位置，或飞机当前经纬度，查询飞机续航时间、当前马赫数，其中距离单位为公里，但是，如果使用英制则为海里。

各参数说明如下：

（1）无参数。

（2）AA[X][X][X]：报告飞机对于指定导航台或地理点的位置，预测从当前位置直飞该导航台的到达时间和到达时的高度（以 10 m 为单位）。根据导航台的类型不同，显示的信息格式也有所不同，具体如下：

导航台类型	显示格式	备注
VOR/DME	R999D999	（R：方位，D：距离）
VOR	R999（D999）	
NDB	B999（D999）	
DME	（R999）（D999）	
无类型	（R999）（D999）	

（3）9999：预测飞机从当前高度爬升到/下降到该高度（以 10 m 为单位）时的到达时间。

（4）99：报告在指定时间（分钟）飞机可能到达的高度（以 10 m 为单位）。如果该指定时间（分钟）大于当前训练运行时间（分钟），则报告在下一个小时的指定时间飞机可能到达的高度。

举例：

① QUERY（按 Enter 键），报告飞机当前的经纬度、当前马赫数和续航时间。

② QUERY VYK，请求报告飞机相对于 VYK 的方位距离，预测从当前位置直飞 VYK 的到达时间和到达时的高度。

③ QUERY 0500，预测飞机从当前高度直接爬升/下降到 5 000 m 时的到达时间。

④ QUERY 30，报告下一个 30 分时刻，飞机可能到达的高度：

如果当前时间为 08：05：XX，那么报告 08：30 时的飞机高度。

如果当前时间为 08：45：XX，那么报告 09：30 时的飞机高度。

10. FREQ 命令

FREQ 命令的格式如下：

```
FREQ      C[/P]9[9]          <          (10)
```

目的：将飞机移交到指定的航管员位/机长位，飞机控制权相应移交（HANDOVER）。

各参数说明如下：C[/P]9[9]：处于相同训练中的另一航管员位（C）/机长位（p）。

举例：FREQ P2，将当前激活飞机移交到二号机长位。

注：移交到管制员/机长必须同本机长在同一训练中。

11. TWR 命令

TWR 命令格式如下：

```
LVL      ———          <      (1)
```

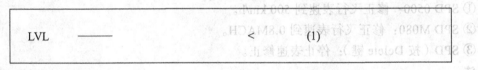

目的：命令飞机开车滑行、起飞。

各参数说明：无参数

举例：

① 当飞机处于“RQ FOR AIR START”状态，输入 TWR（按 Eenter 键）命令飞机开车滑行。

② 当飞机处于“READY FOR DEP”或“RQ FOR AIRSTART”状态，输入 TWR（按 Enter 键）命令飞机起飞。

12. CANCEL 命令

CANCEL 命令格式如下：

```
CANCEL      9[9]          <      (1)
            (C/S)         <      (2)
```

目的：从训练中取消某架次飞机。

参数说明如下：

（1）9[9]：飞机引用序号。

（2）C/S：飞机呼号。

举例

① CANCEL 11：取消第 11 引用行上的飞机

② CANCEL CA912：取消呼号为 CA912 的航班。

注：被取消的飞机将终止飞行模拟，从训练组所有席位上消失。

13. SPD 命令

SPD 命令格式如下：

```
SPD    [9]999        <        (1)
       M999          <        (2)
       ______        <        (3)
```

目的：改变飞机飞行表速。

各参数说明如下：

（1）[9]999：目的表速，3 或 4 个数字

（2）M999：目的 MACH 速（单位：1%）

（3）无参数。

举例

① SPD 0500：修正飞行表速到 500 km/h。

② SPD M080：修正飞行表速到 0.8MACH。

③ SPD（按 Delete 键）：停止表速修正。

注：

① 如果用公制，表速单位为 km/h；如果用英制，上面表速单位为 n mile/h。

② M999 格式只有当飞机目标处于高度层时才能使用。

14. HDG 命令

HDG 命令格式如下：

```
HDG    999              <        (1)
       AA[X][X][X]      <        (2)
       L[/R][999]       <        (3)
       L[/R]99          <        (4)
       T99              <        (5)
       S[/N/F]          <        (6)
       L[/R]            >        (7)
```

目的：改变飞机飞行航向，使其从最近的方向转向一个指定的航向或指定点。

各参数说明：

（1）999：目的航向（以°为单位）。

（2）AA[X][X][X]：导航台或地理点参考点。

（3）L[/R][999]：左/右转到指定航向（单位：度），若无参数 999，则开始左/右盘旋。

（4）L[/R]99：左/右转到指定角度。

（5）T99：指定飞机的转弯坡度（0.1°）

（6）S：陡—45°；N：正常—30°；F：缓—15°；这三个参数在 ASP 参数组合中给出。

（7）L[/R]：取消左/右盘旋。

举例：

① HDG 090：就近转到 90°。

② HDG VYK：就近转向导航台 VYK。

③ HDG L090：左转到 90°，目的航向就是 90°。

④ HDG L90：左转 90°，如果当前航向为 0°，目的航向为 270°。

⑤ HDG T45：命令飞机以 45° 的转弯坡度来转弯。

⑥ HDG S：命令飞机以 45° 的转弯坡度来转弯。

⑦ HDG L[/R]：（按 Delete 键）：取消左/右盘旋。

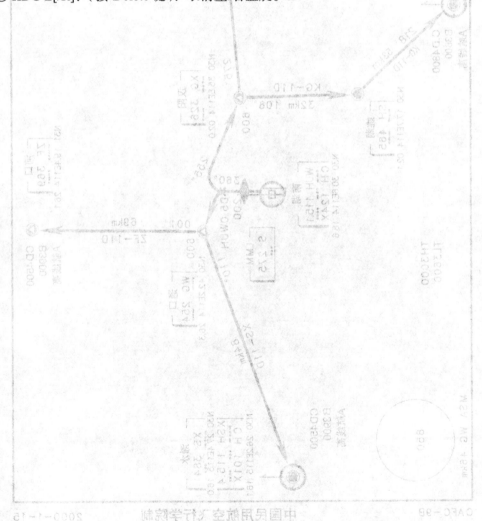

附录 1 武汉模拟机场常用资料

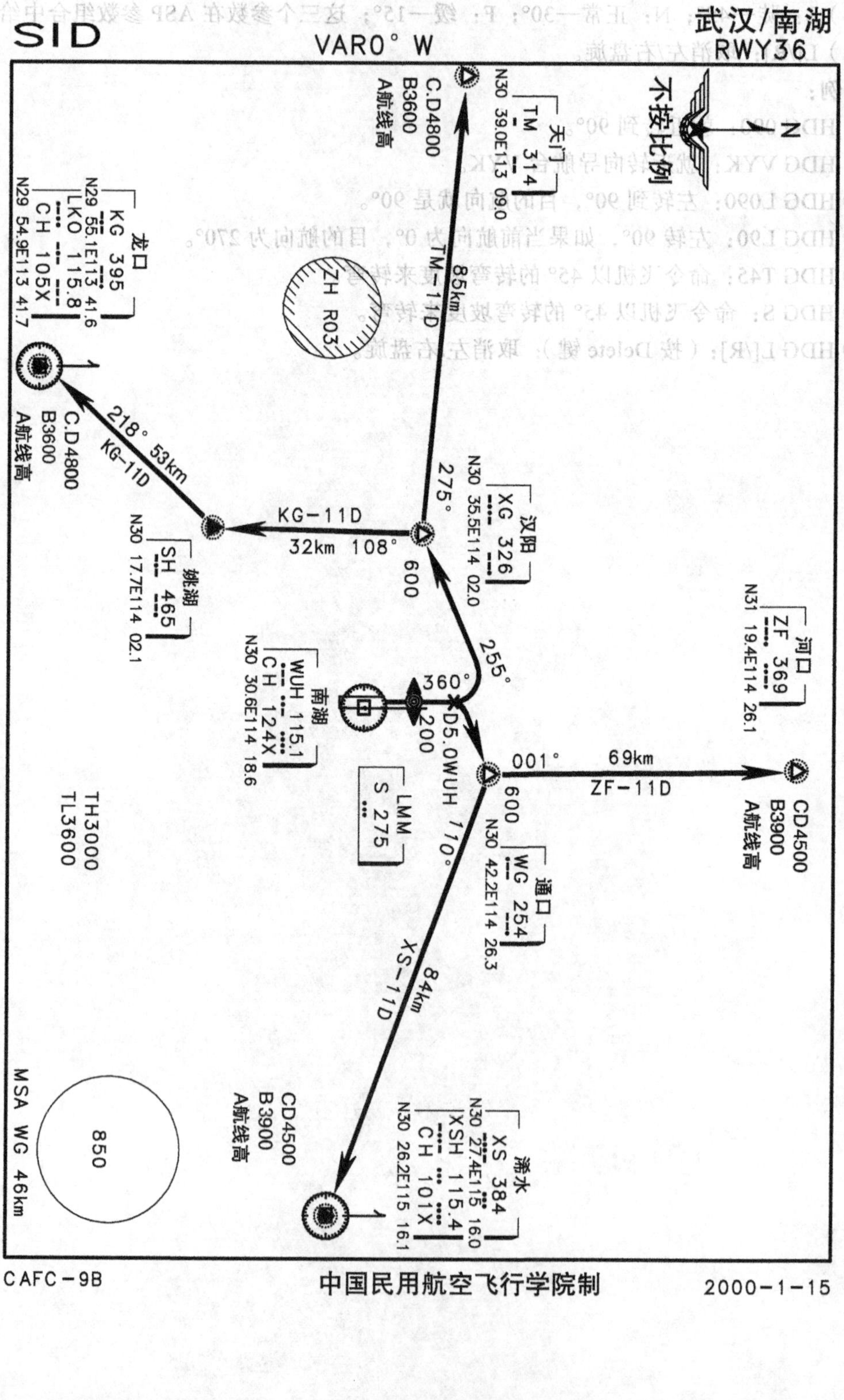

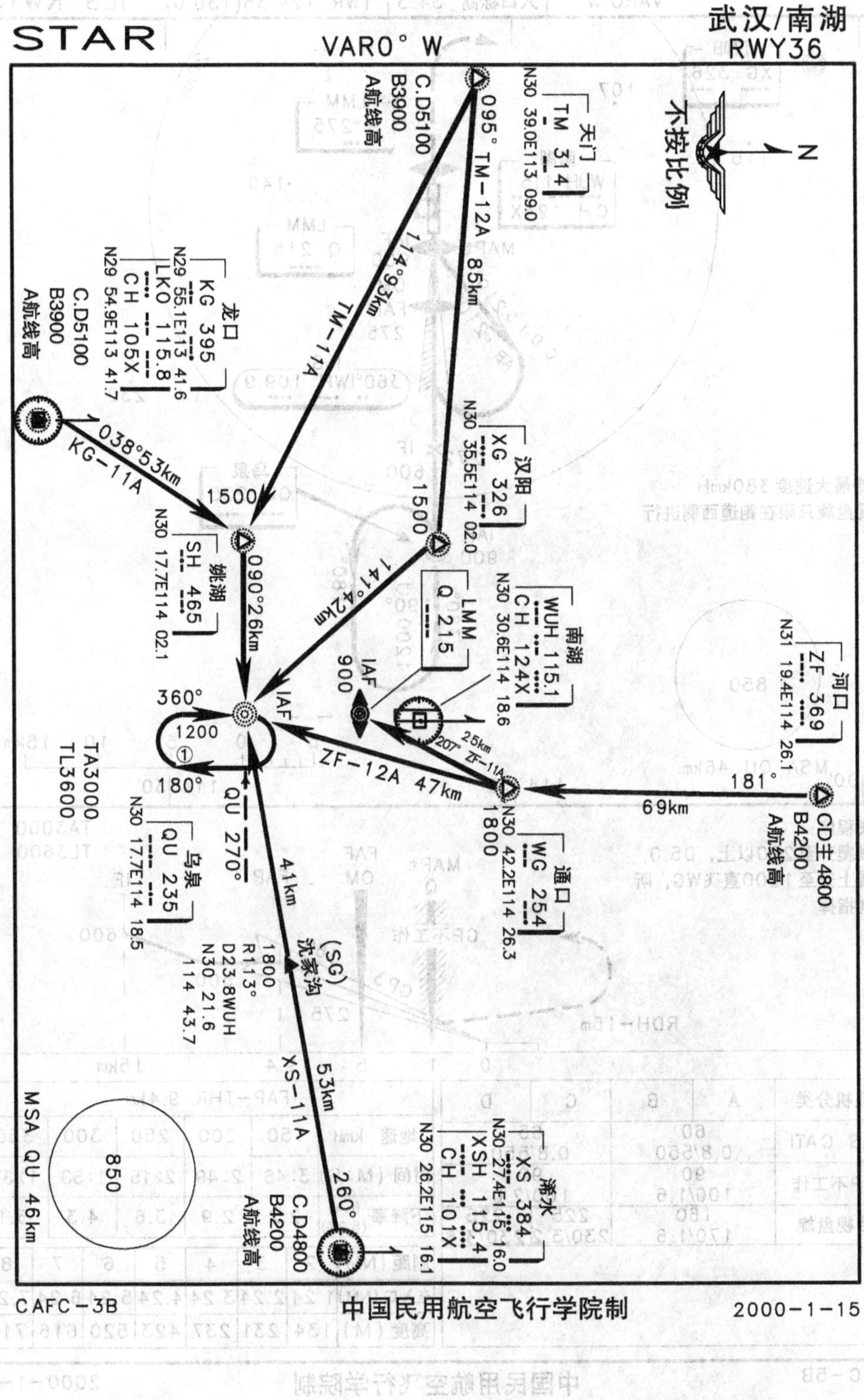
STAR
VAR0° W
武汉/南湖
RWY36
不按比例
N
天门 TM 314
N30 39.0E113 09.0
C.D5100
B3900
A航线高
095° TM-12A 85km
114°93km TM-11A
龙口 KG 395
LKO 115.8 CH 105X
N29 55.1E113 41.6
N29 54.9E113 41.7
038°53km KG-11A
汉阳 XG 326
N30 35.5E114 02.0
1500
姚湖 SH 465
N30 17.7E114 02.1
090°26km
141°42km
南湖 WUH 115.1 CH 124X
N30 30.6E114 18.6
LMM Q 215
IAF
900
360°
1200
180°
QU 270°
乌泉 QU 235
N30 17.7E114 18.5
25km 207° ZF-11A
ZF-12A 47km
通口 WG 254
N30 42.2E114 26.3
1800
河口 ZF 369
N31 19.4E114 26.1
181°
69km
CD±4800
B4200
A航线高
TA3000
TL3600
41km
(SG) 沈家沟
1800
R113°
D23.8WUH
N30 21.6
114 43.7
53km XS-11A
浠水 XS 384
XSH 115.4 CH 101X
N30 27.4E115 16.0
N30 26.2E115 16.1
260°
C.D4800
B4200
A航线高
MSA QU 46km
850
CAFC-3B
中国民用航空飞行学院制
2000-1-15

仪表进近图

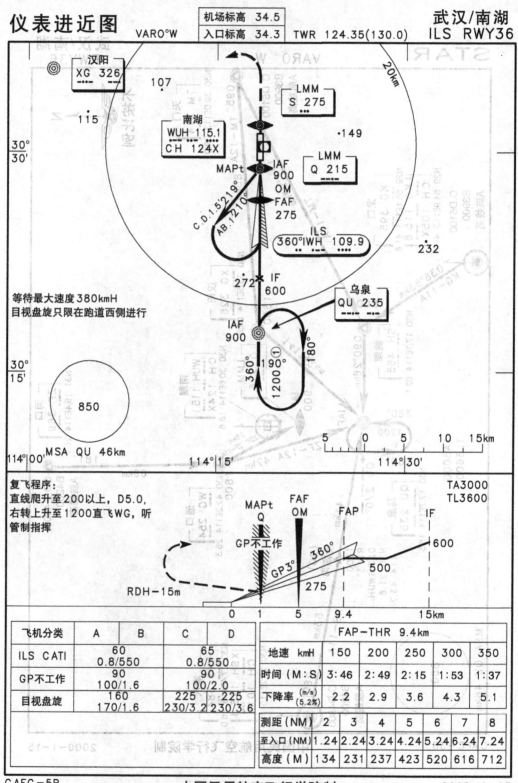

机场标高	34.5
入口标高	34.3

VAR0°W　TWR 124.35(130.0)

武汉/南湖 ILS RWY36

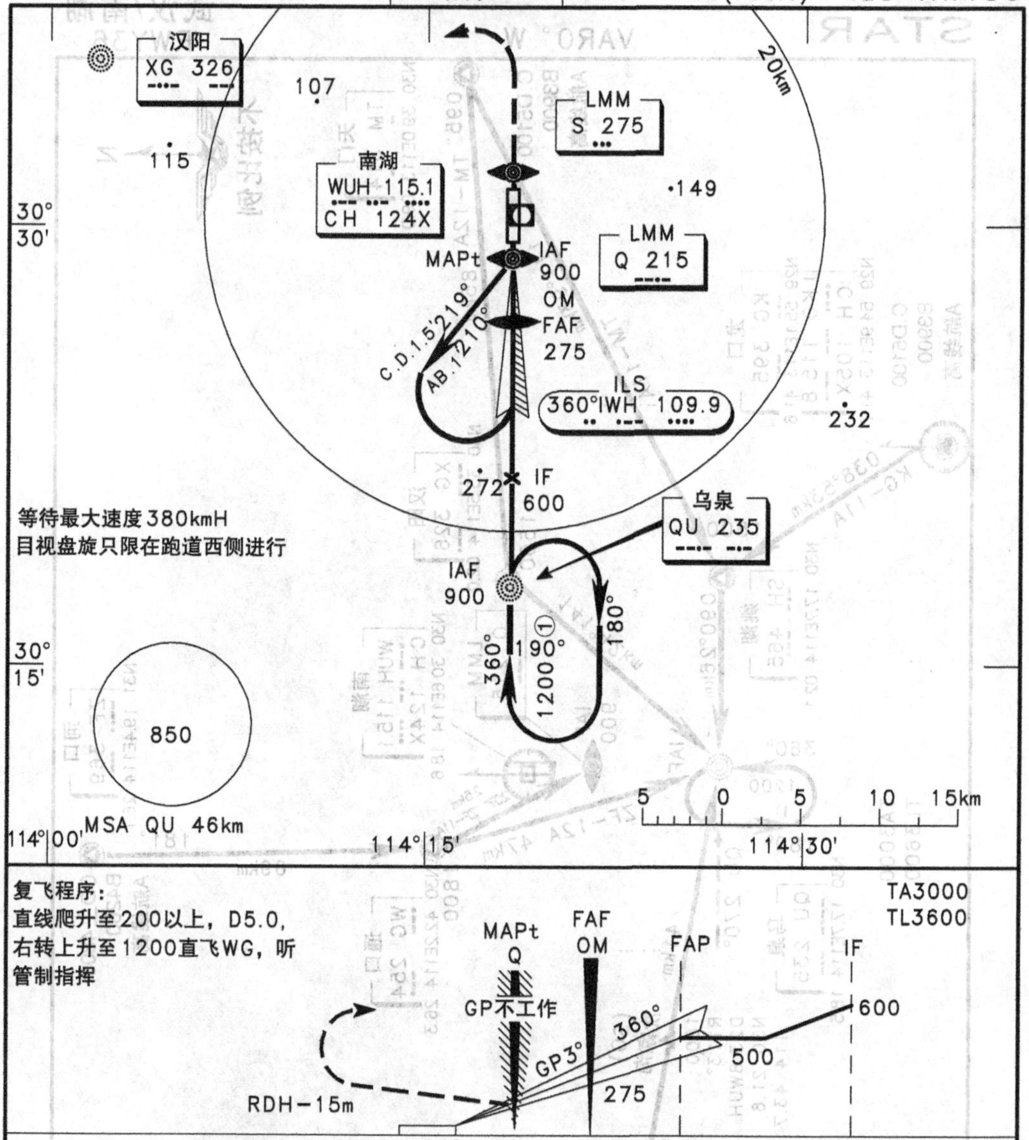

飞机分类	A	B	C	D
ILS CATI	60 0.8/550		65 0.8/550	
GP不工作	90 100/1.6		90 100/2.0	
目视盘旋	160 170/1.6		225 230/3.2	225 230/3.6

FAP-THR 9.4km

地速 kmH	150	200	250	300	350
时间（M:S）	3:46	2:49	2:15	1:53	1:37
下降率 (m/s) (5.2%)	2.2	2.9	3.6	4.3	5.1

测距（NM）	2	3	4	5	6	7	8
至入口（NM）	1.24	2.24	3.24	4.24	5.24	6.24	7.24
高度（M）	134	231	237	423	520	616	712

CAFC-5B　中国民用航空飞行学院制　2000-1-15

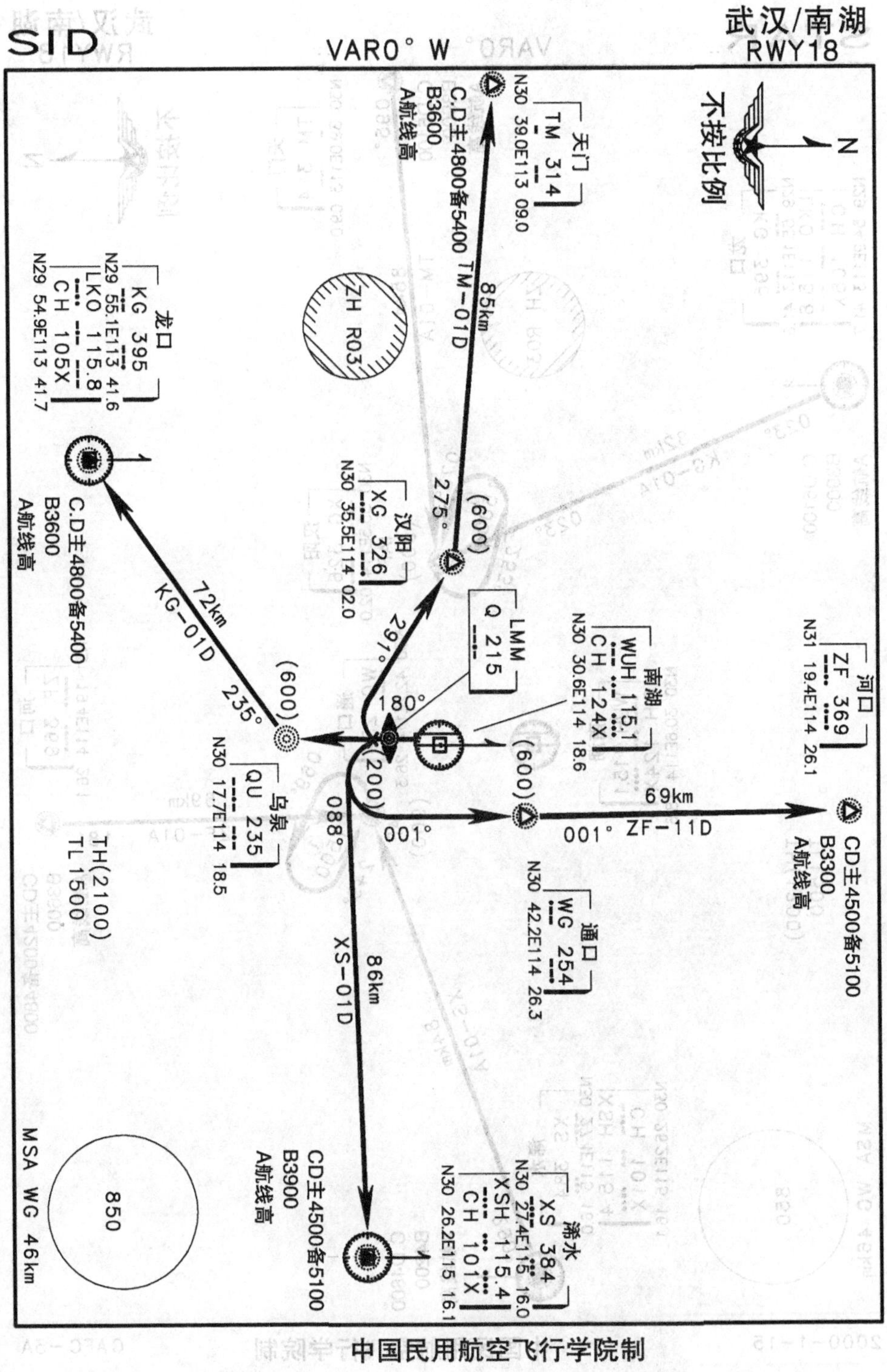
SID
武汉/南湖
RWY18
VAR0° W
不按比例
N
天门
TM 314
N30 39.0E113 09.0
C.D主4800备5400 TM-01D
B3600
A航线高
85km
ZH R03
龙口
KG 395
LKO 115.8
CH 105X
N29 55.1E113 41.6
N29 54.9E113 41.7
C.D主4800备5400
B3600
A航线高
72km
KG-01D
235°
(600)
汉阳
XG 326
N30 35.5E114 02.0
275°
(600)
291°
180°
LMM
Q 215
南湖
WUH 115.1
CH 124X
N30 30.6E114 18.6
河口
ZF 369
N31 19.4E114 26.1
(600)
69km
001° ZF-11D
CD主4500备5100
B3300
A航线高
乌泉
QU 235
N30 17.7E114 18.5
(200)
088°
001°
通口
WG 254
N30 42.2E114 26.3
86km
XS-01D
TH(2100)
TL 1500
CD主4500备5100
B3900
A航线高
浠水
XS 384
XSH 115.4
CH 101X
N30 27.4E115 16.0
N30 26.2E115 16.1
850
MSA WG 46km
中国民用航空飞行学院制

STAR

武汉/南湖
RWY18

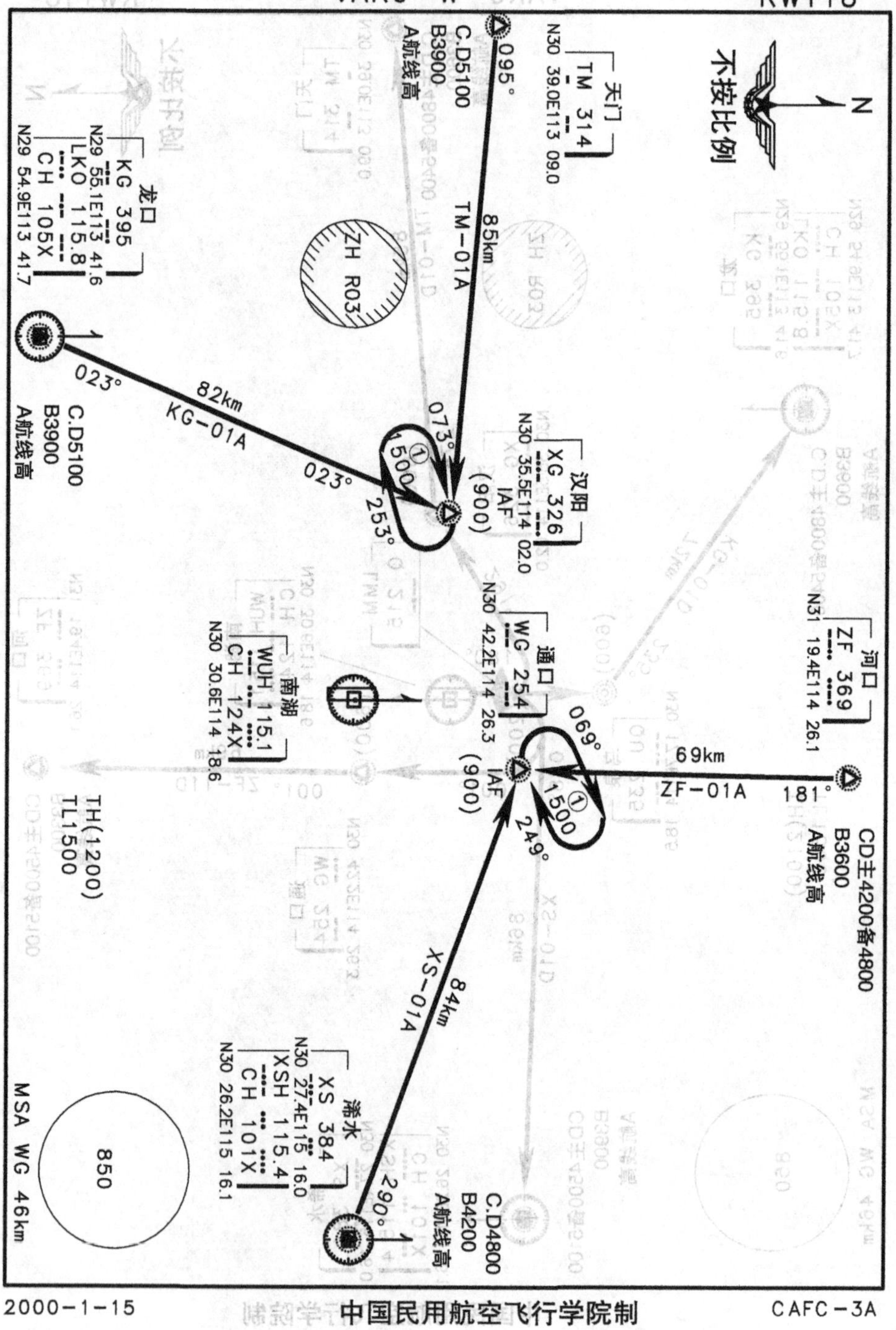

2000-1-15 中国民用航空飞行学院制 CAFC-3A

仪表进近图

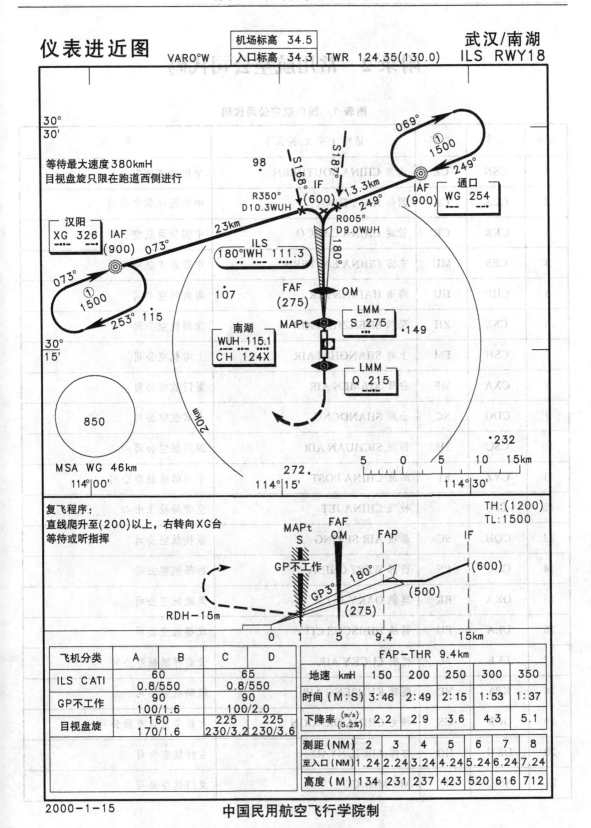

机场标高 34.5
入口标高 34.3

VARO°W TWR 124.35(130.0)

武汉/南湖 ILS RWY18

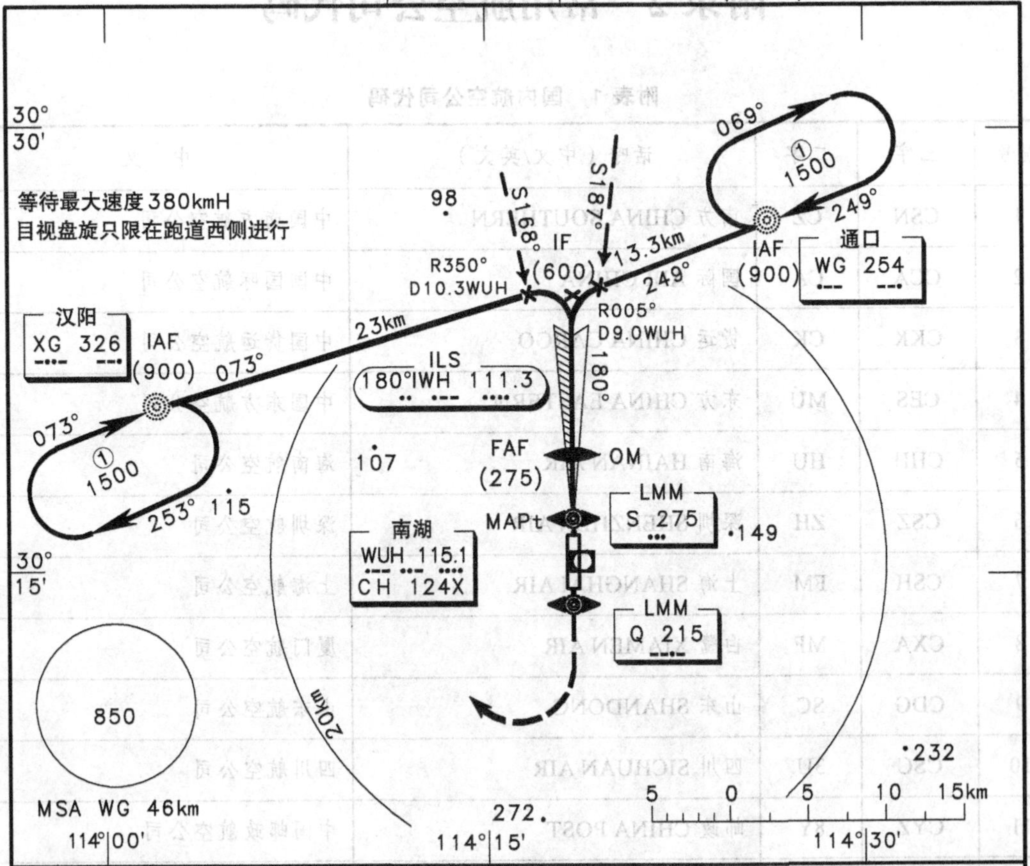

复飞程序：
直线爬升至(200)以上，右转向XG台
等待或听指挥

TH:(1200)
TL:1500

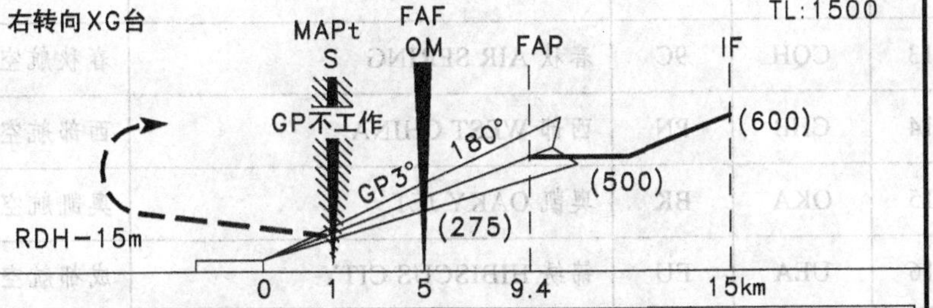

飞机分类	A	B	C	D
ILS CATI	60 0.8/550		65 0.8/550	
GP不工作	90 100/1.6		90 100/2.0	
目视盘旋	160 170/1.6		225 230/3.2	225 230/3.6

FAP-THR 9.4km

地速 kmH	150	200	250	300	350
时间（M:S）	3:46	2:49	2:15	1:53	1:37
下降率 (m/s) (5.2%)	2.2	2.9	3.6	4.3	5.1

测距（NM）	2	3	4	5	6	7	8
至入口（NM）	1.24	2.24	3.24	4.24	5.24	6.24	7.24
高度（M）	134	231	237	423	520	616	712

2000-1-15

中国民用航空飞行学院制

附录2 常用航空公司代码

附表1 国内航空公司代码

编号	三字	二字	话呼（中文/英文）	中 文
1	CSN	CZ	南方 CHINA SOUTHERN	中国南方航空公司
2	CCA	CA	国际 AIR CHINA	中国国际航空公司
3	CKK	CK	货运 CHINA CARGO	中国货运航空公司
4	CES	MU	东方 CHINA EASTERN	中国东方航空公司
5	CHH	HU	海南 HAINAN AIR	海南航空公司
6	CSZ	ZH	深圳 SHENZHEN AIR	深圳航空公司
7	CSH	FM	上海 SHANGHAI AIR	上海航空公司
8	CXA	MF	白鹭 XIAMEN AIR	厦门航空公司
9	CDG	SC	山东 SHANDONG	山东航空公司
10	CSC	3U	四川 SICHUAN AIR	四川航空公司
11	CYZ	8Y	邮政 CHINA POST	中国邮政航空公司
12	CFI		校飞 CHINA JET	空管局校飞中心
13	CQH	9C	春秋 AIR SPRING	春秋航空公司
14	CHB	PN	西部 WEST CHINA	西部航空公司
15	OKA	BK	奥凯 OAKY JET	奥凯航空公司
16	UEA	EU	锦绣 HIBISCUS CITY	成都航空公司
17	LKE	8L	祥鹏 LUCKY AIR	云南祥鹏航空公司
18	KPA	VD	鲲鹏 KUNPENG AIR	鲲鹏航空公司
19	GCR	GS	神龙 CHINA GRAGON	大新华快运有限公司
20	DKH	HO	吉祥 AIR JUNYAO	吉祥航空公司
21	AMU	NX	AIR MAUCO	澳门航空公司

附表2 国外航空公司代码

编号	三字	二字	话呼（中文/英文）	中 文
1	AAR	OZ	ASINAN	韩亚航空公司
2	DLH	LH	LUFTHANSA	汉莎航空公司
3	AFL	SU	AEROFLOT	俄罗斯国际航空
4	AIC	AI	INDAIR	印度航空
5	ANA	NH	ALL NIPPON	全日本航空有限公司
6	SIA	SQ	SINGGPORE	新加坡航空公司
7	AFR	AF	AIR FRANS	法航
8	ACA	AC	AIR CANADA	加拿大航空公司
9	NWA	NW	NORTHWEST	西北航空公司
10	JAL	JL	JAPANAIR	日本航空
11	GIA	GA	INGONESIA	印度巳西亚鹰航空公司
12	QFA	QF	QANTAS	快达航空公司（澳）
13	KAL	KE	KOREANAIR	大韩航空
14	KLM	KL	KLM	荷兰皇家航空
15	THA	TG	THAI	泰国国际航空公司
16	FIN	AY	FINNAIR	芬兰航空
17	HDA	KA	GRAGONAIR	港龙航空公司
18	SAS	SK	SCANDINAVIAN	北欧航空公司
19	UAL	UA	UNITED	联合航空公司（美）

附录3 我国常用机场四字地名代码

编号	四字码	中文	编号	四字码	中文
1	ZSNB	宁波	21	ZYHB	哈尔滨
2	ZSWZ	温州	22	ZYTX	沈阳
3	ZSYT	烟台	23	ZYCC	长春
4	ZSHC	杭州	24	ZYTL	大连
5	ZSAM	厦门	25	ZWWW	乌鲁木齐
6	ZSFC	福州	26	ZHCC	郑州
7	ZSNJ	南京	27	ZGSZ	深圳
8	ZSJN	济南	28	ZJHK	海口
9	ZSOF	合肥	29	ZJSY	三亚
10	ZSQD	青岛	30	ZGGG	广州
11	ZSCN	南昌	31	ZGHA	长沙
12	ZSWY	武夷山	32	ZHHH	武汉
13	ZUGY	贵阳	33	ZGNN	南宁
14	ZUUU	成都	34	ZGKL	桂林
15	ZUCK	重庆	35	ZBTJ	天津
16	ZUMY	绵阳	36	ZBOW	包头
17	ZPPP	昆明	37	ZBHH	呼和哈特
19	VHHH	香港	38	ZBAA	北京
19	VMMC	澳门	39	ZBSJ	石家庄
20	ZBYN	太原	40	ZLLL	兰州

本书缩略语

VOR	甚高频全向信标台	ETO	预计飞越时间
NDB	无方向性信标台	ILS	仪表着陆系统
SID	标准仪表离场	FAA	（美国）联邦航空局
STAR	标准仪表进场	FL	飞行高度层
CNS/ATM	新航行系统	MSA	最低安全高度
km	千米	ICAO	国际民航组织
VMC	目视气象条件	m/s	米/秒
km/h	千米/小时	ft	英尺
n mile	海里	RNP	所需导航性能
IFR	仪表飞行规则	DME	测距台
VFR	目视飞行规则	GNSS	全球卫星导航系统
ACAS	机载防撞系统	CPDLC	管制员飞行员数据通信联系
ADS	自动相关监视	TCAS	空中防撞系统
CCAR	中国民用航空规则	MCA	最低通过高度
min	分钟	SSR	二次监视雷达
VHF	甚高频	ATIS	自动终端情报服务
HF	高频	PDC	数字化起飞前放行
AFTN	航空固定通信网络	IAF	起始进近定位点
UTC	协调世界时	ATC	空中交通管制
RVSM	缩小最低垂直间隔	FCFS	先到先服务
ATO	实际飞越时间	CPS	约束位置交换
EAT	预计进近时刻	TLS	安全目标等级

参考资料

[1] 中国民用航空局令第190号. 中国民用航空空中交通管理规则[S]. 北京：2007.
[2] 潘卫军. 空中交通管理基础[M]. 成都：西南交通大学出版社，2002.
[3] 中华人民共和国主席令第56号. 中华人民共和国民用航空法[S]. 北京：1996.
[4] 中国民用航空局令第201号. 民用航空空中交通管制员执照管理规则[S]. 北京：2010.
[5] 国务院，中央军事委员会令第371号. 通用航空飞行管制条例[S]. 北京：2003.
[6] 国务院，中央军事委员会令第509号. 中华人民共和国飞行基本规则[S]. 北京：2007.
[7] 国务院，中央军委空中交通管制委员会. 飞行间隔规定[S]. 北京：2002.
[8] International Civil Aviation Organization（ICAO）. 2007 Doc 4444 ATM/501 Air Traffic Management
[9] FAA. 2008. 7110. 65，Air Traffic Control[S].
[10] CAA. 2008. CAP 493 Manual of Air Traffic Services Part 1[S].
[11] International Civil Aviation Organization（ICAO）. 2001. Annex11 Air Traffic Services[S]. Montreal：ICAO.
[12] 李京利. 空中交通无线电通话用语指南[M]. 成都：西南交通大学出版社，2005.